U0214952

普通高等教育"十二五"规划教材

近代物理实验

主　编　李国庆
副主编　陶敏龙
参　编　李加兴　李　建　林跃强
　　　　彭泽平　张　勇

科学出版社
北京

内 容 简 介

本书共编入 25 个近代物理实验,除了原子物理、核物理、固体物理、磁学、激光、真空及镀膜、低温、共振等领域发展较早且至今仍然发挥重要作用的实验方法外,还加入了巨磁电阻、纳米科学、扫描探针显微术等代表最近 30 年内物理学实验技术重大进展的典型实验.本书侧重于使学生掌握面向物理学前沿的物理思想和实验技能,提高其科学探索素质.

本书可作为理工类高等院校物理学专业本科生的教材,也可供从事相关研究工作的研究生、科技人员和中学物理教师参考.

图书在版编目(CIP)数据

近代物理实验/李国庆主编.—北京:科学出版社,2012
普通高等教育"十二五"规划教材
ISBN 978-7-03-036061-8

Ⅰ.①近⋯ Ⅱ.①李⋯ Ⅲ.①物理学-实验-高等学校-教材 Ⅳ.①O41-33

中国版本图书馆 CIP 数据核字(2012)第 276828 号

责任编辑:窦京涛 唐保军/责任校对:包志虹
责任印制:徐晓晨/封面设计:迷底书装

科 学 出 版 社 出版
北京东黄城根北街 16 号
邮政编码:100717
http://www.sciencep.com

北京虎彩文化传播有限公司 印刷
科学出版社发行 各地新华书店经销

*

2012 年 12 月第 一 版 开本:787×1092 1/16
2021 年 7 月第六次印刷 印张:13 1/4
字数:335 000

定价:49.00 元
(如有印装质量问题,我社负责调换)

前　言

　　近代物理实验课程为高年级物理专业本科大学生开设,需要原子物理学、量子力学和固体物理学等理论课程的配合. 本书安排的 25 个实验项目,以近代物理学发展史中起重大突破性作用的实验手段为主,注重介绍代表性的基本实验原理和方法. 为了适应当前物理学前沿发展对未来科研人员素质的要求,本书尽量选择仍然在当前科学研究中发挥重要作用的实验方法,并加入了巨磁电阻效应、纳米材料制备和扫描探针显微术等代表最近 30 年物理学研究发展方向的典型实验技术手段. 本书可作为一般理工类高等院校物理学专业本科生的教材,各校可以根据各自的实验室条件选做其中的内容. 书中每个实验项目安排 5 学时,师范类专业应该不低于 70 学时,研究型和应用型专业可以分两学期开课,使总课时达到 90 学时以上.

　　本书由西南大学物理实验教学示范中心组织编写,参加编写的人员分工如下:

　　李国庆:物理实验的数据测量与数据处理,氢(氘)原子光谱,钠原子光谱,扫描隧道显微镜,原子力显微镜;

　　陶敏龙:微波传输特性的测量,微波介质特性分析,微波铁磁共振,物理学常数表;

　　李加兴:弗兰克-赫兹实验,法拉第-塞曼效应,γ 射线能谱测量,快速电子的动量与动能的相对论关系;

　　李　建:粉末法测定多晶体的晶格常数,劳厄法确定单晶体的晶轴方向,振动样品磁强计测量内禀磁特性;

　　林跃强:真空的获得与测量,真空镀膜,纳米微粒的制备,电子衍射;

　　彭泽平:X 射线衍射的固体结构仿真,磁电阻效应,超导体临界温度的测量;

　　张　勇:激光拉曼光谱,电子自旋共振,光泵磁共振,脉冲核磁共振.

　　全书由李国庆进行审校.

　　书中难免有不当之处,恳请读者批评指正.

编　者

2012 年 5 月

目　　录

物理实验的数据测量与数据处理

近代物理实验要用到较为综合的实验技术和较为复杂的实验设备. 实验的测量值, 有些比较精确, 有些则具有明显的涨落成分; 有些可以多次测量, 有些则不具备测量的重复性; 有些信号相当强烈, 有些信号则很微弱. 这需要更系统地掌握数据测量和数据处理理论.

一、物理实验的基本方法

1. 比较法

将被测量量与量具进行比较来获得测量值. 砝码、直尺、角规等量具能被赋予标准值, 直接与被测量量进行比较, 称为直接量具(标准量具); 温度计、万用表等量具需要借助其他可测量, 间接与被测量量进行比较, 称为间接量具. 万用表要用标准电池和标准电阻来测量电压, 像这样需要不止一个标准量具的复杂间接量具也称为比较系统. 代替法、置换法是异时的比较法(即至少需要在两个不同时刻进行比较). 所有测量都必然含有比较法.

2. 放大法

将过小的被测量量先进行放大再进行测量. 长度、角度和电学量的放大是放大法的主要内容. 光杠杆法测量微小长度、镜尺法测量小角度、视角放大法提高人眼的分辨能力(如放大镜、显微镜、望远镜)、螺旋放大法精密测量长度(如螺旋测微计和读数显微镜)和电流电压放大法测量微弱电信号(如锁相放大器)是典型的放大法.

3. 补偿法

被测系统受某种作用, 存在 A 效应, 同时受另一种同类作用, 存在 B 效应, 如果 B 的存在使 A 不能显示, 则 B 就是 A 的补偿. 测量时依靠人为制造可测量的 B 效应, 去测量不可测量的 A 效应, 就是补偿法. 完整的补偿法测量系统由待测、补偿、测量和指零四部分装置组成. 指零装置显示待测量量与补偿量比较的结果, 有示零(完全补偿)和示差(不完全补偿)两种. 天平和弹簧秤通过人为施力制造补偿效应. 电势差计、电桥和补偿法测光程差都是常见的补偿测量法. 补偿法经常用于校正系统误差, 道理是制造另一种因素去补偿无法消除的不合理因素. 例如, 金属膜电阻的温度系数为正, 而碳膜电阻的温度系数为负, 将它们适当搭配在电路里, 可以消除温度变化对电路的影响. 各种补偿电路都是为了减小电路的某种浮动; 光学补偿器用于抵消光学器件产生的光程差.

4. 转换法

对于无法直接测量、不方便直接测量或者测量准确性差的物理量, 常将被测量量先转化成其他的可测量量, 再通过可测量的值反求被测量量的值. 玻璃温度计利用材料的热胀冷缩性质, 通过测量长度得知温度. 电测法将被测量量转化成电学量, 光测法则将被测量量转化成光学量. 转换法测量需要传感器. 传感器一般包括敏感元件和转换元件两部分. 电容、电感和电阻都可以用作传感器. 测量温度的热电传感器可以是金属电阻(Cu、Pt 等,求值复杂但准确)、热敏电阻(SnO₂ 等半导体,灵敏但不够稳定)、pn 结传感器(通恒定正向电流,则结电压反映温度,灵敏准确但测温范围窄)和热电偶(铜-康铜、铂-铂铑等多种类,稳定)等. 压电传感器(BaTiO₃ 等)可以测量声波;霍尔片是磁电传感器;光电传感器包括光电管、光电倍增管、光敏电阻、光导管和光电池等;气敏电阻可以测量气体成分;光的几何性质可以用来测量材料的折射率;光的干涉性质可以用来测量物体长度、微小位移和曲率;此外还有声光传感器、电光传感器、磁光传感器等.

5. 模拟法

受对象过于庞大、危险、变化缓慢等条件限制,可以制造与研究对象有一定关系的模型,代替原型进行测量. 模拟法有物理模拟和数学模拟两种.

物理模拟要求几何相似(模型与原型的尺寸成比例)并且物理相似(模型和原型的被测量遵从相同的物理规律). 用飞机模型在风洞里实验,可以分析飞机飞行时各部位的受力情况. 轮船、桥梁、河流冲刷等都可以进行类似的流体动力学实验.

数学模拟又称类比,模型和原型在物理实质上毫无共同之处,但遵守相同的数学规律. 比如可以用稳恒电流场的等势线来模拟静电场的等势线,因为电磁场理论指出,二者具有相同的数学方程式.

6. 量纲分析法

间接测量必须要建立被测量量和可测量量之间的关系式,才能通过代入可测量量的数值获得被测量量的数值. 如果关系式难以确定,可以用量纲分析法. 设 A、B、C 和 D 是与某一物理现象相关的全部物理量,其中 A 是待测量量,而 B、C 和 D 都是可测量量. 因为四个物理量与同一物理现象关联,它们之间必然有联系. 假定它们之间具有指数关系,即 $A=kB^xC^yD^z$,其中 k 为无量纲的比例系数. 将四个物理量的量纲代入,经过比较就可以确定幂指数.

比如要确定弦振动的共振频率,即固有频率 f_0,它与弦的长度 l、弦的线密度 μ 和弦内的张力 F 有关,有 $f_0 = k\,l^x\mu^yF^z$. 代入量纲,有

$$\mathrm{T}^{-1} = \mathrm{L}^x\mathrm{M}^y\mathrm{L}^{-y}\mathrm{M}^z\mathrm{L}^z\mathrm{T}^{-2z} = \mathrm{L}^{x-y+z}\mathrm{M}^{y+z}\,\mathrm{T}^{-2z} \tag{0.1}$$

令等号两侧量纲相等,则有 $x-y+z=0,y+z=0,-1=-2z$,即 $x=-1,y=-1/2,z=1/2$,所以

$$f_0 = k\,\frac{1}{l}\sqrt{\frac{F}{\mu}} \tag{0.2}$$

量纲分析法的关键是准确找出全部物理量.

二、物理量的测量和测量误差

1. 真值、测量值和误差

被测物理量的客观大小称为真值,计为 a;用实验手段测量出来的被测物理量数值称为

测量值,计为 x. 受人所在时代的认识能力和技术水平,以及测量过程中存在的主客观因素限制,不同的人用不同的仪器在不同的时间对同一物理量进行测量,结果会存在差异;同一个人用相同的仪器连续测量同一个物理量,得到的结果也不尽相同. 测量中存在随机因素,没有理由能够断定哪一次测量就是真值. 第 i 次测量得到的测量值与真值的差值称为第 i 次测量的误差,计为 Δ_i,有

$$\Delta_i = x_i - a \tag{0.3}$$

由于测量不到真值,所以只能用多次重复测量的算术平均值作为真值的参考,误差也只能进行估算.

2. 测量结果的评价

直接测量和间接测量 可以根据仪器的刻度直接读出数值的测量,称为直接测量. 例如,用米尺测长度,用秒表计时间,用电压表读电压. 需要由直接测量量通过函数关系间接计算出被测量值的测量,称为间接测量,如通过测直径和高得知圆柱体的体积.

等精度测量和不等精度测量 用同一套仪器在相同条件下对某一物理量进行多次重复测量,没有理由认为哪一次测量更精确,可以说测量具有相同的精度,称为等精度测量. 否则,就是不等精度测量. 多次重复测量应尽量保持精度相等. 每次测量得到的一个具体测量值,就是一个随机变量的取值,每一个随机变量都和相应的分布相联系. 而分布的方差说明了随机变量取值的离散程度. 一个测量值的精度,就是指与其相应分布的方差. 方差取决于测量方法和仪器的精度. 等精度测量是指在一系列测量中,与各个测量值对应的分布有相同的方差.

测量的精密度、准确度和精确度 它们都是评价测量结果优劣程度的标志,与测量误差相关联. 精密度表示随机误差是大还是小,如果等精度多次测量一个物理量所得到的一组数值彼此接近,即使没有分布在真值两侧,也说明精密度高;如果测量值零散地分布在真值两侧,即使没有彼此接近,只要平均值偏离真值小,就说明准确度高;如果测量数据集中在真值附近,并且精密度和准确度都高,就认为精确度高. 仪器的精密度简称精度,是指仪器的最小分度(数字化仪表的精度是此量程能显示的最小物理量变化值). 精度等级用灵敏度来衡量. 灵敏度是精度的倒数,意义是单位测量量引起仪器指针偏转的格数(数字化仪表的灵敏度是单位测量量除以此量程精度所得到的整数份数). 仪器的准确度是正确使用合格产品进行测量能达到的最小误差值. 准确度一般达不到最小分度,所以不会优于精度.

三、误差的分类及产生原因

根据误差产生的原因,一般将误差分为三类:系统误差、偶然误差和粗差.

1. 系统误差

系统误差由测量中确定存在的不合理因素引起,使测量值偏向真值的一侧. 重要的系统误差简述如下.

仪器误差 又称工具误差,起因是仪器工具不完善或有缺陷. 例如,米尺刻度不均或磨损,天平不等臂,砝码不准确,电子元件没达到要求. 消除系统误差需要定期用标准仪器对

测量仪器进行校验和调节,或者采取某些预知有效的方法进行补救(比如用反称法修正天平不等臂引起的误差).

调整误差　起因是仪器没有事先调整到最佳使用状态,如水平、铅直、初始零点、阻抗匹配、光路共轴等调整. 为了减小调整误差,要养成良好的工作习惯,严格执行操作规程.

环境误差　由温度、湿度、气压、震动、电磁场等环境因素与设计要求的标准状态不一致引起. 修正方法是想办法消除引起误差的因素. 无法消除的情况下,可用某些方式进行补偿,或者想办法估计出误差值,在测量结果中加以校正.

理论误差　又称方法误差,是测量所依据的理论存在近似,或测量方法考虑不周造成的. 例如,用公式 $T = (2\pi)^{-1}(l/g)^{1/2}$ 测量单摆的周期,含有小摆角近似($\theta \approx \sin\theta$)并忽略了空气阻力. 其他还有忽略导线和接触电阻、不考虑透镜厚度、分子没有大小等.

人身误差　又称人差,是由操作人员的感觉灵敏程度和反应快慢存在差异造成的. 比如,按停表,有人总是按迟有人总是按早;读示数,有人总是读低有人总是读高.

以上系统误差都没有固定的方法和规律来加以消除,也不能用多次重复测量的方法加以消除,只能依靠经验积累,提高素质,增强处理这类问题的能力. 系统误差不具有抵偿性,应该根据系统误差出现的规律,尽可能找出其具体来源并消除其对测量结果的影响. 对不能消除的系统误差,给出合理的估值. 在数据处理中可以发现有变化的系统误差. 分析残差有助于发现系统误差.

由固定不变的因素或者按确定规律变化的因素造成的系统误差,一般还是可以掌握的. 有规律的系统误差主要包括以下几种.

固定误差　整个测量过程中,大小和符号都不变的系统误差. 比如由砝码的实际质量偏离公称质量引起的误差. 固定误差影响算术平均值,但不影响残差和标准方差. 对标准样品进行测量,可以发现固定误差.

线性误差　在测量过程中,随某些因素作线性变化的系统误差. 比如用存在刻划误差的直尺测量长度.

多项式误差　忽略多项式的高次项引起的误差.

周期性误差　在测量过程中,随某些因素按周期性规律变化的系统误差. 比如,使用指针转轴偏离刻度盘中心的秒表计时.

复杂规律误差　在测量过程中,系统误差按确定但复杂的规律变化. 比如,使用指针偏转角与偏转力矩不能严格成正比的微安表测电流.

2. 偶然误差

偶然误差也称为随机误差,是指同一个人使用同一台仪器在相同条件下对同一测量量进行多次等精度重复测量,测量结果也存在的差异. 大量多次测量的偶然误差服从统计规律,误差呈正态分布. 误差的正态分布特征为:误差为某一数值的概率最大;小误差出现的概率比大误差出现的概率大;正误差和负正误差出现的概率相等,具有抵偿性.

3. 粗差

粗差是实验差错引起的明显不合理误差,即过失误差. 比如电源电压瞬时异常可以导致跳变的测量值. 含有粗差的测量值称为坏值. 分析数据时,应将坏值剔除.

四、误差的估算

误差的估算只针对偶然误差,应在估算偶然误差之前处置完成系统误差和粗差.

1. 直接测量误差的估算

没必要或者因条件限制不能进行重复测量的单次测量,误差由仪器的精度以及测量的条件给出. 用最细分度为 $0.1\,s$ 的停表计时,走和停各计入 $0.1\,s$ 的误差,总误差为 $0.2\,s$,结果计为 $x=x_0\pm\Delta x=x_0\pm 0.2\,s$,$x_0$ 为测量值. 对刻度容易分辨的读数装置,也可以取最小分度的 $1/2$ 或者 $1/3$ 作为误差. Δx 称为绝对误差. 数字化仪表的误差为此量程的最小读数.

对于 n 次重复测量的情况(指等精度测量),每次测量的误差为 $\Delta_i=x_i-a$. 对所有测量结果求和,如果 $n\to\infty$,则 $\displaystyle\sum_{i=1}^{n}\Delta_i=0$,于是可以得到

$$a=\frac{\displaystyle\sum_{i=1}^{n}x_i}{n}=\bar{x} \tag{0.4}$$

对有限次测量,只能把算术平均值作为真值的最佳估计值.

误差 Δx 用平均值标准偏差表示,为

$$s_{\bar{x}}=\sqrt{\frac{\displaystyle\sum_{i=1}^{n}(x_i-\bar{x})^2}{n(n-1)}}=\frac{s}{\sqrt{n}} \tag{0.5}$$

其中

$$s=\sqrt{\frac{\displaystyle\sum_{i=1}^{n}(x_i-\bar{x})^2}{n-1}} \tag{0.6}$$

称为测量值的标准偏差. 可见,增加测量次数可以提高测量结果的精确度. 测量结果表示为

$$x=\bar{x}\pm\Delta x=\bar{x}\pm s_{\bar{x}} \tag{0.7}$$

这种表示只说明真值落在 $\bar{x}-s_{\bar{x}}$ 到 $\bar{x}+s_{\bar{x}}$ 范围内的可能性较大,服从正态统计规律的概率为 68.3%(统计规律不同,此概率值也不同). 这一范围称为置信区间,而真值出现在置信区间的概率称为置信度,也叫置信水平.

由于误差与被测量的大小没有直接关系,误差的大小并不能标志测量的优劣. 为此,引入相对误差,定义为

$$\eta=\frac{\Delta x}{a}\approx\frac{\Delta x}{\bar{x}} \tag{0.8}$$

化成百分数,就是百分误差.

标准偏差的平方称为标准方差,即

$$s^2 = \frac{\sum\limits_{i=1}^{n}(x_i - \bar{x})^2}{n-1} \tag{0.9}$$

而下式

$$\sigma^2 = \frac{\sum\limits_{i=1}^{n}(x_i - a)^2}{n-1} \tag{0.10}$$

称为总体方差,简称方差. 就是说,标准方差是方差的估值. 同理

$$\sigma = \sqrt{\frac{\sum\limits_{i=1}^{n}(x_i - a)^2}{n-1}} \tag{0.11}$$

称为方均根差. 标准偏差是方均根差的估值.

测量次数较少时,随机变量服从 t 分布,s 与 σ 可能会有相当大的偏离,关于真值的置信区间不能用正态分布计算. t 分布的随机变量定义为

$$t = \frac{\bar{x} - a}{s_{\bar{x}}} = \frac{\bar{x} - a}{s/\sqrt{n}} \tag{0.12}$$

由于真值无法确定,所以先规定一个显著性水平 α,再查 t 分布的概率分布表,获得一个参量 t_α(见后面表 0.3,要根据式(0.56)进行换算),置信区间修改为

$$(\bar{x} - t_\alpha s_{\bar{x}}, \bar{x} + t_\alpha s_{\bar{x}}) \tag{0.13}$$

一般说来,重复测量的次数少于 10,就应该按 t 分布根据重复测量的次数和选定的显著性水平来确定置信区间. 这样,真值落在置信区间的概率仍然是 68.3%.

2. 间接测量误差的估算

假设通过直接测量量 x, y, z 来间接测量 P,$P = f(x, y, z)$,测量结果为 $x = \bar{x} \pm \Delta x$,$y = \bar{y} \pm \Delta y$,$z = \bar{z} \pm \Delta z$,$P = f(\bar{x}, \bar{y}, \bar{z})$. P 的平均值标准偏差为

$$s_{\bar{P}} = \sqrt{\left(\frac{\partial f}{\partial x}\right)^2 s_{\bar{x}}^2 + \left(\frac{\partial f}{\partial y}\right)^2 s_{\bar{y}}^2 + \left(\frac{\partial f}{\partial z}\right)^2 s_{\bar{z}}^2} \tag{0.14}$$

相对误差为

$$\frac{s_{\bar{P}}}{P} = \sqrt{\left(\frac{\partial \ln f}{\partial x}\right)^2 s_{\bar{x}}^2 + \left(\frac{\partial \ln f}{\partial y}\right)^2 s_{\bar{y}}^2 + \left(\frac{\partial \ln f}{\partial z}\right)^2 s_{\bar{z}}^2} \tag{0.15}$$

其中的偏导数是将 x, y, z 分别代入 $\bar{x}, \bar{y}, \bar{z}$ 的取值.

3. 误差的分配

在测量过程中,可能存在多个系统误差和随机误差,测量的精度用总的误差来度量. 如果 y 要通过测量多个参数 $x_1, x_2, \cdots, x_n$ 得到,则

$$\sigma_y = \sqrt{\left(\frac{\partial f}{\partial x_1}\right)^2 \sigma_1^2 + \left(\frac{\partial f}{\partial x_2}\right)^2 \sigma_2^2 + \cdots + \left(\frac{\partial f}{\partial x_n}\right)^2 \sigma_n^2} = \sqrt{D_1^2 + D_2^2 + \cdots + D_i^2 + \cdots + D_n^2} \tag{0.16}$$

这需要在测量前根据精度要求对误差进行分配设计. D_i 为测量量 x_i 的分误差. 分配的原则如下所述:

（1）按等影响原则分配误差. 无特定要求时,先均等分配各分误差

$$\sigma_i = \frac{\sigma_y}{\sqrt{n}} \frac{1}{\left|\dfrac{\partial f}{\partial x_i}\right|} \tag{0.17}$$

有些测量量的误差不能改动,则可以先减掉这些分误差,再对其他测量量进行误差分配.

（2）按可能性调整误差分配. 对测量难以保证的分误差量进行适当放宽,再适当收紧具备条件的其他分误差量.

（3）验算调整后的总误差. 对于无法满足要求的测量量,应考虑改变测量方法,最简单的是增加测量次数.

五、有 效 数 字

有效数字包含可靠数字和可疑数字两部分. 用最小分度为毫米的米尺测量得到的数字 3.4 mm,3 为可靠数字,0.4 为估读的可疑数字,有效数字为两位. 除非是特殊的精确测量,一般规定误差只保留一位数. 注意,1.402 和 1.000 都是 4 位有效数字,后者的 0 不可以省略. 为了表示三位有效数字的 25000 Ω 阻值,可以按千进制计为 25.0 kΩ(小数点前最多 3 位),或者用科学表示法计为 $2.50×10^4$ Ω(小数点前只有 1 位). 有效位数多,反映相应仪器的精度高. 如果误差在有效数字最后一位之前,则后面的有效数字要去掉,误差有效(等于计算出来的误差值). 有效数字去掉的原则是小于 5 则舍,大于 5 则入,等于 5 则前位凑双. 例如,测量重力加速度,如果 $\bar{g} = 9.7850$ m·s^{-2},$\Delta g = 0.05$ m·s^{-2},则结果表示为 $g = 9.78 \pm 0.05$ m·s^{-2}. 如果误差在有效数字最后一位之后,则误差取为仪器最小分度的 1/2 或者 1/3,有效数字位数不变,而计算的误差无效,也可以用仪器的引用误差作为误差值,即 $\Delta x = $ 量程×精度级%.

1. 有效数字之间进行运算的原则

运算后的结果,只有最后一位可疑,其他位可靠;只要有可疑数参与运算,结果就是可疑的,但进位数视作可靠数;为了标示,可疑位上打点,如 $2.32\dot{6}$.

2. 有效数字的加减运算

加法可能增加有效位数,减法可能减少有效位数.

$$10.\dot{1} + 1.55\dot{1} = 11.\dot{6}5\dot{1} = 11.\dot{6}, \quad 69.6\dot{8} - 65.84\dot{5} = 3.8\dot{3}5 = 3.84$$

3. 有效数字的乘除运算

结果的有效数字位数与参与运算的数字中位数最少的有效数字位数相同,但如果此数字的首位是 8 或 9,结果的有效数字位数也可以比此数字的位数多一位,例如

$$12.38\dot{5} \times 1.\dot{1} = 12.385 + \dot{1}.\dot{2}38\dot{5} = 1\dot{3}.\dot{6}23\dot{5} = 1\dot{4}$$
$$93.50\dot{4} \div 1\dot{2} = 7 + \dot{9}.50\dot{4} \div 1\dot{2} = 7.\dot{7}9\dot{2} = 7.\dot{8}$$

4. 有效数字的乘方和开方等幂运算

结果的有效数字位数与底数的有效数字位数相同.

5. 有效数字的三角函数和对数运算

结果的有效数字位数与角度的有效数字位数相同;尾数的有效数字位数与真数的有效数字位数相同,首数的位数不计入有效数字的位数.

6. 常数的有效数字

有效位数看作无限多.

六、数据处理的方法

1. 列表法

将数据列成明示物理量对应关系的简明表格. 这有助于发现实验中的规律. 要求表格设计简单明了,各栏目均注明物理量的名称和单位,各测量量的排列顺序尽量与测量顺序一致,用有效数字填写.

2. 作图法

作图反映自变量和因变量的关系. 坐标纸有方格纸、半对数纸、双对数纸和概率纸等多种. 作图法的用途:结合内插和外推技巧,可以求间接测量值、斜率和截距;求经验公式;寻找统计分布规律;验证物理定律;绘制仪器校正曲线;寻找仪器误差;发现坏值. 作图法中有时用到曲线改直技巧,就是将自变量或因变量适当取倒数、对数等运算后再作图,使曲线成为直线.

3. 累加法

如果自变量和因变量都从零开始线性变化,为了有效使用所有的测量值,要使用累加法来求斜率,$k = (y_1 + y_2 + y_3 + \cdots + y_n)/(x_1 + x_2 + x_3 + \cdots + x_n)$,从而减小相对误差.

4. 分组逐差法

分组逐差法又称环差法,用于有效使用所有数据点求线性关系的斜率和截距. 设测量次数 n 为偶数,令 $m = n/2$. 将数据分为两组,第一组为 $y_i = kx_i + b$,第二组为 $y_{m+i} = kx_{m+i} + b(i = 1, 2, 3, \cdots, m)$. 前后两组方程依次相减,得到 $\Delta y_i = y_{m+i} - y_i = k(x_{m+i} - x_i) = k\Delta x_i$. 于是

$$k = \frac{\Delta y}{\Delta x} = \frac{\sum\limits_{i=1}^{m} \Delta y_i}{\sum\limits_{i=1}^{m} \Delta x_i} = \frac{\sum\limits_{i=1}^{m} (y_{m+i} - y_i)}{\sum\limits_{i=1}^{m} (x_{m+i} - x_i)}, \quad i = 1, 2, 3, \cdots, m \tag{0.18}$$

按上式求得 k 后,再用累加法求 b.

$$\sum_{i=1}^{n} y_i = k \sum_{i=1}^{n} x_i + nb, \quad b = \left(\sum_{i=1}^{n} y_i - k \sum_{i=1}^{n} x_i \right) / n, \quad i = 1, 2, 3, \cdots, n \tag{0.19}$$

5. 经验公式拟合法

由二维数据寻找经验公式的过程就是拟合,任务是建立函数形式并确定其中的常数,包括判断和假设、改直、检验三个步骤. 判断和假设断定曲线类型以及是否含有常数项和极值;改直是通过对假定的曲线类型采取适当的变换,将曲线方程变为直线方程;检验是要证明经验公式与测量数值相符. 更精确和严格的方法是最小二乘法.

6. 插值法

借助相邻测量点的数据求得未测量点或不可测量点的待测值,这样的过程叫做插值. 有作图插值、比例插值、牛顿内插值和外推几种方式.

作图插值 先绘出曲线,然后在曲线上取需要的任意点,找出其坐标,要求尽量选取靠近插值的数据,并且坐标纸要足够大以保证精度.

比例插值 把相邻数据点之间小段曲线看作直线,也称为线性插值法.

牛顿内插值 考虑任何函数都可以做傅里叶展开 $y = f(x) = a_0 + a_1 x + a_2 x^2 + \cdots + a_n x^n$,利用牛顿多项式内插值公式,可以较准确地获取非线性曲线上某点的数值,项数取决于函数的性质和要求的精度. 测量时数据点的选择要满足 $x = a, a + h, a + 2h, \cdots, a + mh$,即 x 的公差 h 恒定. 列表并填写 y 的依次差值 $\Delta y = y_{a+ih} - y_{a+(i-1)h}, i = 1, 2, 3, \cdots, m$;然后再填写 Δy 的依次差值 $\Delta^2 y, \Delta^2 y$ 的依次差值 $\Delta^3 y, \cdots$. 如果发现 $\Delta^n y$ 成为常数(从而 $\Delta^{n+1} y$ 都为 0),则函数一定是最高次幂项为 $a_n x^n$ 的多项式. 用到的表格称为差分表. 于是在 $(a, a + mh)$ 范围内任意 x 对应的 y 值为

$$y_x = y_{a+kh} = y_a + \frac{k}{1!} \Delta y_a + \frac{k(k-1)}{2!} \Delta^2 y_a + \frac{k(k-1)(k-2)}{3!} \Delta^3 y_a + \cdots$$

$$+ \frac{k(k-1)(k-2)\cdots(k-n+1)}{n!} \Delta^n y_a \tag{0.20}$$

$k = (x - a)/h$,不一定是整数. $\Delta^n y_a$ 是指差分表中 $\Delta^n y$ 列的第 1 个数值. 这就是牛顿多项式内插值公式.

外推 如果要计算的数值点在测量数据区间以外,则在研究范围内测量值没有突变的情况下,可以用外推的办法较为准确地求值. 对于直线或者曲率不大的曲线,可以用数据点绘出曲线,按原曲线变化规律将曲线延长到待求值范围,用作图插值法解决. 如果曲率较大,可以考虑改直后再外推. 牛顿内插公式也可以用于外推,列制差分表时要尽量使用靠近待求值的数据,但因为是单向靠近,误差总会大些.

7. 列表计算微积分法

在要求不高时,可以用作图法在曲线上求各点的微商 $\Delta y/\Delta x$,即斜率. 要求高时,用牛顿内插公式可以比较准确地计算微分和积分.

列表法求微分 求 x 在 x_0 附近的微分 $\mathrm{d}y/\mathrm{d}x$,先以 x_0 为始项列制差分表(前提也是 x 的公差恒定). 对 $k=(x-x_0)/\Delta x$(x 要尽量靠近 x_0,所以实际上 k 应该是个较小的小数)求导数,得 $\mathrm{d}k/\mathrm{d}x=1/\Delta x$. 再对牛顿内插公式

$$y = y_0 + \frac{k}{1!}\Delta y_0 + \frac{k(k-1)}{2!}\Delta^2 y_0 + \frac{k(k-1)(k-2)}{3!}\Delta^3 y_0 + \cdots$$
$$+ \frac{k(k-1)(k-2)\cdots(k-n+1)}{n!}\Delta^n y_0 \tag{0.21}$$

求导,就得到微分计算式

$$\frac{\mathrm{d}y}{\mathrm{d}x} = \frac{\mathrm{d}y}{\mathrm{d}k}\frac{\mathrm{d}k}{\mathrm{d}x} = \frac{\mathrm{d}y}{\mathrm{d}k}\frac{1}{\Delta x} = \frac{1}{\Delta x}\left(\frac{1}{1!}\Delta y_0 + \frac{2k-1}{2!}\Delta^2 y_0 + \frac{3k^2-6k+2}{3!}\Delta^3 y_0 + \cdots\right) \tag{0.22}$$

如果 $x < x_0$,则 $\Delta x < 0$. 于是 Δy_0、$\Delta^3 y_0$、$\Delta^5 y_0$ 等反号,而 $\Delta^2 y_0$、$\Delta^4 y_0$、$\Delta^6 y_0$ 等符号不变.

列表法求积分 比较粗略的是梯形法,就是用折线代替曲线,则曲线与横轴之间所夹的面积被分成若干个梯形. 这些梯形的总面积为

$$\int_{x_0}^{x_P} y\mathrm{d}x = \Delta x\left(\frac{y_0}{2} + y_1 + y_2 + \cdots + \frac{y_n}{2}\right) + (x_P - x_n)\frac{y_n + y_P}{2} \tag{0.23}$$

最后一项是 x 限末端不足 Δx 部分的面积. y_P 需要用牛顿内插公式进行计算得到. 比较精确的是辛普森 1/3 法则. 假定梯形法中去掉 x_n 到 x_P 段后,x_0 到 x_n 之间正好有偶数段,则依次将相邻的小面积并为一组,每组的曲线看作二次抛物线,第一组的面积为

$$s_1 + s_2 = \int_{x_0}^{x_1} x^2 \mathrm{d}x + \int_{x_1}^{x_2} x^2 \mathrm{d}x = \frac{1}{3}(x_1^3 - x_0^3) + \frac{1}{3}(x_2^3 - x_1^3)$$
$$= \frac{1}{3}(x_1 - x_0)(x_1^2 + x_0 x_1 + x_0^2 + x_2^2 + x_1 x_2 + x_1^2) \tag{0.24}$$

令 $x_0\,x_1 \approx x_1^2 = y_1$,$x_1\,x_2 \approx x_1^2 = y_1$,于是

$$s_1 + s_2 = \frac{1}{3}\Delta x(y_0 + 4y_1 + y_2) \tag{0.25}$$

所以

$$\int_{x_0}^{x_P} y\mathrm{d}x = \frac{1}{3}\Delta x(y_0 + 4y_1 + 2y_2 + 4y_3 + 2y_4 + \cdots + y_n) + \frac{1}{2}(x_P - x_n)(y_n + y_P)$$
$$= \frac{1}{3}\Delta x\left[(y_0 + y_n) + 4(y_1 + y_3 + y_5 + \cdots) + 2(y_2 + y_4 + y_6 + \cdots)\right]$$
$$+ \frac{1}{2}(x_P - x_n)(y_n + y_P) \tag{0.26}$$

进一步设小面积数 n 为 3 的整数倍,依次将 3 个相邻的小面积并为一组,每组的曲线看作三次抛物线,可以得出辛普森 3/8 法则.

8. 最小二乘法

变量之间可以相关,或者不相关. 相关的变量间可以是函数关系,也可以是相关关系.

变量之间存在完全确定的关系,就是函数关系. 如果变量之间有一定的关系,但由于测量中存在随机和偶然因素,造成变量间的关系出现不同程度的不确定度,没有一一对应的确定关系,但从统计意义上看,它们之间存在着规律性的关系,这种变量之间的关系就是相关关系. 条件变化可能引起函数关系和相关关系之间发生转化. 用数理统计的方法处理相关关系,寻找它们之间合适的数学表达式,称为拟合过程,得到的表达式就是拟合方程,也叫回归方程. 常用的拟合方法包括最小二乘法和最大似然估计法. 样本容量很大时,最大似然估计法工作量太繁重,因此主要使用最小二乘法.

最小二乘法解决 X 和 Y 之间的函数形式可以确定,但一些参数需要通过分析数据来估计问题. 如果 X 和 Y 的函数形式也需要从实验中确定,就要用多项式拟合法.

设 X 和 Y 两个物理量之间的函数关系为

$$Y = f(X; a_1, a_2, \cdots, a_k) \qquad (0.27)$$

其中 Y 的函数形式已知,但函数中的系数和常数项等参数 $a_1, a_2, \cdots, a_k$ 待求. 考虑 X 和 Y 两个物理量,二者总有一个量的测量精度比另一个量的精度高得多,可以将其测量误差忽略,并把这个物理测量量当作自变量 x. 对一批测量数据 (x_i, y_i),设 y_i 的标准偏差为 $\hat{\sigma}_i$,x_i 看作准确测量值,$i = 1, 2, \cdots, n$. 要获得估算参数 $a_1, a_2, \cdots, a_k$ 的法则,考虑 Y 的测量误差 $\Delta y_i = y_i - y_{0i}$,$y_{0i}$ 表示 x_i 对应的 Y 变量真值. 为了给出 $a_1, a_2, \cdots, a_k$ 的估值 $\hat{a}_1, \hat{a}_2, \cdots, \hat{a}_k$,最小二乘法的准则是这些估值的选取要满足 Y 的测量值 y_i 与真值的估值 $\hat{y}_i = f(x_i; \hat{a}_1, \hat{a}_2, \cdots, \hat{a}_k)$ 之差具有最小的加权平方和 R

$$R = \sum_{i=1}^{n} \omega_i v_i^2 = \sum_{i=1}^{n} \omega_i [y_i - f(x_i; \hat{a}_1, \hat{a}_2, \cdots, \hat{a}_k)]^2 \qquad (0.28)$$

$\omega_i = \dfrac{\sigma^2}{\hat{\sigma}_{iy}^2}$ 是测量值 y_i 的权重因子,σ^2 为任选的正常数,称为单位权方差. 对等精度测量,都可以取 $\omega_i = 1$. 于是得到方程组

$$\frac{\partial}{\partial \hat{a}_j} \sum_{i=1}^{n} \omega_i [y_i - f(x_i; \hat{a}_1, \hat{a}_2, \cdots, \hat{a}_k)]^2 = 0, \quad j = 1, 2, \cdots, k \qquad (0.29)$$

即

$$\sum_{i=1}^{n} \omega_i [y_i - f(x_i; \hat{a}_1, \hat{a}_2, \cdots, \hat{a}_k)] \cdot \frac{\partial}{\partial \hat{a}_j} f(x_i; \hat{a}_1, \hat{a}_2, \cdots, \hat{a}_k) = 0, \quad j = 1, 2, \cdots, k \qquad (0.30)$$

从而可以求出 $\hat{a}_1, \hat{a}_2, \cdots, \hat{a}_k$.

如果 y 是关于 $a_1, a_2, \cdots, a_k$ 的线性函数,则用最小二乘法可以直接求解. 否则,先选取 a_j 的初值,将 $f(x_i; \hat{a}_1, \hat{a}_2, \cdots, \hat{a}_k)$ 在 a_j 的初值附近作泰勒级数展开,使方程线性化,再用逐次迭代法求解.

线性最小二乘法的等精度测量标准偏差为

$$\hat{\sigma}_{iy} = \sqrt{\frac{\sum_{i=1}^{n} (y_i - y_{0i})^2}{n - k}} \qquad (0.31)$$

假定误差 Δ_i 服从标准正态分布,则 Δ_i 出现的概率密度函数为

$$f(\Delta_i) = f(y_i) = \frac{1}{\sqrt{2\pi}\sigma_i} e^{-\frac{\Delta_i^2}{2\sigma_i^2}} = \frac{1}{\sqrt{2\pi}\sigma_i} e^{-\frac{1}{2}\left[\frac{y_i - f(x_i; \hat{a}_1, \hat{a}_2, \cdots, \hat{a}_k)}{\sigma_i}\right]^2} \qquad (0.32)$$

误差$(\Delta_1, \Delta_2, \cdots, \Delta_n)$的似然函数为

$$L = \prod_{i=1}^{n} f(\Delta_i) = \prod_{i=1}^{n} \frac{1}{\sqrt{2\pi}\sigma_i} e^{-\frac{\Delta_i^2}{2\sigma_i^2}} = \frac{1}{(2\pi)^{\frac{n}{2}} \prod_{i=1}^{n} \sigma_i} e^{-\frac{1}{2}\sum_{i=1}^{n} \left[\frac{y_i - f(x_i; \hat{a}_1, \hat{a}_2, \cdots, \hat{a}_k)}{\sigma_i} \right]^2} \quad (0.33)$$

最大似然估计确定的 a_j 值 $\hat{a}_1, \hat{a}_2, \cdots, \hat{a}_k$ 使似然函数取最大值. 这等价于使 $\sum_{i=1}^{n} \frac{\sigma^2}{\sigma_i^2} [y_i - f(x_i; \hat{a}_1, \hat{a}_2, \cdots, \hat{a}_k)]^2$ 最小. 说明对于正态分布, 最小二乘法估计和最大似然估计的结果一样.

线性参数的估计 对于 $Y = a + bX$, 误差小的 X 作为自变量, Y 服从正态分布 $N(y_{0i}, \sigma_y^2)$, y_{0i} 是 y_i 的真值, σ_y 是均方根差. $\omega_i = 1, k = 2$. 线性参数的最小二乘法估计方程为

$$\hat{a}n + \hat{b}\sum_{i=1}^{n} x_i = \sum_{i=1}^{n} y_i, \quad \hat{a}\sum_{i=1}^{n} x_i + \hat{b}\sum_{i=1}^{n} x_i^2 = \sum_{i=1}^{n} x_i y_i \quad (0.34)$$

得

$$\hat{a} = \bar{y} + \hat{b}\bar{x}, \quad \hat{b} = \frac{\bar{x} \cdot \bar{y} - \overline{xy}}{\bar{x}^2 - \overline{x^2}}, \quad \hat{\sigma}_y = \sqrt{\frac{\sum_{i=1}^{n} (y_i - \hat{y}_i)^2}{n-2}}, \quad \bar{x} = \frac{\sum_{i=1}^{n} x_i}{n}, \quad \bar{y} = \frac{\sum_{i=1}^{n} y_i}{n}$$

$$(0.35)$$

为了反映拟合得到的函数与测量值的符合程度(拟合的精度), 定义线性最小二乘法的相关系数为

$$r = \frac{\sum_{i=1}^{n} (x_i - \bar{x})(y_i - \bar{y})}{\sqrt{\sum_{i=1}^{n} (x_i - \bar{x})^2} \sqrt{\sum_{i=1}^{n} (y_i - \bar{y})^2}} = \frac{\overline{xy} - \bar{x} \cdot \bar{y}}{\sqrt{(\overline{x^2} - \bar{x}^2)(\overline{y^2} - \bar{y}^2)}}, \quad r \in [-1, 1] \quad (0.36)$$

$|r| \to 1, x$ 和 y 之间为线性关系(拟合效果好); $r \to 0, x$ 和 y 之间无线性关系. 相关系数的另一种定义是

$$r^2 = 1 - \frac{\sum_{i=1}^{n} (y_i - \hat{y}_i)^2}{\sum_{i=1}^{n} (y_i - \bar{y})^2}, \quad r \in [0, 1] \quad (0.37)$$

两个变量都有误差的直线拟合 如果 X 和 Y 的误差不相上下, 不能认为哪个变量的误差可以忽略, 应该用戴明法进行拟合. 设 x_i 和 y_i 的等精度测量误差分别为 δ_i 和 Δ_i, δ_i 和 Δ_i 都服从标准正态分布 $N(0, \delta_x)$ 和 $N(0, \delta_y)$, $y = \alpha + \beta x$, 则

$$y_i = \alpha + \beta(x - \delta_i) + \Delta_i \quad (0.38)$$

为了使两个变量的误差具有等权性, 拟合时作加权转换处理. 令 $\lambda = \delta_x^2 / \delta_y^2$, $y' = \lambda y$, 则关系转变为

$$y' = \alpha' + \beta' x \quad (0.39)$$

其中 $\alpha' = \sqrt{\lambda}\alpha$, $\beta' = \sqrt{\lambda}\beta$.

戴明法的判据:点(x_i, y_i')到拟合直线$y' = \alpha' + \beta' x$的距离d_i'的平方和最小,由此确定估算值$\hat{\alpha}_i$和$\hat{\beta}$.

$$d_i' = \frac{y_i' - \hat{\alpha}' - \hat{\beta}' x_i}{\sqrt{1 + \beta'^2}} = \frac{\sqrt{\lambda}}{\sqrt{1 + \lambda \beta'^2}}(y_i - \hat{\alpha} - \hat{\beta} x_i)$$

满足

$$\frac{\partial(\sum\limits_{i=1}^{n} d_i'^2)}{\partial \hat{\alpha}} = 0, \quad \frac{\partial(\sum\limits_{i=1}^{n} d_i'^2)}{\partial \hat{\beta}} = 0 \qquad (0.40)$$

得到

$$\hat{\alpha} = \bar{y} - \hat{\beta} \bar{x}$$

$$\hat{\beta} = \frac{\lambda(\overline{y^2} - \bar{y}^2) - (\overline{x^2} - \bar{x}^2) + \sqrt{\left[\lambda(\overline{y^2} - \bar{y}^2) - (\overline{x^2} - \bar{x}^2)\right]^2 + 4\lambda(\overline{xy} - \bar{x} \cdot \bar{y})^2}}{2\lambda(\overline{xy} - \bar{x} \cdot \bar{y})}$$

$$\sigma_x^2 = \frac{\lambda}{1 + \lambda \hat{\beta}^2} \frac{\sum\limits_{i=1}^{n} d_i^2}{n - 2} \qquad (0.41)$$

$$\sigma_y^2 = \frac{\sigma_x^2}{\lambda}$$

$$\sum\limits_{i=1}^{n} d_i^2 = (\overline{y^2} - \bar{y}^2) - 2\hat{\beta}(\overline{xy} - \bar{x} \cdot \bar{y}) + \hat{\beta}^2(\overline{x^2} - \bar{x}^2)$$

多项式与差分比较法 如果 X 和 Y 的关系可以表示成多项式,含有参数的项多于两个,可以用此方法. 步骤如下:

(1) 根据实验数据画图,在图上标出等差为Δx的各点对应(x_i, y_i);

(2) 求差值$\Delta^k y, k = 1, 2, \cdots, n$.

$\Delta y_1 = y_2 - y_1, \Delta y_2 = y_3 - y_2, \cdots$,为第一阶差;

$\Delta^2 y_1 = \Delta y_2 - \Delta y_1, \Delta^2 y_2 = \Delta y_3 - \Delta y_2, \cdots$,为第二阶差;

$\Delta^3 y_1 = \Delta^2 y_2 - \Delta^2 y_1, \Delta^3 y_2 = \Delta^2 y_3 - \Delta^2 y_2, \cdots$,为第三阶差;等等.

第 k 阶差成为常数,则函数取为 k 次项. 常见的多项式与差分比较标准见表 0.1.

表 0.1 常见的多项式函数与差分比较标准

方程式	画图的坐标轴	差值顺序	常数差分阶
$y = a + bx + cx^2 + \cdots + qx^n$	y-x	$\Delta^k y$	$\Delta^n y$
$y = a + \dfrac{b}{x} + \dfrac{c}{x^2} + \cdots + \dfrac{q}{x^n}$	y-$\dfrac{1}{x}$	$\Delta^k y$	$\Delta^n y$
$y^2 = a + bx + cx^2 + \cdots + qx^n$	y^2-x	$\Delta^k(y^2)$	$\Delta^n(y^2)$
$\lg y = a + bx + cx^2 + \cdots + qx^n$	$\lg y$-x	$\Delta^k(\lg y)$	$\Delta^n(\lg y)$
$y = a + b(\lg x) + c(\lg x)^2 + \cdots + q(\lg x)^n$	y-$\lg x$	$\Delta^k y$	$\Delta^n y$
$y = ab^x; y = ae^{bx}$	$\lg y$-x	$\Delta(\lg y)$	$\Delta(\lg y)$
$y = a + bc^x; y = a + be^{cx}$	y-x	$\Delta y; \lg \Delta y; \Delta(\lg \Delta y)$	$\Delta(\lg \Delta y)$

方程式	画图的坐标轴	差值顺序	常数差分阶
$y=a+bx+cd^x$; $y=a+bx+ce^{dx}$	y-x	Δy; $\Delta^2 y$; $\lg\Delta^2 y$;	$\Delta(\lg\Delta^2 y)$
$y=ax^b$	$\lg y$-$\lg x$	$\Delta(\lg\Delta y)$	$\Delta(\lg\Delta y)$
$y=a+bx^c$	y-$\lg x$	Δy; $\lg\Delta y$; $\Delta(\lg\Delta y)$	$\Delta(\lg\Delta y)$
$y=axe^{bx}$	$\ln y$-x $\Delta(\ln y)$; $\Delta(\ln x)$	$\Delta(\ln y)$-$\Delta(\ln x)$	

可化为线性拟合方程的非线性参数估计如下：

（1）幂函数型 $y=ax^b$，变为 $\lg y=\lg a + b\lg x$；

（2）指数函数型 $y=ae^{bx}$，变为 $\ln y=\ln a + bx$；

（3）倒数型 $y=x/(a + bx)$，变为 $1/y=b + a(1/x)$；

（4）指数函数型 $y=ae^{b/x}$，变为 $\ln y=\ln a + b(1/x)$；

（5）对数函数型，变为 $y=a + b\lg x$，自变量取为 $\lg x$；

（6）S 形曲线 $y=1/(a + be^{-x})$，取倒数，$1/y$ 与 e^{-x} 成正比.

非线性参数估计的一般处理方法：对于复杂的非线性函数关系，先选取 a_j 的初值，将 $f(x_i;\hat{a}_1,\hat{a}_2,\cdots,\hat{a}_k)$ 在 a_j 的初值 $a_j^{(0)}$（零级近似）附近作泰勒级数展开，略去高次项，得

$$f(x_i;\hat{a}_1,\hat{a}_2,\cdots,\hat{a}_k) = f(x_i;a_1^{(0)},a_2^{(0)},\cdots,a_k^{(0)}) + \left(\frac{\partial f}{\partial a_1}\right)\Big|_{a_1^{(0)}}\delta a_1^{(1)} + \left(\frac{\partial f}{\partial a_2}\right)\Big|_{a_2^{(0)}}\delta a_2^{(1)} + \cdots$$
$$+ \left(\frac{\partial f}{\partial a_k}\right)\Big|_{a_k^{(0)}}\delta a_k^{(1)} \tag{0.42}$$

根据残差的平方和 R 最小这一条件，可以确定 $\delta a_1^{(1)},\delta a_2^{(1)},\cdots,\delta a_k^{(1)}$. 使

$$R = \sum_{i=1}^{n}\omega_i v_i^2 = \sum_{i=1}^{n}\omega_i\left[f(x_i;a_1^{(0)},a_2^{(0)},\cdots,a_k^{(0)})\right] + \sum_{j=1}^{k}\left[\frac{\partial f}{\partial a_j}\delta a_j^{(1)} - y_i\right]^2$$

最小，要满足

$$\frac{\partial R}{\partial \delta a_j^{(1)}} = 0 \tag{0.43}$$

解方程组（0.43），得出 $\delta a_1^{(1)},\delta a_2^{(1)},\cdots,\delta a_k^{(1)}$，则 $\hat{a}_j^{(1)}=a_j^{(0)}+\delta a_j^{(1)}$. 由于作泰勒级数展开忽略了高次项，还需要进一步修正 $\hat{a}_j$ 的值. 将 $\hat{a}_j^{(1)}$ 作为 a_j 的零级近似，重新进行泰勒级数展开并略去高次项求极值条件，可以得到 2 级修正. 依此类推下去，通过逐次迭代，就可以到更准确的数值，直到修正量都小于精度要求 ε. 为了保证迭代过程能够收敛并且快速收敛，初值的选择是关键.

9. 多项式拟合曲线

如果 X 和 Y 的非线性函数形式是未知的，没法使用最小二乘法，就用多项式拟合法. 思路是函数 $y=f(x)$ 总可以用含有 $k + 1$ 个参量的 k 阶多项式来逼近（$k + 1 < n$，n 为测量次数）

$$y = f(x) \approx a_0 + a_1 x + a_3 x^2 + \cdots + a_k x^k \tag{0.44}$$

这具有相当大的主观性，因为理论上总能找到一条 $n - 1$ 阶多项式曲线，能够通过所有的 n 个测量点. 所以，要先从低阶开始用最小二乘法进行拟合，将结果与判据对比，决定是否还

需要提高阶次. 拟合曲线应该光滑地在所有测量点之间通过,而不应该在相邻测量点之间出现剧烈的摆动. 拟合方程是否符合客观规律,要经过显著性检验.

$y_1, y_2, \cdots, y_n$ 之间的差异(称为变差),是由两个方面的原因引起的:①自变量 x 取值不同造成的;②其他因素(包括误差)的影响. 定义总的离差平方和为

$$S = \sum_{i=1}^{n} (y_i - \bar{y})^2 \tag{0.45}$$

其中 $\bar{y} = \dfrac{1}{n} \sum_{i=1}^{n} y_i$ 是算术平均值.

$$\begin{aligned} S &= \sum_{i=1}^{n} (y_i - \bar{y})^2 = \sum_{i=1}^{n} \left[(y_i - \hat{y}_i) + (\hat{y}_i - \bar{y}) \right]^2 \\ &= \sum_{i=1}^{n} (y_i - \hat{y}_i)^2 + \sum_{i=1}^{n} (\hat{y}_i - \bar{y})^2 + 2 \sum_{i=1}^{n} (y_i - \hat{y}_i)(\hat{y}_i - \bar{y}) \end{aligned} \tag{0.46}$$

可以证明交叉项 $\sum_{i=1}^{n} (y_i - \hat{y}_i)(\hat{y}_i - \bar{y}) = 0$. 因此

$$S = \sum_{i=1}^{n} (y_i - \bar{y})^2 = \sum_{i=1}^{n} (y_i - \hat{y}_i)^2 + \sum_{i=1}^{n} (\hat{y}_i - \bar{y})^2 = R + U \tag{0.47}$$

$U = \sum_{i=1}^{n} (\hat{y}_i - \bar{y})^2$ 称为拟合平方和,反映 y 的总变差中由于 x 和 y 的拟合曲线关系而引起 y 变化的部分. $R = \sum_{i=1}^{n} (y_i - \hat{y}_i)^2$ 为残差平方和,是除了函数关系以外所有因素的影响. 每一个平方和都与一个自由度相关联,如果总离差平方和有 n 项,则有 $n-1$ 个自由度. 所以

$$\nu_S = \nu_R + \nu_U \tag{0.48}$$

$\nu_S = n-1$; $\nu_U = k$, 即自变量个数,多项式问题中也就是阶数. 因此

$$\nu_R = n - k - 1 \tag{0.49}$$

拟合方程的显著性,取决于 U 和 R. U 越大而 R 越小,就越显著,函数关系越密切. 显著性检验用 F 检验法

$$F = \frac{U/\nu_U}{R/\nu_R} = \frac{U}{R} \frac{n-k-1}{k} = \frac{U}{k \sigma_y^2} \tag{0.50}$$

将计算的 F 与查 F 分布表(此表本书未给出)中的 F_α 进行比较,就可以确定显著性水平 α.

(1) 如果 $F \geqslant F_{0.01}$,则称为拟合高度显著或在 $\alpha = 0.01$ 水平上显著;

(2) 如果 $F_{0.01} > F \geqslant F_{0.05}$,则称为拟合显著或在 $\alpha = 0.05$ 水平上显著;

(3) 如果 $F_{0.05} > F \geqslant F_{0.10}$,则称为在 $\alpha = 0.1$ 水平上显著;

(4) 如果 $F < F_{0.10}$,则称为拟合不显著,必须提高阶次.

10. 测量数据的光滑处理

光滑处理是要从数据组 (x_i, y_i) 获得新的数据组 $(x_i, \hat{y}_i)$,而不是要得到函数 $y = f(x)$,可以减小统计误差带来的影响,尤其是没法实现多次重复测量的情况或者在陡然变化的区域寻找峰值、峰位和拐点等工作. 最典型的光滑处理方法是五点二次光滑公式,其他还有五点三

次、七点二次、九点二次、十一点二次等方法. 过程是先用最小二乘法拟合出多项式 $y = \sum_{j=0}^{k} \hat{a}_j x^j$，然后用 x_i 代入得到 $\hat{y}_i = f(x_i)$. 光滑公式越过求 $y = \sum_{j=0}^{k} \hat{a}_j x^j$ 的过程,直接根据 y_i 求出 $\hat{y}_i$、$\hat{y}'_i$ 和 $\hat{y}''_i$. 五点二次光滑公式用二次三项式对 5 个测量点的数据 (x_i, y_i) 进行处理, $i = 1, 2, 3, 4, 5$. 设相邻 x_i 等间距,为 h. 作变换 $X_i = (x_i - x_3)/h$,则 $X_1 = -2$, $X_2 = -1, X_3 = 0, X_4 = 1, X_5 = 2$. 中心点是 X_3. 于是 $\hat{y}(x) = \hat{a}_0 + \hat{a}_1 x + \hat{a}_2 x^2$ 变为 $\hat{Y}(X) = \hat{b}_0 + \hat{b}_1 X + \hat{b}_2 X^2$. X_i 都是简单的整数,方便使用最小二乘法. 实际上只是横轴有变换,必然有 $\hat{Y}(X_i) = \hat{y}(x_i)$. 经过处理,得到

$$\hat{b}_0 = \frac{1}{35}(-3Y_{-2} + 12Y_{-1} + 17Y_0 + 12Y_1 - 3Y_2)$$

$$\hat{b}_1 = \frac{1}{10}(-2Y_{-2} - Y_{-1} + Y_1 + 2Y_2)$$

$$\hat{b}_2 = \frac{1}{14}(2Y_{-2} - Y_{-1} - 2Y_0 - Y_1 + 2Y_2)$$

$$\hat{y}(x_i) = \frac{1}{35}(-3y_{i-2} + 12y_{i-1} + 17y_i + 12y_{i+1} - 3y_{i+2})$$

$$\hat{y}'(x_i) = \frac{1}{10}(-2y_{i-2} - y_{i-1} + y_{i+1} + 2y_{i+2})$$

$$\hat{y}''(x_i) = \frac{1}{7}(2y_{i-2} - y_{i-1} - 2y_i - y_{i+1} + 2y_{i+2})$$

(0.51)

最前面的 $\hat{y}_1$、$\hat{y}_2$ 和最后面的 $\hat{y}_{n-1}$、$\hat{y}_n$ 通过将 $X = -2, -1$ 和 $X = 1, 2$ 分别代入中心点为 x_3 和 x_{n-2} 的光滑式 $\hat{Y}(X) = \hat{b}_0 + \hat{b}_1 X + \hat{b}_2 X^2$ 得到

$$\hat{y}_1 = \frac{1}{35}(31y_1 + 9y_2 - 3y_3 - 5y_4 + 3y_5)$$

$$\hat{y}_2 = \frac{1}{35}(9y_1 + 13y_2 + 12y_3 + 6y_4 - 5y_5)$$

$$\cdots\cdots$$

(0.52)

$$\hat{y}_{n-1} = \frac{1}{35}(-5y_{n-4} + 6y_{n-3} + 12y_{n-2} + 13y_{n-1} + 9y_n)$$

$$\hat{y}_n = \frac{1}{35}(3y_{n-4} - 5y_{n-3} - 3y_{n-2} + 9y_{n-1} + 31y_n)$$

11. 可疑测量值的舍弃

如果测量结果中有某一个值与其他值差异特别大,会对平均值和方差造成明显影响. 因此,应该考察弥散特别大的个别数据是否存在粗差. 首先要考察是否存在错读、错记之类的测量错误,排除后应该考虑瞬变因素的影响,包括测量条件和环境因素. 如果能确定是这两个环节引起的,就可以作为异常数据舍弃. 也可以增补多次测量,削弱弥散大的数据对统计结果的影响. 个别或少量数据偏离平均值较大,在统计学上也是可能的,应该先用两三种准则进行判别,不可轻易舍弃. 用统计判别准则找出可疑数据后,在剔除后进行数据处理的同时,也要注意探索引起弥散程度超越随机性的原因,否则可能错过重大发现的机会. 氩元素就是在测量氮的密度实验中发现的.

用统计判别准则剔除可疑测量值的基本思想是:规定一个置信水平,确定一个置信限,将超过置信限的数据予以剔除. 确定置信限,应该考虑置信水平、被统计物理量的分布类型和测量次数三个因素. 但剔除坏值也不一定都要考虑所有因素. 去掉一个坏值后,对余下的数据重新检验,直到都在置信限之内. 如果坏值过多,就要检讨方法和依据是否合理.

3σ 准则 最常用也最简单,也称拉伊达准则. 根据正态分布的概率计算,如果测量次数 $n \to \infty$,有

$$P\left(\,|\,x-a\,| \leqslant 3\sigma\right) \approx 99.7\% \tag{0.53}$$

如果测量值的误差大于 3σ,该值很可能含有粗差,也有极小的可能不含粗差. 将这样的测量值剔除,犯弃真错误的概率最大为 3%. 真值和均方根差是无法得到的,只能用估值,即样品的平均值 $\bar{x}$ 和标准偏差 s. 3σ 准则规定,在等精度测量的前提下,如果某个测量值的残差 v_i 满足

$$v_i = |\,x_i - \bar{x}\,| > 3s \tag{0.54}$$

则认为含有粗差,予以剔除. 可以证明,如果 $n \leqslant 10$,则 3σ 准则完全失效. 所以,对测量次数较少的情况,尽量不要用 3σ 准则. 表 0.2 是 3σ 准则的弃真概率.

表 0.2 3σ 准则的弃真概率

n	11	16	61	121	333
弃真概率(%)	1.9	1.1	0.5	0.4	0.3

t 检验准则 测量次数较少时使用,也称为罗曼诺弗斯基准则. 先剔除一个可疑值,然后按 t 分布来检验被剔除的测量值是否含有粗差. 剔除一个可疑值 x_i 后,对余下的数据计算平均值 $\bar{x}$ 和样本标准差 s;规定一个显著性水平 α,即置信度 $1-\alpha$;根据 n 和 α 查表 0.3,得到 $K(n,\alpha)$,若有

$$|\,x_i - \bar{x}\,| > K(n,\alpha) \cdot s \tag{0.55}$$

则 x_i 作为坏值予以剔除,否则予以保留. 表中数值是以 t 分布的置信系数 $t_\alpha(n-1)$ 为基础进行计算得出的

$$K(n,\alpha) = t_\alpha(n-1)\left(\frac{n}{n-1}\right)^{1/2} \tag{0.56}$$

表 0.3 t 检验 $K(n,\alpha)$ 数值表

n \ α	0.01	0.05	n \ α	0.01	0.05	n \ α	0.01	0.05
4	11.46	4.97	13	3.23	2.29	22	2.91	2.14
5	8.53	3.56	14	3.17	2.26	23	2.90	2.13
6	5.04	3.04	15	3.12	2.24	24	2.88	2.12
7	4.36	2.78	16	3.08	2.22	25	2.86	2.11
8	3.96	2.62	17	3.04	2.20	26	2.85	2.10
9	3.71	2.51	18	3.01	2.18	27	2.84	2.10
10	3.54	2.43	19	3.00	2.17	28	2.83	2.09
11	3.41	2.37	20	2.95	2.16	29	2.82	2.09
12	3.31	2.53	21	2.93	2.15	30	2.81	2.08

肖维勒准则　如果 $|x_i-\bar{x}|>\omega_n s$，则认为数据 x_i 中存在粗差，予以剔除，否则保留。ω_n 从表 0.3 查出。大误差出现的概率是很小的。定义一个正数值 $\Delta(n)$，满足在 n 次等精度重复测量的结果中，并没有 $|x-a|\geqslant\Delta(n)$ 这样的数据出现，那么理论概率 $P\big(|x-a|\geqslant\Delta(n)\big)$ 就应该很小。当 n 足够大时，$P\big(|x-a|\geqslant\Delta(n)\big)$ 与频率 m/n 很接近，m 是 $|x-a|\geqslant\Delta(n)$ 的数据出现的次数。则 $m=nP\big(|x-a|\geqslant\Delta(n)\big)\to 0$。这是因为 m 是整数，$P\big(|x-a|\geqslant\Delta(n)\big)$ 很小，$nP\big(|x-a|\geqslant\Delta(n)\big)$ 也是个不大的数，再凑整，可以视为零。这样，下式应该能够满足

$$nP\big(|x-a|\geqslant\Delta(n)\big)<\frac{1}{2} \tag{0.57}$$

由此，肖维勒准则为：在 n 次等精度重复测量的结果中，如果出现了概率意义上应该少于半次的数据，就认为它是异常的，予以剔除。这一准则所规定的偏差标准 $\Delta(n)$ 可用正态分布来求解

$$P\big(|x-a|\geqslant\Delta(n)\big)=1-P\big(|x-a|<\Delta(n)\big)$$
$$=1-\frac{1}{\sqrt{2\pi}\sigma}\int_{-\Delta(n)}^{+\Delta(n)}e^{-\frac{(x-a)^2}{2\sigma^2}}dx \tag{0.58}$$

令这个概率等于 $1/(2n)$（即次数为半次），就得到一个 $\Delta(n)$ 与 n 的关系式。为了方便，引入 $\omega_n=\dfrac{\Delta(n)}{\sigma}$。查阅正态分布积分表（此表本书未给出），得到 n 与 ω_n 的对应数值，见表 0.4。

表 0.4　肖维勒准则的 ω_n 数值表

n	5	6	7	8	9	10	11
$\omega_n=\dfrac{\Delta(n)}{\sigma}$	1.65	1.73	1.79	1.86	1.92	1.98	2.00
n	12	13	14	15	16	17	18
ω_n	2.04	2.07	2.10	2.13	2.16	2.18	2.20
n	19	20	21	22	23	24	25
ω_n	2.22	2.24	2.26	2.28	2.30	2.31	2.33
n	26	27	28	29	30	35	40
ω_n	2.34	2.35	2.37	2.38	2.39	2.45	2.50
n	50	60	70	80	90	100	150
ω_n	2.58	2.64	2.69	2.74	2.78	2.81	2.93
n	185	200	250	500	1000	2000	5000
ω_n	3.00	3.02	3.11	3.29	3.48	3.66	3.89

实际测量时，$|x-a|$ 和 σ 是没法知道的，只能分别用残差 $|x_i-\bar{x}|$ 和样本标准偏差 s 代替。如果不止一个数据的残差大于 $\Delta(n)$（$\Delta(n)=\omega_n s$），则先去掉残差最大的，然后再重新计算平均值和样本标准偏差，再次用肖维勒准则判断另外的可疑数据。以此类推，每次只去掉一个残差最大的可疑数据，直到全部符合肖维勒准则。如果可疑数据较多，要从测量方法和技术上检讨原因。肖维勒准则是在测量频率趋近于概率的前提下建立的，测量次数较少时，犯弃真错误的概率较大，见表 0.5。$n<185$，肖维勒准则比 3σ 准则严格；$n=185$，二者相当；$n>185$，3σ 准则比肖维勒准则严格；$n\to\infty$，肖维勒准则无法使用，因为 $\omega_n\to\infty$。

表 0.5   肖维勒准则的弃真概率

n	5	16	60	185	500
弃真概率/%	20.78	5.47	1.80	0.35	0.10

格拉布斯准则   在 n 次等精度重复测量的结果中找出最大残差 $|x_i-\bar{x}|_{\max}$,格拉布斯导出了 $|x_i-\bar{x}|_{\max}/s$ 的统计分布. 取定显著性水平 α(通常为 0.05 或 0.01,相当于规定一个犯弃真错误的概率),可以由下式求得临界值 $g_0(n,\alpha)$,制成表 0.6.

$$P\Big(|x_i-\bar{x}|_{\max}/s \geqslant g_0(n,\alpha)\Big)=\alpha \tag{0.59}$$

如果 $|x_i-\bar{x}|_{\max}>g_0(n,\alpha)s$,则认为数据 x_i 中存在粗差,予以剔除. 否则保留.

表 0.6   格拉布斯准则的 $g_0(n,\alpha)$ 数值表

n \ α	0.05	0.01	n \ α	0.05	0.01
3	1.153	1.155	17	2.476	2.785
4	1.463	1.492	18	2.504	2.821
5	1.672	1.749	19	2.532	2.854
6	1.822	1.944	20	2.557	2.884
7	1.938	2.097	21	2.580	2.912
8	2.032	2.221	22	2.603	2.939
9	2.110	2.323	23	2.624	2.963
10	2.176	2.410	24	2.644	2.987
11	2.234	2.485	25	2.683	3.009
12	2.285	2.550	30	2.745	3.103
13	2.331	2.607	35	2.811	3.178
14	2.371	2.659	40	2.856	3.240
15	2.409	2.705	45	2.914	3.292
16	2.443	2.747	50	2.956	3.336

狄克逊准则   前面的方法都需要计算样品标准偏差 s. 狄克逊准则是用极差比的方法经过严密运算和简化得到的准则,可以避免这一麻烦. 不同的测量次数,使用不同的级差比进行计算.

将 n 次测量的结果重新排序,得到 $x_1 \leqslant x_2 \leqslant \cdots \leqslant x_n$. 如果 x_i 服从正态分布,下列统计量也服从正态统计规律:

(1) 检验最大测量值是否可疑的统计量

$$f_{10}=\frac{x_n-x_{n-1}}{x_n-x_1}, \quad f_{11}=\frac{x_n-x_{n-1}}{x_n-x_2}, \quad f_{21}=\frac{x_n-x_{n-2}}{x_n-x_2}, \quad f_{22}=\frac{x_n-x_{n-2}}{x_n-x_3} \tag{0.60}$$

(2) 检验最小测量值是否可疑的统计量

$$f_{10}=\frac{x_2-x_1}{x_n-x_1}, \quad f_{11}=\frac{x_2-x_1}{x_{n-1}-x_1}, \quad f_{21}=\frac{x_3-x_1}{x_{n-1}-x_1}, \quad f_{22}=\frac{x_3-x_1}{x_{n-2}-x_1} \tag{0.61}$$

定义显著性水平 α,满足

$$P(f_{ij} \geqslant f_0(n,\alpha)) = \alpha, \quad i = 1,2; \quad j = 0,1,2 \tag{0.62}$$

条件的临界值 $f_0(n,\alpha)$ 是一个与 n 和 α 有关的数,见表 0.7.

狄克逊准则是:如果计算出来的 $f_{ij}(i=1,2$ 和 $j=0,1,2)$ 大于 $f_0(n,\alpha)$,则认为相应的 x_1 或 x_n 含有粗差,予以剔除. 否则应予以保留. 根据测量次数 n 来选用不同的 f_{ij} 公式. 每剔除一个数据,就对剩余的数据重新排序后再重新计算 $f_0(n,\alpha)$ 和 f_{ij}.

对于使用狄克逊准则不好判断的边缘数据,则要选用几种方法进行综合判别. 如果所有判别方法的结果都类似,一般可以作为好值保留. 几种方法判别的结果出现矛盾时,数据一般也予以保留.

表 0.7　狄克逊准则的 $f_0(n,\alpha)$ 与 f_{ij} 计算式

n	$f_0(n,\alpha)$		f_{ij} 计算式	
	$\alpha = 0.01$	$\alpha = 0.05$	最小值 x_1 可疑时	最大值 x_n 可疑时
3	0.988	0.941		
4	0.889	0.765		
5	0.780	0.642	$f_{10} = \dfrac{x_2 - x_1}{x_n - x_1}$	$f_{10} = \dfrac{x_n - x_{n-1}}{x_n - x_1}$
6	0.698	0.560		
7	0.637	0.507		
8	0.683	0.554		
9	0.636	0.512	$f_{11} = \dfrac{x_2 - x_1}{x_{n-1} - x_1}$	$f_{11} = \dfrac{x_n - x_{n-1}}{x_n - x_2}$
10	0.597	0.477		
11	0.679	0.576		
12	0.642	0.546	$f_{21} = \dfrac{x_3 - x_1}{x_{n-1} - x_1}$	$f_{21} = \dfrac{x_n - x_{n-2}}{x_n - x_2}$
13	0.615	0.521		
14	0.641	0.546		
15	0.616	0.525		
16	0.595	0.507		
17	0.577	0.490		
18	0.561	0.476		
19	0.547	0.462	$f_{22} = \dfrac{x_3 - x_1}{x_{n-2} - x_1}$	$f_{22} = \dfrac{x_n - x_{n-2}}{x_n - x_3}$
20	0.535	0.450		
21	0.524	0.440		
22	0.514	0.430		
23	0.505	0.421		
24	0.497	0.413		
25	0.489	0.406		

七、随机变量与概率密度函数

在一定的条件下,可能发生也可能不发生或者可能出现多种结果的偶然现象,称为随机现象. 随机现象的每一个可能的结果,称为随机事件. 描述随机事件的变量称为随机变量. 物理测量具有随机性,每一次测量都是一个随机事件,得到的数据,就是随机变量的随机数. 一个随机变量的随机数集合,称为随机样本,简称样本. 随机变量取值的全体,称为随机总体,简称总体. 描述一个随机变量 X,除了要把握它的全部可能取值,还要给出各可能取值出现的概率. 概率的分布用分布函数 $P(x)$ 来表示,其含义是所有 $X \leqslant x$ 取值的随机事件出现的总概率. 任何分布函数都必须满足 $P(x = -\infty) = 0, P(x = +\infty) = 1$. 随机变量有两类:离散型随机变量和连续型随机变量. 前者的取值不是连续的,比如一株稻穗可能结几粒米;后者的取值是连续的,比如一粒米的质量可能有多少.

离散型随机变量还可以用概率函数 $p(x)$ 来描述概率分布,含义是 $X = x$ 的事件出现的概率. 而研究连续型随机变量取某个值的概率即 $p(x)$ 是没有意义的(因为 $p(x) = 0$),只能研究取值在某一范围内的概率. 要完全掌握一个连续型随机变量,需要取值范围和概率密度函数两个要素. 概率密度函数定义为

$$f(x) = \lim_{\Delta x \to 0} \frac{P(x + \Delta x) - P(x)}{\Delta x} = \frac{\mathrm{d}P(x)}{\mathrm{d}x} \tag{0.63}$$

则在区间 $[a, b]$ 内出现的概率为

$$\Delta P = \int_a^b f(x) \mathrm{d}x \tag{0.64}$$

即曲线 $f(x)$ 和横坐标的 ab 段所包围的面积. 概率密度函数的归一化条件是

$$\int_{-\infty}^{+\infty} f(x) \mathrm{d}x = 1 \tag{0.65}$$

1. 随机变量的数字特征

全面描述一个随机变量的分布有时存在困难或者没有必要. 提取几个与分布全貌有关的数字来反映整个概率分布,就构成随机变量的数字特征,包括数学期望、方差、协方差和相关系数,都是对总体而言.

总体数学期望 即均值 $\bar{x}$,也称期望值 $\langle x \rangle$,是随机变量各种可能取值与对应概率相乘后的求和.

离散型随机变量的期望值为

$$\langle x \rangle = \sum_i x_i p(x_i) \tag{0.66}$$

连续型随机变量的期望值为

$$\langle x \rangle = \int_{-\infty}^{+\infty} x f(x) \mathrm{d}x \tag{0.67}$$

总体方差 是反映随机变量各种取值离散性的指标,定义为 $\sigma_x^2 = \langle (x - \langle x \rangle)^2 \rangle$. 对差值取平方是为了避免正负抵偿,因为 $\langle x - \langle x \rangle \rangle = 0$.

离散型随机变量的方差为

$$\sigma_x^2 = \sum_i (x_i - \langle x \rangle)^2 p(x_i) \tag{0.68}$$

连续型随机变量的方差为

$$\sigma_x^2 = \int_{-\infty}^{+\infty} (x - \langle x \rangle)^2 f(x)\mathrm{d}x \tag{0.69}$$

可以证明

$$\langle (x - \langle x \rangle)^2 \rangle = \langle x^2 \rangle - \langle x \rangle^2 \tag{0.70}$$

方差的平方根称为均方根差(σ_x),其估值则称为标准偏差(s). 离散型随机变量的均方根差反映概率密度函数曲线的离散程度.

方差的性质有

$$\sigma_c^2 = 0, \quad \sigma_{\lambda x+c}^2 = \lambda^2 \sigma_x^2, \quad \sigma_{x \pm y}^2 = \sigma_x^2 + \sigma_y^2 \tag{0.71}$$

2. 常见的分布函数及其数字特征

离散型分布有二项式分布、泊松分布和超几何分布等. 连续型分布有正态分布、均匀分布、x^2 分布、t 分布等.

二项式分布　结果只能是非 A 即 B 的实验称为伯努利实验. 在一定条件下,事件 A 出现的概率是 p,不出现的概率是 q,则 n 次独立重复实验中,A 事件出现 x 次的概率为

$$p_n(x) = C_n^x p^x q^{n-x} \quad (x \leqslant n, q = 1-p) \tag{0.72}$$

这就是伯努利二项式分布式,即做 n 次伯努利实验的概率分布式. 二项式的含义是上式正好为 $(p+q)^n$ 展开式的 p^x 项表达式

$$\langle x \rangle = \sum_{k=0}^n x p_n(x) = np \tag{0.73}$$

由于

$$\langle x^2 \rangle = n(n-1)p^2 + np, \quad \langle x \rangle^2 = n^2 p^2 \tag{0.74}$$

所以

$$\sigma_x^2 = \sum_{x=0}^n (x - \langle x \rangle)^2 p_n(x) = \langle x^2 \rangle - \langle x \rangle^2 = np(1-p) = npq \tag{0.75}$$

当 p 很小或 n 很大时,二项式分布向泊松分布接近.

泊松分布　由二项式分布推广而来. 在 n 次独立重复实验中,事件 A 出现的概率是 p,以 $\lambda = np$ 为参数,若 $n \to \infty$,则随机变量 X 的分布函数为

$$P(x) = \lim_{n \to \infty} C_n^x p^x q^{n-x} = \lim_{n \to \infty} \frac{n!}{x!(n-x)!} p^x q^{n-x} = \frac{1}{x!} \lim_{n \to \infty} p^x q^{n-x} \frac{n!}{(n-x)!}$$

$$= \frac{1}{x!} \lim_{n \to \infty} p^x q^{n-x} \lim_{n \to \infty} [n(n-1)(n-2)\cdots(n-x+2)(n-x+1)]$$

$$= \frac{1}{x!} \lim_{n \to \infty} p^x q^{n-x} n^x = \frac{1}{x!} \lim_{n \to \infty} (1-p)^{n-x} \lim_{n \to \infty} (np)^x = \frac{\lambda^x}{x!} \lim_{n \to \infty} (1-np) = \frac{\lambda^x}{x!} \mathrm{e}^{-\lambda}$$

即

$$P(x) = \frac{\lambda^x}{x!} \mathrm{e}^{-\lambda} \quad (x = 0,1,2,\cdots, \lambda > 0) \tag{0.76}$$

这就是以 λ 为参数的离散型泊松分布. 进一步可以求出

$$\langle x \rangle = \lambda, \quad \sigma_x^2 = \lambda \tag{0.77}$$

注意二者的值虽然相等,但量纲不同.

超几何分布 按照依次从随机变量的 N 个所有可能取值中抽取 n 个取值的原则($n \leqslant N$,每次抽到的取值不再参与下次抽取,即不可回放),直到将其中 M 个具有某种共同性质的取值全部找出来($M \leqslant N$). 在抽出的 n 个取值中,可能找到的目标个数在 $\max(0, M + n - N) \leqslant x \leqslant \min(M, n)$ 范围内,则以 x 为参量的分布函数 $P(x; N, M, n)$ 意为所有 $X \leqslant x$ 取值的随机事件出现的总概率

$$P(x; N, M, n) = \frac{C_M^x C_{N-M}^{n-x}}{C_N^n} \tag{0.78}$$

这就是超几何分布. 其期望值和方差分别为

$$\langle x \rangle = \frac{nM}{N}, \quad \sigma_x^2 = \frac{n(M/N)(1 - M/N)(N - n)}{N - 1} \tag{0.79}$$

如果 $n = 1$,则还原为一次伯努利实验. 如果 $n \rightarrow \infty$,则为伯努利二项式分布.

正态分布 最初是在误差研究中发现,由高斯提出,所以又称高斯分布. 很多随机变量都近似服从正态分布. 数学期望值较大的泊松分布也趋近于正态分布. 如果一个随机变量是大量微弱原因的总效果,这个随机变量就近似地服从正态分布. 物理测量中的随机误差,测量值围绕平均值上下起伏,测量次数足够多,起伏是对称的,接近平均值的测量值出现次数多,这都是正态分布的特征.

在一定条件下,测量真值为 a 的物理量 n 次,第 i 次测量的误差为 $\Delta_i = x_i - a$. 所有的测量结果中,误差落在 $(\Delta_i, \Delta_i + \mathrm{d}\Delta_i)$ 范围的概率为

$$p(\mathrm{d}\Delta_i) = f(\Delta_i)\mathrm{d}\Delta_i \tag{0.80}$$

$f(\Delta_i)$ 为概率密度函数. 各测量值的误差同时出现的概率为

$$P = \prod_{i=1}^{n} p(\mathrm{d}\Delta_i) = \prod_{i=1}^{n} f(\Delta_i)\mathrm{d}\Delta_i \tag{0.81}$$

将式(0.80)取对数后对 a 求导数,有

$$\frac{\mathrm{d}\ln P}{\mathrm{d}a} = \sum_{i=1}^{n} \frac{\mathrm{d}\ln f(\Delta_i)}{\mathrm{d}\Delta_i} \frac{\mathrm{d}\Delta_i}{\mathrm{d}a} \tag{0.82}$$

由于 $\frac{\mathrm{d}\Delta_i}{\mathrm{d}a} = -1$,再利用极值条件,一阶导数为零,有

$$\sum_{i=1}^{n} \frac{\mathrm{d}\ln f(\Delta_i)}{\Delta_i \mathrm{d}\Delta_i} \Delta_i = 0 \tag{0.83}$$

根据随机误差的抵偿性,在 $n \rightarrow \infty$ 时,要满足

$$\sum_{i=1}^{n} \Delta_i = 0 \tag{0.84}$$

于是上式的系数要等于一个相同的常数,即

$$\frac{\mathrm{d}\ln f(\Delta_i)}{\Delta_i \mathrm{d}\Delta_i} = k = \frac{\mathrm{d}\ln f(\Delta)}{\Delta \mathrm{d}\Delta} \tag{0.85}$$

求解,并考虑概率密度函数的收敛性,得

$$f(\Delta) = c e^{\frac{1}{2}\Delta^2} = c e^{-h^2\Delta^2}$$

要满足归一化条件

$$\int_{-\infty}^{+\infty} f(\Delta) \mathrm{d}\Delta = 1 \tag{0.86}$$

最后

$$f(\Delta) = \frac{h}{\sqrt{\pi}} e^{-h^2\Delta^2}, \quad P = \left(\frac{h}{\sqrt{\pi}}\right)^n e^{-h^2\sum\limits_{i=1}^{n}\Delta_i^2} \mathrm{d}\Delta_1 \mathrm{d}\Delta_2 \cdots \mathrm{d}\Delta_n \tag{0.87}$$

再把 h 看作变量,求极值条件 $\dfrac{\mathrm{d}P}{\mathrm{d}h} = 0$,经过处理,得到

$$2h^2\sum_{i=1}^{n}\Delta_i^2 = n \tag{0.88}$$

令 $\sigma_x = \sqrt{\dfrac{\sum\limits_{i=1}^{n}\Delta_i^2}{n}}$,可以得到

$$h = \frac{1}{\sqrt{2}\sigma_x} \tag{0.89}$$

最终 $f(\Delta) = \dfrac{1}{\sqrt{2\pi}\sigma_x} e^{-\frac{\Delta^2}{2\sigma_x^2}}$,即

$$f(x) = \frac{1}{\sqrt{2\pi}\sigma_x} e^{-\frac{(x-a)^2}{2\sigma_x^2}} \tag{0.90}$$

其拐点为 $x = a \pm \sigma_x$;数学期望值为 a;总体方差为 σ_x^2. 正态分布记为 $N(a,\sigma_x^2)$ 或 $N(a,\sigma_x)$.

如果 $a = 0, \sigma_x^2 = 1$,就是标准正态分布,记为 $N(0,1)$

$$f(x) = \frac{1}{\sqrt{2\pi}} e^{-\frac{1}{2}x^2} \tag{0.91}$$

任何正态分布都可以通过变换

$$u = \frac{x-a}{\sigma_x} \tag{0.92}$$

成为标准正态分布.

均匀分布 X 只能在区间 $[a,b]$ 内均匀分布,即可以是此区间内任意的数值,且概率都相等. 其概率分布密度函数为

$$f(x) = \begin{cases} \dfrac{1}{b-a}, & a \leqslant x \leqslant b \\ 0, & x < a \text{ 或 } x > b \end{cases} \tag{0.93}$$

数学期望值和方差为

$$\langle x \rangle = (a+b)/2, \sigma_x^2 = (b-a)^2/12 \tag{0.94}$$

x^2 分布 设 $X_1, X_2, \cdots, X_n$ 是 n 个相互独立且都服从 $N(0,1)$ 分布(标准正态分布)的随机变量,则统计量 $x^2 = \sum\limits_{i=1}^{n} x_i^2$ 的分布称为 x^2 分布. 对于更广泛的 $N(a,\sigma_x^2)$ 分布(正态分

布),统计量定义为

$$x^2 = \sum_{i=1}^{n} \frac{(x_i - \overline{x}_i)^2}{\sigma_i^2} \tag{0.95}$$

x^2 分布的概率分布密度为

$$f_n(x^2) = \begin{cases} \dfrac{1}{2^{\frac{n}{2}} \Gamma\left(\dfrac{n}{2}\right)} (x^2)^{\frac{n}{2}-1} e^{-\frac{1}{2}x^2}, & x^2 \geqslant 0 \\ 0, & x^2 = 0 \end{cases} \tag{0.96}$$

式中,n 称为 x^2 分布的自由度.

当 n 很小时,$f_n(x^2)$ 不对称;当 $n > 30$ 以后,$f_n(x^2)$ 接近正态分布. $\Gamma(p) = \int_0^{\infty} t^{p-1} e^{-t} \mathrm{d}t$,具有如下性质:

$$\begin{aligned} &\Gamma(p+1) = p\Gamma(p) \\ &\Gamma(p+1) = p! \quad (p \text{ 为正整数时}) \\ &\Gamma\left(\frac{1}{2}\right) = \sqrt{\pi} \\ &\Gamma\left(l+\frac{1}{2}\right) = \frac{1 \cdot 3 \cdot (2l-3)(2l-1)}{2^l} \sqrt{\pi} \quad (l \text{ 为整数时}) \end{aligned} \tag{0.97}$$

x^2 分布的期望值和方差为

$$\langle x^2 \rangle = n, \quad \sigma_{x^2}^2 = 2n \tag{0.98}$$

t 分布 设随机变量 X 服从 $N(0,1)$ 分布,随机变量 Y 服从自由度为 n 的 x^2 分布,并且 X 和 Y 相互独立,则称随机变量

$$t = \frac{X}{\sqrt{Y/n}} \tag{0.99}$$

为服从自由度为 n 的 t 分布. 其概率分布密度函数为

$$f_n(t) = \frac{\Gamma\left(\dfrac{n+1}{2}\right)}{\sqrt{n\pi}\,\Gamma\left(\dfrac{n}{2}\right)} \left(1 + \frac{t^2}{n}\right)^{-\frac{n+1}{2}}, \quad -\infty < t < +\infty \tag{0.100}$$

t 分布关于 0 对称,在 $n \to \infty$ 时,趋近于正态分布,在 n 较小时,离散性(σ_t^2)比正态分布大. t 分布的期望值和方差为

$$\langle t \rangle = 0, \quad \sigma_t^2 = \frac{n}{n-2}(n > 2) \tag{0.101}$$

F 分布 设 X 服从自由度为 n_1 的 x^2 分布,随 Y 服从自由度为 n_2 的 x^2 分布,且 $X/n_1 > Y/n_2$,则称随机变量

$$F = \frac{X/n_1}{Y/n_2} \tag{0.102}$$

为服从自由度 (n_1, n_2) 的 F 分布. 其概率分布密度函数为

$$f_{n_1, n_2}(F) = \begin{cases} \dfrac{\Gamma\left(\dfrac{n_1 + n_2}{2}\right)}{\Gamma\left(\dfrac{n_1}{2}\right)\Gamma\left(\dfrac{n_2}{2}\right)}\left(\dfrac{n_1}{n_2}\right)^{\frac{n_1}{2}} \dfrac{F^{\frac{n_1}{2}-1}}{\left(1' + \dfrac{n_1}{n_2}F\right)^{\frac{n_1+n_2}{2}}}, & F \geqslant 0 \\ 0, & F < 0 \end{cases} \tag{0.103}$$

F 分布的期望值和方差为

$$\langle F \rangle = \frac{n_2}{n_2 - 2} \ (n_2 > 2), \quad \sigma_F^2 = \frac{2n_2^2(n_1 + n_2 - 2)}{n_1(n_2 - 2)^2(n_2 - 4)} (n_2 > 4) \tag{0.104}$$

参 考 文 献

钱政,王中宇,刘桂礼. 2008. 测试误差分析与数据处理. 北京:北京航空航天大学出版社

杨旭武. 2009. 实验误差原理与数据处理. 北京:科学出版社

专题实验 1　光谱的测量与分析

1.1　氢(氘)原子光谱

原子光谱是建立量子理论的实验基础. 1885 年,巴耳末(J. J. Balmer)根据已有的观测结果,提出了氢光谱线的经验公式.玻尔(N. Bohr)1913 年 2 月看到这一公式,3 月 6 日就建立了氢原子理论;海森伯(W. Heisenberg)在 1925 年提出量子力学理论也是基于原子光谱的实验成就;光谱的精细结构使人们认识到核外电子的运动状态除了存在主能级量子化以外,还存在亚能级量子化.

1932 年,尤里(H. C. Urey)将 3 L 液态氢在低压下缓慢蒸发至 1 mL 后,注入放电管,拍摄其巴耳末线系光谱,发现在普通氢(气)每条谱线的短波侧都出现一条弱的伴线,从而证实了氘的存在. 这是原子核质量差异导致里德伯常量发生变化的结果,称为同位素移位.对于重核,同位素移位并不明显,但是中子数不同会引起核自旋发生改变,光谱结构还是会复杂化,这就是所谓的超精细结构. 今天,原子光谱仍然是研究原子结构的重要方法.

【实验目的】

(1) 了解光栅光谱仪等常见光谱分析仪器的原理和使用方法;

(2) 通过测量巴耳末线系的谱线波长,计算氘的里德伯常量.

【实验原理】

原子虽然是元素的最小单元,但还具有复杂的核式内部结构,核外是绕核运动的电子. α 粒子散射实验肯定了原子的核式结构,而人类对核外结构的认识则是从光谱研究开始的.光谱记录了电磁辐射随波长变化的强度分布,是研究原子结构的重要手段. 通过测量原子发光光谱中各谱线的波长,可以推算出原子的能级结构,从而得到有关原子微观结构的信息. 光谱主要指发射光谱或吸收光谱. 发射光谱是由发光体直接产生的光谱. 例如,由炽热的固体、液体和高压气体发光形成的连续光谱和由稀薄气体或者金属蒸气发光形成的明线光谱都属于发射光谱. 吸收光谱则是连续光谱中某些波长的光被物质吸收后产生的光谱.吸收光谱中的每条暗线都与物质的特征谱线相对应.

在所有的元素中,氢的原子结构最简单,从氢原子明线光谱理解原子的核外结构也最直观. 氢原子光谱对原子物理学的早期发展做出了特殊的贡献.

到 1885 年,从星体的光谱中共观察到 14 条氢原子的谱线,瑞士数学教师巴耳末发现这些谱线的波长 λ 可以纳入一个统一的公式

$$\lambda = B \frac{n^2}{n^2 - 4}, \quad n = 3, 4, 5, \cdots \qquad (1.1.1)$$

式中,B 为常数. 这 14 条谱线称为巴耳末线系. 为了更清楚地表明谱线分布规律,瑞典物理学家里德伯将巴耳末公式改写成如下形式:

$$\tilde{\gamma} = \frac{1}{\lambda} = R_\mathrm{H}\left[\frac{1}{m^2} - \frac{1}{n^2}\right], \quad n = m+1, m+2, m+3, \cdots \tag{1.1.2}$$

式中,$\tilde{\gamma}$ 为波数,R_H 称为氢的里德伯常量. 对每一个整数 m,所有可能的 n 形成一个线系. 对于巴耳末线系,$m=2$. 随后发现的莱曼线系($m=1$)、帕邢线系($m=3$)以及其他线系都符合里德伯公式.

　　丹麦科学家玻尔受巴耳末公式以及普朗克量子学说的启发,以卢瑟福的有核原子模型为基础,建立了氢原子理论. 根据玻尔理论,原子的能级是量子化的,即具有能级. 每条发射光谱线都是原子中的电子从一个较高的能级跃迁到另一个较低的能级而释放能量的结果. 经过推导,对巴耳末系有

$$\tilde{\gamma} = \frac{2\pi^2 m e^4}{(4\pi\varepsilon_0)^2 h^3 c(1+m/M)}\left[\frac{1}{2^2} - \frac{1}{n^2}\right], \quad n = 3, 4, 5, \cdots \tag{1.1.3}$$

式中,e 为电子电荷,h 为普朗克常量,c 为光速,m 为电子质量,M 为氢原子核质量,ε_0 为真空介电常量. 将式(1.1.3)与式(1.1.2)比较,可得里德伯常量为

$$R_\mathrm{H} = \frac{2\pi^2 m e^4}{(4\pi\varepsilon_0)^2 h^3 c(1+m/M)} = \frac{R_\infty}{(1+m/M)} \tag{1.1.4}$$

其中 R_∞ 代表将原子核的质量视为无穷大(即假定核固定不动)时的里德伯常量.

　　同理,根据巴耳末公式,对氢的同位素氘有

$$\tilde{\gamma} = \frac{1}{\lambda} = R_\mathrm{D}\left[\frac{1}{2^2} - \frac{1}{n^2}\right], \quad n = 3, 4, 5, \cdots \tag{1.1.5}$$

　　测量元素及其同位素的里德伯常量,是对元素及其同位素的光谱进行分析的重要环节. 用光谱仪测量出谱线的波长,识别出各自的 n,就可以计算出里德伯常量. 氢、氘原子光谱巴耳末线系的波长及里德伯常量公认值见表 1.1.1.

表 1.1.1　氢(H)和氘(D)巴耳末线系原子光谱的波长及里德伯常量

同位素		氢	氘
	α	656.280	656.100
	β	486.133	485.999
λ/nm	γ	434.047	433.928
	δ	410.174	410.062
	ε	396.899	396.899
$R_\mathrm{H(D)}/10^5\ \mathrm{cm}^{-1}$		1.0967758	1.0970742
$R_\infty/10^5\ \mathrm{cm}^{-1}$		1.0973731	

【实验装置】

　　本实验使用 WDS-8A 型组合式多功能光栅光谱仪系统测量光谱,用氢灯作为光源,置

于光学平台上. 光谱仪采用反射式闪耀光栅作为分光元件，如图 1.1.1 所示，相邻刻槽间的距离 d 称为光栅常数. 考虑从相邻刻槽的相应点上反射的光线，QQ' 的长度为 d，入射光线 PQ 和 $P'Q'$ 的入射角为 i（与光栅法线的夹角），衍射光线 QR 和 $Q'R'$ 的衍射角为 i'. PQR 和 $P'Q'R'$ 这两条光线的光程差为 $d(\sin i + \sin i')$. 当光程差满足光栅方程

$$d(\sin i + \sin i') = k\lambda, \quad k = \pm 1, \pm 2, \cdots \quad (1.1.6)$$

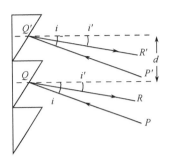

图 1.1.1 闪耀光栅示意图

时，光强为极大. 对同一级（同一 k）亮条纹，根据 i 和 i' 就可以确定衍射光的波长. 增强了衍射光强度. 为提高闪耀光栅的分辨本领，即增大不同波长入射光的衍射角度的差值，需要减小光栅常数.

WDS-8A 型组合式多功能光栅光谱仪系统由光学系统、电子系统和软件系统三部分组成，结构框图及实物照片如图 1.1.2 所示.

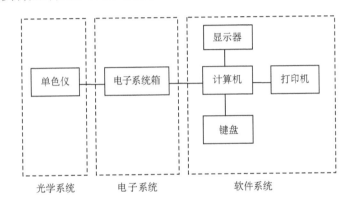

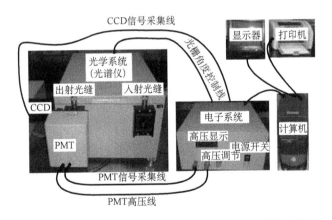

图 1.1.2 WDS-8A 型组合式多功能光栅光谱仪系统

光谱仪光学系统的原理如图 1.1.3 所示. 其中，M_1 为准光镜，M_2 为物镜，M_3 为转镜，G 为 1200 条/mm 平面衍射光栅（由此可以确定光栅常数 d），S_1 为入射狭缝. 通过旋转 M_3 来选择出射狭缝是 S_2 或 S_3，从而选择接收器件类型. S_2 前方安装的是光电倍增管（PMT），而 S_3 位置安装的是电荷耦合器件（CCD）摄像头. 入射狭缝、出射狭缝均为直狭缝，光源发

出的光束进入入射狭缝 S_1，S_1 位于反射式准光镜 M_1 的焦面上，通过 S_1 射入的光束经 M_1 反射成为平行光束投向平面光栅 G，衍射后的平行光束经物镜 M_2 成像在 S_2 处，或经物镜 M_2 和平面镜 M_3 成像在 S_3 处．光栅的闪耀波长为 250 nm（$= 2d\sin\theta$，θ 是光栅法线与槽面法线之间的夹角，称为闪耀角），PMT 和 CCD 的探测波长范围分别为 $200\sim660$ nm 和 $320\sim660$ nm．系统的波长精度为 ±0.4 nm，波长重复性为 ±0.2 nm．狭缝宽度连续可调，但为了安全，一般限定在 $0.01\sim2$ mm 使用．用步进电机驱动平面光栅 G 旋转，根据旋转的角度就可以确定接收信号对应的波长．本实验用 PMT 进行光谱测量．

　　电子系统主要由电源系统、接收系统、信号放大器系统、A/D 转换系统和光源系统 5 部分组成．电源系统为仪器提供所需的工作电压．贴近出射狭缝的接收系统将光信号转换成电信号．信号放大器系统包括前置放大器和放大器两部分．A/D 转换系统将模拟信号转换成数字信号，以便计算机进行处理．光源系统为仪器提供工作光源，如氘灯、钠灯等各种光源．

　　除了狭缝宽度和光电倍增管高压需要手动进行调节，WDS-8A 型多功能光栅光谱仪的其他控制和光谱数据读取均由计算机来完成．软件系统的主要功能包括仪器系统复位、仪器系统各种控制、测量参数设置、光谱采集、光谱数据文件管理及光谱数据的各种计算处理等．

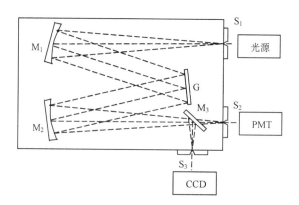

图 1.1.3　光谱仪光学系统原理图

　　仪器测量或平常不使用时，要将狭缝宽度调节到 $0.1\sim0.5$ mm 的安全范围．狭缝宽度完全调到 0，会使狭缝的两边挤压在一起，容易引起变形（实验中也要注意不可以调节为 0，更不能为负）；狭缝宽度过宽，则进入光谱仪的光强太强，容易损坏敏感元件．操作中需注意对仪器防震以减小测量的误差和保护仪器（保证仪器的性能指标和延长使用寿命）．在每次开机前，可以先将入射狭缝宽度、出射狭缝宽度分别调节到 0.1 mm 左右，待仪器系统复位完毕后，再根据测试和实验的要求分别调节入射狭缝和出射狭缝到合适的宽度．

　　仪器的入射狭缝和出射狭缝均为直狭缝，顺时针旋转调解旋钮为宽度加大方向．每旋转一周狭缝宽度变化 0.5 mm．最大狭缝宽度不要超过 2 mm，以延长设备的使用寿命及保证 PMT 的测量精度．在氘原子光谱实验中，入射缝宽不需要超过 0.5 mm，高压在 $-400\sim$ -300 V．

　　电控箱包括电源、信号放大、控制系统和光源系统．在运行仪器操作软件前一定要先打开电控箱的开关,否则不能保证计算机能够识别光谱仪硬件.

软件通过快捷键和下拉菜单来操作仪器. 常用快捷键有新建、打开、存盘、打印、采集、参数设置、读取数据、峰值检索、刻度扩展、检索中心波长、放大、缩小、屏幕刷新等. 主菜单有五项:文件、采集、数据处理、系统操作和帮助.

【实验内容】

小心揭开防尘布(防止碰倒光源和松脱连线),折叠好后放在安全的地方. 熟悉设备实物后,检查系统电路的连接,选择 PMT 探测器(光学系统箱左侧面 CCD 头下面的推拉杆,决定 M₃ 是否加入光路,见图 1.1.4 中的 CCD/PMT 选择),确认狭缝的宽度在安全范围内(0.1～0.5 mm)后,按以下步骤进行操作.

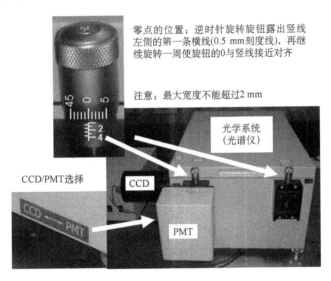

图 1.1.4　光缝调节和 CCD/PMT 选择

(1) 开启氖灯源,进行预热,以便使光源发光稳定.

(2) 按如下顺序开启光谱仪电源:开显示器→开打印机→开电气系统→开计算机主机. 打印机不用可以不开.

(3) 运行使用 PMT 探测器模式的系统操作软件,系统开始进行初始化.

(4) 手动调整好 PMT 高压(一般小于 400 V,可以从 300 V 左右开始)和缝宽(包括入射和出射两个狭缝),记入表 1.1.2(实验报告中自行将此表改为三线表).

(5) 在计算机上设置系统参数,使测量的起止波长为最宽的 200～660 nm、光强(能量)的显示范围为最大的 0～4095(对应起始能量和终止能量,只代表 A/D 转换器采集到的相对能量值,没有单位)、扫描速度为较快的 0.5 nm(数值代表波长的取点间隔,即步长)等. 开始光谱扫描,得到粗略的光谱(PMT 高压过低可能找不到谱线,这时要加高电压后重新测量). 改变系统参数中的显示光强最大值,使谱线高度合适,点"选取数据"找出并记录 3 条巴耳末系谱线的粗略波长(可以将谱线打印出来,在图上标记). 如果时间允许,也可以将扫描速度直接设定为最慢的 0.005 mm,而不进行步骤(6). 这样可以更好地观察缝宽和高压对谱线强度和半高宽的影响.

（6）点"停止"，退出数据读取模式，重新在计算机上设置系统参数，使波长取点间隔为最慢的 0.005 nm，测量的起止波长分别在任意一条巴耳末系谱线粗略波长前后的 1~2 nm，开始光谱扫描. 扫描结束后，改变系统参数中的显示光强最大值，使谱线高度合适. 读取巴耳末线系谱线峰值处的精确波长，记入表 1.1.2. 按此方法精确测量 3 条巴耳末系谱线.

（7）手动改变缝宽和 PMT 高压，适当改变系统参数中的显示最大光强值，重复步骤（6）.

（8）根据不同缝宽和 PMT 电压条件下测得的波长数据，选择正确的 n 值，带入式（1.1.5）计算里德伯常量. 然后参考里德伯常量表，结合实验原理和实验仪器对主要的误差来源进行分析.

（9）将缝宽都调节到 0.01~0.05 mm 安全范围，高压调到零，关闭仪器、光源和打印机的电源. 关闭电源的顺序为：退出软件→关计算机主机→关电子系统→关显示器→关光源→关打印机.

（10）处理和分析实验结果，填写实验报告.

（11）整理实验台，盖好防尘布，清理卫生，填写设备使用记录，关好水电门窗，请指导教师签字后退室.

表 1.1.2　氘巴耳末线系原子发射光谱的波长及里德伯常量测定

高压/V	狭缝宽度/mm		谱线 1		谱线 2		谱线 3	
	入射	出射	λ/nm	$R_{\mathrm{D}}/10^5\ \mathrm{cm}^{-1}$	λ/nm	$R_{\mathrm{D}}/10^5\ \mathrm{cm}^{-1}$	λ/nm	$R_{\mathrm{D}}/10^5\ \mathrm{cm}^{-1}$
平均值								

【思考题】

（1）在测量中，缝宽和高压如何影响测量结果？为什么？

（2）如何合理选择入射狭缝的宽度？

参 考 文 献

褚圣麟. 2005. 原子物理学. 北京：高等教育出版社

母国光，战元龄. 2009. 光学. 2 版. 北京：高等教育出版社

1.2 钠原子光谱

氢原子光谱和玻尔理论给出了单纯正负电荷间相互吸引作用的电场量子化规律. 正确认识复杂原子光谱的规律,是完善玻尔理论的必要条件. 在多电子原子体系中,碱金属原子只有一个价电子,与氢原子的结构相似,分析二者原子光谱的异同,是研究复杂原子光谱的切入点,不但认清了同种电荷间排斥作用的电场量子化规律,为解释元素的周期律奠定基础,还导致了电子自旋的发现.

多电子原子中存在原子核-电子、电子-电子以及自旋-轨道多重相互作用. 通过拍摄钠原子光谱,在测量波长和分析光谱线系的基础上,根据价电子在不同轨道运动时的量子缺来理解电子-电子排斥作用对能级结构的影响,可以较全面地掌握光谱分析技术的基本方法.

【实验目的】

(1) 测量钠主线系的谱线波长;

(2) 了解原子光谱与原子结构的关系,求钠原子主线系的量子改正数(量子缺).

【实验原理】

原子中电子绕核运动的能量是量子化的. 电子从一个能级跃迁到另一能级,要辐射或吸收一定的能量,由此形成原子的发射光谱或吸收光谱. 电子在主量数为 n_2 和 n_1 的上、下能级之间跃迁时,其发射光谱的波数为

$$\tilde{\gamma} = \frac{1}{hc}(E_2 - E_1) = R\left(\frac{1}{n_1^2} - \frac{1}{n_2^2}\right) \tag{1.2.1}$$

式中,E_1 与 E_2 分别表示下能级与上能级的能量,h 为普朗克常量,c 为光速,R 为里德伯常量. 每一谱线的波数都可以表达为两光谱项之差,即

$$\tilde{\gamma} = T_1 - T_2 \tag{1.2.2}$$

T 为光谱项,对于氢原子,光谱项可写成

$$T = \frac{R_{\mathrm{H}}}{n^2} \tag{1.2.3}$$

碱金属(Li,Na,K,Rb,Cs,Fr)原子只有一个价电子,在由原子核和闭壳层电子组成的离子实库仑场中运动,具有和氢原子相仿的结构,但比氢原子和类氢离子(He 原子去掉一个核外电子形成的离子)要复杂. 这是由于碱金属原子中存在离子实的极化与贯穿,电子在主量子数 n 相同、轨道量子数 $l(l = 0, 1, 2, \cdots, n-1)$ 不同的轨道上运动,其能量并不相同. 因此,电子的能量与 n 和 l 都有关系,即每个主量子数为 n 的能级分为 n 个子能级. 离子实的极化(离子实正负电荷中心不重合)与贯穿(价电子穿入离子实封闭电子壳层)都会使价电子受到附加的吸引作用,因此能量比氢原子体系的能量要低. 本质上这是电子和电子相互排斥的表现,能量比原子核吸引所有核外电子的能量要高.

碱金属的原子光谱也明显地构成若干线系. 光谱中不同线系会同时出现,重叠在一起,需要根据谱线的粗细、强弱和间隔来对所属的线系进行识别. 容易观察到的线系有 4 个,分别称为主线系、第一辅线系(漫线系)、第二辅线系(锐线系)和基线系(柏格曼系). 主线系的

波长范围最广,Li 的第一条为红色,Na 的第一条为黄色(波长 589.3 nm,实际上还有精细结构,包含 589.0 nm 和 589.6 nm 两条谱线).

若暂不考虑电子自旋与轨道运动相互作用引起的能级进一步分裂,由式(1.2.3)所表示的光谱项应以有效量子数 n^* 来代替氢原子光谱项中的整数 n,因此,碱金属原子的光谱项可以表达为

$$T = \frac{R}{n^{*2}} = \frac{R}{(n - \Delta_l)^2} \tag{1.2.4}$$

式中,$n^* = n - \Delta_l$,Δ_l 是一个与 n 和 l 都有关的修正数,称为量子缺(或量子亏损). 由于 $\Delta_l > 0$(也有 $\Delta_l < 0$ 的个别情况,是由于其他原因引起的),因此,量子数 n^* 比主量子数 n 要小,从而能级比有相同主量子数 n 的氢原子的能级(正比于光谱项的负值)要低. 理论计算和实验观测都表明,当 n 不是很大时,量子缺的大小主要由 l 决定. 本实验近似认为 Δ_l 是一个与 n 无关的量.

钠的原子序数为 11,核外 11 个电子的能级组态为 $1s^2 2s^2 2p^6 3s^1$. 两个 $1s(n=1, l=0)$ 组态的电子形成一个闭壳层,两个 $2s(n=2, l=0)$ 组态的电子与 6 个 $2p(n=2, l=1)$ 组态的电子又形成一个闭壳层. 闭壳层的电子不容易被激发,它们与原子核共同组成离子实. 最外一层的 $3s(n=3, l=0)$ 电子是价电子,高于 3s 基态的激发态能级包括 $3p(n=2, l=1)$,$3d(n=3, l=2)$,$4s(n=4, l=0)$,$4p(n=4, l=1)$,….

电子由高能级 (n, l) 跃迁到低能级 (n', l'),发射的谱线波数由下式决定:

$$\tilde{\gamma} = \frac{R}{n_1^{*2}} - \frac{R}{n_2^{*2}} = \frac{R}{(n' - \Delta_{l'})^2} - \frac{R}{(n - \Delta_l)^2} \tag{1.2.5}$$

式中,n、Δ_l 与 n'、$\Delta_{l'}$ 分别为高、低能级的主量子数与量子缺,n_2^* 与 n_1^* 分别为高、低能级的有效量子数. 脚标 l 与 l' 分别为上、下能级所属的轨道量子数. 如果令 n',l' 固定,让 n 作依次改变,并且让电子轨道量子数 l 的变化服从选择定则 $\Delta l = \pm 1$(当然还要同时服从电子总角动量量子数的选择定则),则得到一系列谱线而组成一个光谱线系. $l = 0, 1, 2, 3, \cdots$ 分别用 s,p,d,f,… 表示. 较易观测到的四个钠原子光谱线系为

主线系(np→3s 跃迁)

$$\tilde{\gamma} = \frac{1}{hc}(E_{np} - E_{3s}) = \frac{R}{(3 - \Delta_s)^2} - \frac{R}{(n - \Delta_p)^2}, \quad n = 3, 4, 5, \cdots$$

锐线系(ns→3p 跃迁)

$$\tilde{\gamma} = \frac{1}{hc}(E_{ns} - E_{3p}) = \frac{R}{(3 - \Delta_p)^2} - \frac{R}{(n - \Delta_s)^2}, \quad n = 4, 5, 6, \cdots$$

漫线系(nd→3p 跃迁)　　　　　　　　　　　　　　　　　　　　　　　$(1.2.6)$

$$\tilde{\gamma} = \frac{1}{hc}(E_{nd} - E_{3p}) = \frac{R}{(3 - \Delta_p)^2} - \frac{R}{(n - \Delta_d)^2}, \quad n = 3, 4, 5 \cdots$$

基线系(nf→3d 跃迁)

$$\tilde{\gamma} = \frac{1}{hc}(E_{nf} - E_{3d}) = \frac{R}{(3 - \Delta_d)^2} - \frac{R}{(n - \Delta_f)^2}, \quad n = 4, 5, 6, \cdots$$

钠原子光谱各线系的谱线有一些明显的特征.

1. 每条谱线都分裂成双线结构(精细结构)

对不同的线系,分裂的大小和两线的强度比不同,但是变化有规律,这是电子自旋磁矩与轨道磁矩相互作用引起(n, l)能级发生分裂的结果. 实验中可以看到的每一条钠谱线事实上都包含着二条谱线.

实际上,原子核自旋或同位素效应还会引起精细能级进一步分裂,出现超精细结构.

2. 各线系外貌和所在的光谱区域都有较大差异

主线系谱线强度较大,越向短波方向,双线间的波数差越小,最后两成分并入一个线系限,只有一条线(钠黄线)是在可见光区,其余全在紫外光区;锐线系的谱线较尖锐,两线具有相同的间隔,谱线都在可见光区域;漫线系则显得漫散模糊,谱线在可见光区域;柏格曼线系全在红外区. 在本实验中,只研究主线系.

在其他碱金属的光谱中也可以观测到类似的特征.

【实验装置】

本实验使用的实验装置包括钠灯、光学平台和 WDS-8A 型组合式多功能光栅光谱仪系统. 光栅光谱仪的主要功能在 1.1 节中已有介绍,这里对光栅光谱仪系统的核心元件平面闪耀光栅进行一些说明.

和其他常用的色散器件相比,平面闪耀光栅性能优异. 首先,与棱镜相比,光栅的色散几乎与波长无关;在相同色散率时,光栅的尺寸更小;光栅对棱镜不适用的远紫外远红外区仍然可用. 其次,与透射型的光栅相比,利用反射原理的闪耀光栅能将能量更集中到需要的光栅光谱级上,增强了光谱能量,光谱线更亮;透射光栅的能量大部分分布在光栅光谱的零级上,而零级光谱的色散为零,没法区分波长差别,有色散的其他能级上能量却很少.

【实验内容】

(1) 连接系统电路,选择光电倍增管 PMT 作为探测器,开启电源. 与 CCD 相比,PMT 对光更敏感. 因此在接通电源后,切忌见强光(包括室内的照明光). 在每次开机前,应先将入射狭缝和出射狭缝的宽度分别调节到 0.1 mm 左右.

(2) 开启钠灯光源. 为了使钠原子得到充分激发,钠灯一般要先预热一段时间(约 20 min). 在钠灯刚点燃时,主要是灯中的加热钨丝发光;对钨丝不断加热,金属钠逐渐蒸发为蒸气,达到一定的气压,在电极间高压的激发下就开始发光. 经过一段时间后,钠得到充分蒸发,就主要是钠原子发光了.

(3) 运行系统操作软件. 从"开始"——"程序"——"WDS-8A 光栅光谱仪"执行 PMT 程序,也可在双击桌面相应的快捷方式. 光谱系统操作软件启动后,按提示进行操作,系统开始初始复位. 计算机控制精密的光谱仪进行复位需要花费一段时间.

（4）设置系统参数，按与实验 1.1 相同的步骤进行光谱扫描，记录主线系的波长数据．钠原子光谱各谱线的强度差异很大，因此必须用不同的摄谱条件来测谱，以便使测得的谱线都清晰．所谓摄谱条件，主要包括入射狭缝宽度、出射狭缝宽度、负高压和软件参数的选择．选择狭缝宽度主要考虑三方面：光谱线的强度、谱线的分辨率和探测器的灵敏度．若谱线较弱，可加大缝宽使更多能量进入探测器，从而使谱线从噪声中显现出来，但需注意加大缝宽必然降低谱线的分辨率（谱线半高宽变宽）．若谱线较亮，则可减小缝宽，这样可提高谱线的分辨率且使谱线强度不至于超出探测器量程．测量能量很强的钠黄双线，入射缝宽选取 0.01～0.05 mm 足够．对于其他较弱的谱线，可适当放宽入射缝宽．高压在 −900～−500 V 比较合适．

（5）改变参数，重复步骤（4），得到多组数据．

（6）关闭仪器电源．

（7）处理和分析实验结果，填写实验报告．

对测出的各谱线（一般针对 589.3 nm 和 330.3 nm 两条），取双线波长的平均值，再换算成波数．由线系波数公式可知，在每一线系中，相邻两谱线的波数差为

$$\Delta\tilde{\gamma} = \tilde{\gamma}_{n+1} - \tilde{\gamma}_n = \frac{R}{(n-\Delta_l)^2} - \frac{R}{(n+1-\Delta_l)^2} \tag{1.2.7}$$

方便起见，令 $n-\Delta_l = m + a$，其中 m 为正整数，a 为正小数，因此式（1.2.7）改写成

$$\Delta\tilde{\gamma} = \tilde{\gamma}_{n+1} - \tilde{\gamma}_n = \frac{R}{(m+a)^2} - \frac{R}{(m+a+1)^2} \tag{1.2.8}$$

根据线系各谱线的波长，可以算出同一线系相邻两谱线的波数差．这里 R 应为钠的里德伯常量 R_{Na}，其标准值为 109734.7 cm^{-1}，不过每台光谱仪的系统误差不同，实际上是一个未知量．为了确定 $m + a$ 的值，可以利用本实验后面给出的里德伯表，先查得 m，再经过必要的计算获得较为精确的 a 值．表中数据为一系列 m 及 a 对应的光谱项值 T 及光谱项差值 $\Delta\tilde{\gamma}$．例如，表中 23 一列，2 和 3 分别代表 $m = 2$ 和 $m + 1 = 3$，列内数据代表 $\frac{R_{Na}}{(2+a)^2}$ 与 $\frac{R_{Na}}{(3+a)^2}$ 两项之差．根据实验结果，从表中查出 $\Delta\tilde{\gamma}$ 所在的位置范围，确定 $m，m + 1$ 和 a，再由 $n-\Delta_l = m + a$，可求出 Δ_l．由于相邻两谱线可决定一个 Δ_l 值（属于同一线系），对不同的测量数据取平均，即为所求的量子缺．注意确定 a 值要用到线性插值法．

（8）实验后整理实验台，盖好防尘布，清理卫生，填写设备使用记录，关好水电门窗，请指导教师签字后离开．

【思考题】

（1）实验中，为什么钠灯要先预热一段时间？

（2）摄谱条件各根据什么原则确定？

参 考 文 献

褚圣麟. 2005. 原子物理学. 北京：高等教育出版社

母国光，战元龄. 2009. 光学. 2 版. 北京：高等教育出版社

里德伯表　$109734.7/(m+a)^2$

$\times 10^4\ \mathrm{cm}^{-1}$

a	1	12	2	23	3	34	4	45	5	56	6	67	7	78	8	89
0.00	10.973470	8.230103	2.743368	1.524093	1.219274	0.533433	0.685842	0.246903	0.438939	0.134120	0.304819	0.080870	0.223948	0.052488	0.171460	0.035986
0.02	10.547357	7.858044	2.689312	1.486134	1.203179	0.524144	0.679035	0.243586	0.435448	0.132652	0.302797	0.080122	0.222674	0.052068	0.170606	0.035732
0.04	10.145590	7.508751	2.636839	1.449440	1.187399	0.515071	0.672328	0.240329	0.431999	0.131205	0.300795	0.079384	0.221411	0.051652	0.169759	0.035480
0.06	9.766349	7.180462	2.585887	1.413958	1.171929	0.506208	0.665720	0.237130	0.428591	0.129778	0.298812	0.078654	0.220158	0.051241	0.168917	0.035231
0.08	9.407982	6.871584	2.536397	1.379639	1.156758	0.497548	0.659210	0.233987	0.425223	0.128373	0.296850	0.077934	0.218916	0.050834	0.168082	0.034984
0.10	9.068983	6.580668	2.488315	1.346435	1.141880	0.489086	0.652794	0.230900	0.421894	0.126988	0.294906	0.077222	0.217684	0.050431	0.167253	0.034739
0.12	8.747983	6.306396	2.441587	1.314300	1.127288	0.480816	0.646472	0.227867	0.418605	0.125623	0.292982	0.076519	0.216463	0.050033	0.166430	0.034497
0.14	8.443729	6.047565	2.396163	1.283190	1.112973	0.472732	0.640241	0.224887	0.415353	0.124277	0.291077	0.075824	0.215252	0.049639	0.165613	0.034257
0.16	8.155076	5.803080	2.351995	1.253066	1.098929	0.464830	0.634099	0.221960	0.412140	0.122950	0.289190	0.075138	0.214051	0.049249	0.164802	0.034019
0.18	7.880975	5.571938	2.309038	1.223888	1.085150	0.457104	0.628046	0.219083	0.408963	0.121643	0.287321	0.074460	0.212861	0.048863	0.163998	0.033783
0.20	7.620465	5.353219	2.267246	1.195618	1.071628	0.449549	0.622079	0.216255	0.405824	0.120354	0.285470	0.073790	0.211680	0.048481	0.163199	0.033550
0.22	7.372662	5.146083	2.226579	1.168221	1.058357	0.442161	0.616196	0.213476	0.402720	0.119083	0.283637	0.073129	0.210508	0.048103	0.162405	0.033318
0.24	7.136752	4.949756	2.186996	1.141664	1.045331	0.434934	0.610397	0.210745	0.399651	0.117830	0.281822	0.072475	0.209347	0.047729	0.161618	0.033089
0.26	6.911987	4.763527	2.148459	1.115915	1.032545	0.427866	0.604679	0.208061	0.396618	0.116594	0.280024	0.071829	0.208195	0.047359	0.160836	0.032862
0.28	6.697675	4.586742	2.110932	1.090941	1.019991	0.420950	0.599041	0.205422	0.393619	0.115376	0.278243	0.071190	0.207053	0.046993	0.160060	0.032637
0.30	6.493178	4.418798	2.074380	1.066715	1.007665	0.414183	0.593481	0.202827	0.390654	0.114175	0.276479	0.070560	0.205920	0.046630	0.159290	0.032414
0.32	6.297905	4.259136	2.038769	1.043208	0.995561	0.407562	0.587999	0.200277	0.387722	0.112990	0.274732	0.069936	0.204796	0.046271	0.158525	0.032193
0.34	6.111311	4.107244	2.004067	1.020393	0.983674	0.401082	0.582592	0.197769	0.384823	0.111822	0.273002	0.069320	0.203682	0.045916	0.157765	0.031974
0.36	5.932888	3.962644	1.970244	0.998246	0.971998	0.394739	0.577259	0.195302	0.381957	0.110669	0.271287	0.068711	0.202576	0.045565	0.157011	0.031757
0.38	5.762167	3.824897	1.937270	0.976740	0.960529	0.388530	0.572000	0.192877	0.379122	0.109533	0.269589	0.068110	0.201480	0.045217	0.156263	0.031542
0.40	5.598709	3.693593	1.905116	0.955854	0.949262	0.382451	0.566811	0.190492	0.376319	0.108412	0.267907	0.067515	0.200392	0.044872	0.155520	0.031329
0.42	5.442110	3.568353	1.873757	0.935565	0.938192	0.376499	0.561694	0.188146	0.373547	0.107307	0.266240	0.066927	0.199313	0.044531	0.154782	0.031118
0.44	5.291990	3.448824	1.843165	0.915851	0.927315	0.370670	0.556645	0.185839	0.370806	0.106216	0.264589	0.066346	0.198243	0.044194	0.154049	0.030909
0.46	5.147997	3.334680	1.813317	0.896692	0.916625	0.364962	0.551664	0.183570	0.368094	0.105140	0.262953	0.065772	0.197182	0.043860	0.153322	0.030701
0.48	5.009802	3.225614	1.784188	0.878068	0.906120	0.359371	0.546749	0.181337	0.365412	0.104079	0.261333	0.065204	0.196129	0.043529	0.152599	0.030496
0.50	4.877098	3.121343	1.755755	0.859962	0.895793	0.353894	0.541900	0.179140	0.362759	0.103032	0.259727	0.064643	0.195084	0.043202	0.151882	0.030292

续表

a	1	12	2	23	3	34	4	45	5	56	6	67	7	78	8	89
0.52	4.749597	3.021601	1.727997	0.842354	0.885643	0.348528	0.537115	0.176979	0.360135	0.101999	0.258136	0.064089	0.194048	0.042878	0.151170	0.030090
0.54	4.627032	2.926141	1.700891	0.825227	0.875664	0.343271	0.532393	0.174853	0.357540	0.100980	0.256560	0.063540	0.193020	0.042557	0.150462	0.029890
0.56	4.509151	2.834732	1.674419	0.808566	0.865853	0.338120	0.527733	0.172761	0.354972	0.099975	0.254998	0.062998	0.192000	0.042239	0.149760	0.029692
0.58	4.395718	2.747159	1.648559	0.792354	0.856205	0.333071	0.523134	0.170702	0.352432	0.098982	0.253450	0.062462	0.190988	0.041925	0.149063	0.029495
0.60	4.286512	2.663217	1.623294	0.776576	0.846718	0.328123	0.518595	0.168676	0.349919	0.098003	0.251916	0.061932	0.189984	0.041614	0.148370	0.029301
0.62	4.181325	2.582719	1.598606	0.761218	0.837388	0.323273	0.514115	0.166681	0.347433	0.097037	0.250396	0.061408	0.188988	0.041305	0.147683	0.029107
0.64	4.079964	2.505487	1.574476	0.746265	0.828211	0.318519	0.509692	0.164719	0.344974	0.096083	0.248890	0.060890	0.188000	0.041000	0.147000	0.028916
0.66	3.982243	2.431354	1.550889	0.731704	0.819185	0.313858	0.505327	0.162787	0.342540	0.095142	0.247398	0.060378	0.187019	0.040698	0.146322	0.028726
0.68	3.887992	2.360165	1.527828	0.717523	0.810305	0.309288	0.501017	0.160885	0.340132	0.094213	0.245918	0.059872	0.186047	0.040399	0.145648	0.028538
0.70	3.797048	2.291771	1.505277	0.703709	0.801568	0.304806	0.496762	0.159013	0.337749	0.093297	0.244452	0.059371	0.185081	0.040102	0.144979	0.028352
0.72	3.709258	2.226036	1.483222	0.690250	0.792972	0.300411	0.492561	0.157170	0.335391	0.092392	0.243000	0.058876	0.184124	0.039809	0.144315	0.028167
0.74	3.624478	2.162830	1.461648	0.677134	0.784514	0.296101	0.488413	0.155355	0.333058	0.091499	0.241560	0.058386	0.183173	0.039518	0.143655	0.027984
0.76	3.542572	2.102030	1.440542	0.664351	0.776190	0.291873	0.484317	0.153568	0.330749	0.090617	0.240132	0.057902	0.182230	0.039230	0.143000	0.027802
0.78	3.463411	2.043522	1.419889	0.651890	0.767999	0.287725	0.480273	0.151809	0.328464	0.089747	0.238718	0.057423	0.181295	0.038945	0.142349	0.027622
0.80	3.386873	1.987196	1.399677	0.639742	0.759936	0.283657	0.476279	0.150076	0.326203	0.088888	0.237316	0.056949	0.180366	0.038663	0.141703	0.027443
0.82	3.312846	1.932952	1.379894	0.627895	0.751999	0.279664	0.472335	0.148370	0.323965	0.088039	0.235926	0.056481	0.179445	0.038384	0.141061	0.027267
0.84	3.241219	1.880691	1.360527	0.616341	0.744186	0.275747	0.468439	0.146689	0.321750	0.087202	0.234548	0.056018	0.178530	0.038107	0.140423	0.027091
0.86	3.171890	1.830324	1.341566	0.605071	0.736494	0.271903	0.464592	0.145034	0.319557	0.086375	0.233182	0.055560	0.177623	0.037833	0.139790	0.026917
0.88	3.104762	1.781764	1.322997	0.594076	0.728921	0.268130	0.460791	0.143404	0.317387	0.085558	0.231829	0.055106	0.176722	0.037561	0.139161	0.026745
0.90	3.039742	1.734930	1.304812	0.583348	0.721464	0.264427	0.457037	0.141798	0.315239	0.084752	0.230487	0.054658	0.175829	0.037292	0.138536	0.026574
0.92	2.976744	1.689745	1.286999	0.572878	0.714121	0.260792	0.453329	0.140217	0.313113	0.083956	0.229156	0.054214	0.174942	0.037026	0.137916	0.026404
0.94	2.915684	1.646136	1.269549	0.562659	0.706890	0.257223	0.449666	0.138658	0.311008	0.083170	0.227837	0.053776	0.174062	0.036762	0.137299	0.026236
0.96	2.856484	1.604034	1.252450	0.552683	0.699767	0.253720	0.446047	0.137123	0.308924	0.082394	0.226530	0.053342	0.173188	0.036501	0.136687	0.026069
0.98	2.799069	1.563374	1.235695	0.542943	0.692752	0.250281	0.442471	0.135611	0.306861	0.081627	0.225234	0.052913	0.172321	0.036242	0.136079	0.025904
1.00	2.743368	1.524093	1.219274	0.533433	0.685842	0.246903	0.438939	0.134120	0.304819	0.080870	0.223948	0.052488	0.171460	0.035986	0.135475	0.025740

1.3　激光拉曼光谱

　　1928 年,印度物理学家拉曼(C. V. Raman)将蓝光聚焦到苯的溶液中并观察来自溶液的散射光. 他发现散射光中除了入射的蓝光之外还包括微弱的绿光,拉曼认为这是入射光与苯分子相互作用而产生的一种新的光谱带. 拉曼谱就是以拉曼命名的一种散射光谱,拉曼光谱对应于散射分子中的能级跃迁,它为研究分子的结构提供了一种重要手段. 因这一重大发现,拉曼荣获 1930 年诺贝尔物理学奖.

　　本实验采用激光光源照射四氯化碳液体并测量散射光的光谱,通过分析四氯化碳分子的不同振动模式与散射光谱的谱线之间的对应关系,来学习激光拉曼光谱技术.

【实验目的】

　　(1) 了解拉曼光谱的产生原理;
　　(2) 掌握用激光拉曼/荧光光谱仪测量拉曼光谱;
　　(3) 测量四氯化碳分子的拉曼谱,计算拉曼频移.

【实验原理】

1. 拉曼光谱的产生原理

　　光与物质相互作用时会发生吸收、反射、散射等过程. 此外,当光通过某一介质时,由于入射光与介质中分子的运动发生相互作用,还会引起散射光的频率发生变化. 设入射光的频率为 ν_0,测量散射光的频率时会发现:大部分散射光的频率仍为 ν_0,称这种散射为瑞利散射(图 1.3.1);而另有一小部分散射光的频率变为 $\nu_0 \pm \Delta\nu$,即在激发线两侧出现了两条新的谱线,称这种散射为拉曼散射. 其中在低频一侧频率为 $\nu_0 - \Delta\nu$ 的谱线称为斯托克斯线,在高频一侧频率为 $\nu_0 + \Delta\nu$ 的谱线称为反斯托克斯线,频率的变化 $\Delta\nu$ 称为拉曼频移.

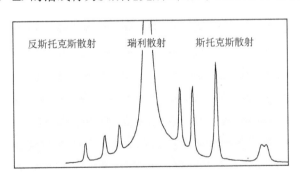

图 1.3.1　四氯化碳的拉曼光谱图,图中的横坐标为波长

　　根据量子理论解释,可以把拉曼散射看作入射光子与介质分子碰撞时产生的非弹性碰撞过程. 当入射光子与分子相碰撞时,既可以是弹性碰撞散射,也可以是非弹性碰撞散射. 在弹性碰撞过程中,光子和分子之间没有能量交换,于是入射光子的频率保持恒定,这就是瑞利散射. 在非弹性碰撞过程中,光子与分子之间有能量交换,光子转移一部分能量给散射分子,或

者从散射分子中吸收一部分能量,都可以使它的频率发生改变,而它给予或取自散射分子的能量,只可能是散射分子在两个定态之间的能量差值 $\Delta E = E_2 - E_1$. 当光子把一部分能量交给分子时,光子则以较小的频率 $\nu_0 - \Delta\nu$ 散射出去,而散射分子接收 $h\Delta\nu$ 的能量后,则从较低的振动能级 E_1 跃迁到较高的振动能级 E_2,其中 h 为普朗克常量. 当光子从散射分子中吸收一部分能量时,光子则以较大的频率 $\nu_0 + \Delta\nu$ 散射出去,而光子接收的能量 $h\Delta\nu$ 即为散射分子从较高的振动能级 E_2 退激跃迁到较低的振动能级 E_1 时放出的能量. 这样就解释了斯托克斯线和反斯托克斯线的产生. 一般情况下,斯托克斯线比反斯托克斯线的强度大,这是因为在玻尔兹曼分布下,处于振动基态的分子数远大于处于振动激发态的分子数.

根据上述解释,拉曼谱线的频率虽然随着入射光频率而改变,但拉曼散射光的频率和瑞利散射光的频率之差却不随入射光频率而变化,拉曼频移 $\Delta\nu$ 只与样品分子的振动能级有关. 拉曼谱线的强度与入射光的强度和样品分子的浓度成正比,因此可以利用拉曼谱线来进行定量分析. 在与入射光方向垂直的方向上,能收集到的拉曼散射光的光通量 Φ_R 等于

$$\Phi_R = 4\pi \cdot \Phi_L \cdot A \cdot N \cdot L \cdot K \cdot \sin^2\left(\frac{\theta}{2}\right) \tag{1.3.1}$$

式中,Φ_L 为入射光照射到样品上的光通量,A 为拉曼散射系数,其值等于 $10^{-28} \sim 10^{-29} \, \text{mol} \cdot \text{sr}^{-1}$(sr:steradian,球面度),$N$ 为单位体积内的分子数,L 为样品的有效体积,K 为考虑到折射率和样品内场效应等因素影响的系数,θ 为拉曼光束在聚焦透镜方向上的角度.

利用拉曼散射光谱与样品分子振动模式的一一对应关系,可对物质分子的结构和浓度进行分析研究,由此建立了拉曼光谱法. 早期拉曼光谱法所用的光源是高压汞灯. 虽然汞灯能发出几条较强的谱线,但由于拉曼光非常弱,即使用大口径的摄谱仪也需要较长的曝光时间和较多的样品用量. 1960 年后,随着激光技术的发展,激光与拉曼光谱技术相结合,形成了激光拉曼光谱学这一新的分支,其应用范围越来越广泛. 例如,有机化合物的拉曼谱带比较清晰,容易确定谱带的归属,因此可以利用拉曼光谱检测水果或蔬菜表面的农药残留. 宝石类晶体通常具有较高的硬度和弹性模量,其对应的拉曼频移比较大,故可以利用拉曼光谱鉴定宝石. 对于固体物理的研究,拉曼光谱技术则有非常广泛的应用. 例如,可利用拉曼散射研究固体中的元激发,包括极化声子、激子、磁振子、朗道能级等;研究固体中与杂质或缺陷有关的局域模、间隙模、共振模;研究磁性材料中的磁缺陷与杂质光散射;研究高温超导体的晶格振动、能隙和结构相变等物理内容. 此外,拉曼光谱在对大气与水的污染物分析上也有重要的应用.

2. 利用拉曼光谱分析 CCl_4 分子的振动

本实验以四氯化碳 CCl_4 为例,通过测量 CCl_4 液体的拉曼光谱来分析 CCl_4 分子的不同振动模式. 不同的振动模式具有不同的振动频率,然而在利用拉曼光谱分析振动模式时,常常采用波数 ν' 来代替频率 ν. 波数 ν' 的定义为波长 λ 的倒数,即 $\nu' = 1/\lambda$. 拉曼频移 $\Delta\nu$ 用波数差 $\Delta\nu'$ 来代替,$\Delta\nu'$ 的计算公式为

$$\Delta\nu' = \left| \frac{1}{\lambda} - \frac{1}{\lambda_0} \right| \tag{1.3.2}$$

其中,λ 为拉曼散射光的波长,λ_0 为瑞利散射光的波长,波数差的单位通常选取 cm^{-1}. 从前

述拉曼散射的量子解释可见,由拉曼光谱测得的波数差 $\Delta\nu'$ 即对应着分子的不同振动模.

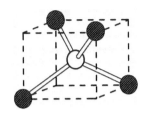

CCl₄ 分子平衡时为正四面体结构,其中 C 原子处于正四面体的中心,4 个 Cl 原子处于正四面体的 4 个顶角,其分子结构如图 1.3.2 所示. 它有 9 个振动自由度,可分为 4 种振动模式 Q_i,其中 $i=1,2,3,4$.

图 1.3.2 CCl₄ 的分子结构图

这四种振动模的振动方式如下:

Q_1:4 个 Cl 原子沿各自与 C 原子的连线同时向外或向内运动(呼吸式),振动频率相当于波数 $\lambda_1^{-1}=458\ \text{cm}^{-1}$.

Q_2:4 个 Cl 原子沿垂直于各自与 C 原子的连线的方向运动并保持质心不变,这种振动是两重简并的,振动频率相当于波数 $\lambda_2^{-1}=218\ \text{cm}^{-1}$.

Q_3:C 原子平行于正方形的一边运动,而 4 个 Cl 原子同时平行于该边反向运动,分子质心保持不变,这种振动是三重简并的,振动频率相当于波数 $\lambda_3^{-1}=776\ \text{cm}^{-1}$.

Q_4:2 个 Cl 原子沿立方体一面的对角线做伸缩运动,另两个 Cl 原子在对面做相位相反的运动,这种振动也是三重简并的,振动频率相当于波数 $\lambda_4^{-1}=314\ \text{cm}^{-1}$.

在拉曼光谱中,将出现与上述四种振动模式相对应的谱线. 通过测量拉曼散射光与瑞利散射光之间的拉曼频移,即可通过实验分析这四种振动模式.

【实验装置】

本实验采用的是 LRS-II 型激光拉曼/荧光光谱仪,它由激光器、外光路系统、单色仪、探测系统(包括光电倍增管、光子计数器及驱动电路)等主要部分组成. LRS-II 型激光拉曼/荧光光谱仪的总体结构如图 1.3.3 所示.

以下对各个主要组成部件分别加以介绍.

(1)激光器. 本仪器采用 40 mW 半导体激光器,该激光器输出的绿色激光为偏振光.

(2)外光路系统. 外光路系统主要由激发光源(半导体激光器)、五维可调样品支架 S、偏振组件 P_1 和 P_2,以及聚光镜 C_1 和 C_2 等组成,见图 1.3.4.

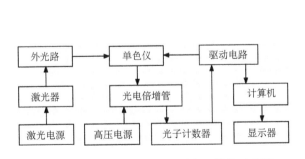

图 1.3.3 激光拉曼/荧光光谱仪的结构示意图

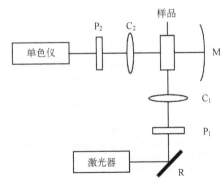

图 1.3.4 拉曼光谱仪的外光路系统示意图

激光器射出的激光光束被反射镜 R 反射后,照射到样品上. 为了得到较强的激发光,采用聚光镜 C_1 使激光聚焦,并在样品容器的中央部位形成激光的束腰. 为了增强效果,在容器的另一侧放置一个凹面反射镜 M. 凹面镜 M 可使样品在该侧的散射光返回,最后由聚光

镜 C_2 把散射光会聚到单色仪的入射狭缝上.

调节好外光路是获得拉曼光谱的关键. 首先应使外光路与单色仪的内光路共轴. 一般情况下,它们都已调好并被固定在一个钢性台架上. 可调的主要是激光照射在样品上的束腰应恰好被成像在单色仪的狭缝上. 是否处于最佳成像位置可通过单色仪扫描出的某条拉曼谱线的强弱来判断.

(3) 单色仪. 单色仪的光学结构如图 1.3.5 所示. 图中 S_1 为入射狭缝,M_1 为准直反射镜,G 为平面衍射光栅,M_2 为成像物镜,M_3 为平面反射镜,S_2 为出射狭缝. 聚焦后的拉曼散射光由狭缝 S_1 入射到单色仪中,散射光经反射镜 M_1 被反射到衍射光栅 G 上,衍射光束经成像物镜 M_2 会聚,再由平面镜 M_3 反射到出射狭缝 S_2 上,在 S_2 外侧有一光电倍增管. 当光谱仪的光栅 G 转动时,光谱信号通过光电倍增管转换成相应的电脉冲,并由光子计数器放大和计数,送入计算机处理,在测量软件上得到光谱曲线.

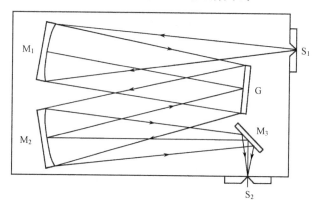

图 1.3.5　单色仪的光学结构示意图

(4) 探测系统. 拉曼散射光是一种极其微弱的光,其强度小于入射光强的 10^{-6} 倍,比光电倍增管本身的热噪声水平还要低. 用通常的直流检测方法已不能把这种淹没在噪声中的信号提取出来. 单光子计数方法利用弱光下光电倍增管输出电流信号自然离散的特点,采用脉冲高度甄别和数字计数技术将淹没在背景噪声中的弱光信号提取出来. 与锁定放大器等模拟检测技术相比,它基本消除了光电倍增管高压直流漏电和各倍增极热噪声的影响,提高了信噪比;受光电倍增管漂移、系统增益变化的影响较小;它输出的是脉冲信号,不用经过 A/D 变换,可直接送到计算机处理.

【实验内容】

1. 开机

打开主机开关,打开激光器电源,打开计算机,启动软件. 关机的步骤与开机相反.

2. 外光路的调整

外光路包括聚光、集光、样品架、偏振等部件. 调整外光路前,请先检查外光路是否正常,若正常则可以立即测量. 其方法是:在单色仪的入射狭缝处放一张白纸观察瑞利光的成像,即一绿色亮条纹是否清晰. 若清晰并也进入狭缝就不要调整;若不正常,则按照仪器使用说明书上的方法进行调整.

3. 测量 CCl_4 样品的拉曼光谱

选择合适的狭缝宽度(入射狭缝与出射狭缝的宽度一致),在测量软件中设定好光电倍增管的工作电压,以及单光子计数器脉冲甄别的域值,记录 CCl_4 样品的拉曼散射光在 $510\sim560$ nm 的光谱图. 将波长标度转化为波数标度,根据瑞利谱线两侧拉曼峰的位置计算拉曼散射光与瑞利散射光间的波数差,辨析各个拉曼散射峰所对应的分子振动模.

【思考题】

(1) 怎样利用玻尔兹曼分布律来解释斯托克斯线与反斯托克斯线强度的不同?

(2) 怎样计算 CCl_4 样品的拉曼频移? 检测出多条拉曼谱线的原因是什么?

(3) 为什么有的拉曼谱线会发生细小的分裂?

参 考 文 献

戴道宣,戴乐山. 2006. 近代物理实验. 2 版. 北京:高等教育出版社

王魁香,韩炜,杜晓波. 2007. 新编近代物理实验. 北京:科学出版社

吴思诚,王祖铨. 2005. 近代物理实验. 3 版. 北京:高等教育出版社

专题实验 2　真空技术与样品制备

2.1　真空的获得与测量

真空的获得(各种真空泵)和真空的测量(各种真空规管)是真空技术的基本部分. 在真空技术的发展过程中,这两个部分相互制约,有时又相互促进. 首先要获得一定程度的真空才能发展相应的测量手段;反之,如果没有可靠的真空测量手段也无法进一步改进真空泵的性能.

意大利物理学家托里拆利(Evangelista Torriclli)设计了著名的托里拆利实验,证明了真空的存在,并于 1643 年发明水银柱式气压计. 真空的单位 Torr(托)就是用他的名字来命名的.

法国数学家、物理学家和哲学家布莱兹·帕斯卡(Blaise Pascal)发现了大气压强随高度变化的规律. 他不仅重复了托里拆利实验,而且证明了他自己的推论:既然大气压力是由空气重量产生的,那么在海拔越高的地方,玻璃管中的液柱就越短. 后人为纪念帕斯卡,就用他的名字来命名压强的单位 Pa.

【实验目的】

(1) 掌握机械泵和油扩散泵的结构、工作原理及使用注意事项;

(2) 掌握真空测量的基本方法及测量范围.

【实验原理】

1. 真空度的单位及真空区域的划分

真空度是对稀薄气体的一种客观量度,其高低用气体的压强表示. KGMS 制的压强单位是 Pa(帕),$1\ Pa = 1\ N/m^2$,并有 1 atm(标准大气压)$= 101325\ Pa$. 常用的气压单位还有 bar(巴)和 Torr,$1\ bar = 10^5\ Pa$,$1\ atm = 760\ Torr$. 于是 $1\ Torr \approx 133\ Pa = 1330\ \mu bar$. 表 2.1.1 给出了压强单位换算表.

表 2.1.1　压强单位换算表

	1 Torr	1 μbar	1mbar	1 Pa	1 atm
1 Torr	1	1.33×10^3	1.33	1.33×10^2	1.32×10^{-3}
1 μbar	7.50×10^{-4}	1	10^{-3}	10^{-1}	9.87×10^{-7}
1 mbar	7.50×10^{-1}	10^3	1	10^2	9.87×10^{-4}
1 Pa	7.50×10^{-3}	10	10^{-2}	1	9.87×10^{-6}
1 atm	760	1.01325×10^6	1.01325×10^3	1.01325×10^5	1

按气压范围可将真空划分为如下 6 个区域.

粗真空:$10^5 \sim 10^4\,\mathrm{Pa}$ 　　　　低真空:$10^4 \sim 10^2\,\mathrm{Pa}$

中真空:$10^2 \sim 10^{-2}\,\mathrm{Pa}$ 　　　高真空:$10^{-2} \sim 10^{-7}\,\mathrm{Pa}$

超高真空:$10^{-7} \sim 10^{-10}\,\mathrm{Pa}$ 　　极高真空:$< 10^{-10}\,\mathrm{Pa}$

各真空区域的物理现象叙述如下:

粗真空:分子相互碰撞的频率远大于分子与器壁碰撞的频率,即分子自由程 λ 远小于容器的尺度 d.

低真空:分子相互碰撞的频率和分子与器壁碰撞的频率不相上下.

中真空:$\lambda \approx d$,分子间相互碰撞的频率显著减少,分子与器壁碰撞的频率相对增多,这时气体的热传导和黏滞性等规律已经发生变化.

高真空:碰撞以分子与器壁的碰撞为主,$\lambda \gg d$.

超高真空:分子与器壁碰撞的次数也较稀少. 在此真空区域,如果分子能在基片或者器壁上沉积,则形成单分子层的时间以分钟计.

极高真空:分子数目极为稀少,以至于涨落现象已较明显(大于 5%),使经典的统计规律产生严重偏差.

在真空技术实践中,要根据相应工艺对真空区域的要求,采用合适的真空获得设备及真空测量仪器. 较好的设备可以跨区域使用.

2. 真空的获得

真空,通常定义为通过某种抽气手段在容器中得到低于大气压强的空间. 抽气,似乎意味着容器中的气体被抽气泵从容器中抽拉出来,但这却是一种错误观念. 实际上现有的各种真空泵都没有任何作用力施加在被抽容器中的气体分子上,而是静候容器中的气体分子在无规则运动中自动地跑进泵口,然后真空泵通过某种方式将它们排出泵外(或捕集在泵内的固体表面上). 与此同时,真空泵阻挡容器外的气体分子逆向进入容器,维持容器中的压强低于外界大气压强,即获得了真空.

用来获得真空的器械称为真空泵. 按其作用机理,可把真空泵分为排气型和吸气型两大类.

排气型真空泵利用内部的各种压缩机构将进入真空泵进气口的气体压缩到排气口方向,进而排到大气中. 利用膨胀(吸气)-压缩(排气)作用的旋片式机械泵,以及油扩散泵、增压泵、涡轮分子泵等都是排气型真空泵.

吸气型真空泵则是在封闭的真空系统中利用各种吸气剂表面吸附气体分子的性质将被抽空间中的气体分子长期附着在吸气剂表面上,使被抽容器保持真空. 如利用电离吸气作用的离子泵,利用物理或化学作用的吸附泵及钛升华泵、低温泵等. 这类泵中气体分子并不排出泵外,而是储存在泵内.

常用的高真空机组通常采用机械泵作为前级泵与油扩散泵串接,前者获得 $10^{-2}\,\mathrm{Pa}$ 真空,再由后者达到 $10^{-5} \sim 10^{-2}\,\mathrm{Pa}$ 的高真空. 用涡轮分子泵替代油扩散泵具有无污染、启动快等优点,但是造价要高得多.

1) 旋片式机械真空泵(简称机械泵)

(1) 结构和原理. 泵体是由两个完全相同的转子-定子腔串接起来组成(两级泵). 如

图 2.1.1 所示,圆柱形转子和圆筒形空腔是偏心装配的,转子上的滑动刮板槽内装有弹簧,可以顶出两块滑动刮板使其靠紧圆筒形空腔内壁,经过精密加工的滑动刮板随着转子旋转而伸缩,于是滑动刮板的外端面可以借助机械泵油形成的油膜与空腔壁保持气密性. 随着转子转动,腔体右侧的空间不断扩展,方便更多的气体分子由进气口进入此部分空间;左侧空间则不断缩小而将其中的气体进行压缩,经排气管将气体排入下一级吸气空间(右腔)或经排气管排出泵外(左腔,压强超过某一值时,排气阀被顶开).

气镇的作用:如果被抽系统中含有水或其他易凝结气体的蒸气,泵腔压缩使腔内压强达到蒸气的凝结压强,会在泵腔内形成排不出去的液体,降低机械泵油的工作性能. 打开气镇阀放一点空气进入压缩室,可以降低蒸气的分压强,从而在达到凝结压强之前就顶开排气阀将其排入大气.

(2) 主要技术指标. 极限真空度(极限压强):在被抽容器的漏气和器壁放气都可以忽略的情况下,经过长时间抽气可以达到的最低平衡压强. 单级真空泵的极限真空度约为 10^{-1} Pa. 双级真空泵不用气镇可达 10^{-2} Pa 量级,用气镇则为 10^{-1} Pa(压缩室有额外的气体进入,极限真空度下降).

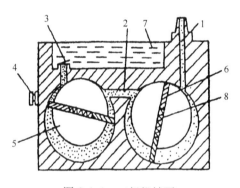

图 2.1.1　二级机械泵

1. 进气管;2. 通气管;3. 排气阀;4. 气镇;
5. 转子;6. 滑动刮板;7. 机械泵油;8. 弹簧

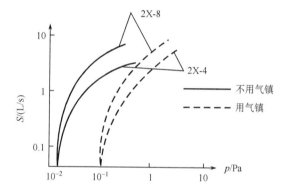

图 2.1.2　双级机械泵抽速特性

抽气速率:在泵的进口处,单位时间内流入泵的气体体积,单位多用 L·s^{-1}. 抽速随压强的减少而降低,如图 2.1.2 所示. 图中 2X-8 或 2X-4 为国产机械泵型号,前者为双级泵,抽速 8 L·s^{-1}(指进口压强为 1 atm 时);后者也为双级泵,抽速 4 L·s^{-1}. “X”则为旋片式机械真空泵“旋”字的声母.

(3) 使用注意事项. 在连接机械泵电路时,必须注意电动机应按泵体标明的旋转方向运转(使用三相交流异步电动机驱动的机械泵要注意相序,相序连接错误会导致电动机反转,机械泵泵油(会反压)进入被抽容器).

按期检查机械油的油平面是否保持在观察窗的中间位置. 油平面过低要加油,油颜色过暗要换油或者将油放出进行过滤后再重新使用.

泵体不能在大于 100 Pa 的气压下长期工作.

在停止使用机械泵前,应先关闭连接真空系统的阀门,停机后立即将大气放入机械泵的进气管道,使泵内压力平衡,以免由于泵内压强差的存在,泵油被压入真空系统中. 新型的机械泵在进气口装有自动开闭的电磁阀,工作结束(停机)时,电磁阀自动对机械泵的进气端进行放气,使机械泵内部压力恢复为大气压,这样可以省去人工对进气口放气的过程.

2)油扩散真空泵

油扩散泵要对泵油进行加热,高速喷射的油分子会带动气体分子以分子流的状态沿一个方向扩散,这些扩散过来的气体分子被收集到泵的下部并被排出泵外送入前级泵.作为扩散泵的工作物质,所用的油液由分子量较大的大分子构成,本身的蒸气压很低.各种常用扩散泵油液的性能如表 2.1.2 所示.泵体材料可以是金属也可以是玻璃.

表 2.1.2　各种常用扩散泵油液的性能

油液名称	成分	分子量	25℃时的蒸气压/Pa	热稳定性
阿皮松 A	碳氢化合物	414	2.71×10^{-3}	中等
阿皮松 B	碳氢化合物	468	5.30×10^{-5}	中等
阿皮松 C	链烷烃	574	5.30×10^{-7}	中等
274(DC-704)	甲基聚硅氧烷	484	10^{-6}	良好
275(DC-705)	甲基聚硅氧烷	546	$10^{-7} \sim 6.7 \times 10^{-8}$	良好
聚苯醚	醚	447	1.3×10^{-7}	较差

(1) 工作原理:如图 2.1.3 所示,扩散泵油被加热沸腾时,产生高压蒸气流,经蒸气导流管传到上部,由伞形喷口向下高速喷出.因喷口外面的气压较低,$1 \sim 10^{-1}$ Pa 或更低,于是蒸气流可向下喷出一段距离,构成一个向出口方向运动的射流.在射流中,油蒸气流速很高(可达 200 m·s^{-1}),且油分子量大,有较大的动量,气体分子在射流中不能长时间停留,被高速定向运动的油蒸气向下驱赶.射流中被抽气体分子的浓度很小,造成射流界面两侧有较大的被抽气体分子浓度差,使得被抽气体分子能不断地越过界面扩散到射流中被逐级压缩到泵体下出口处,并被前级泵(机械泵)抽走.

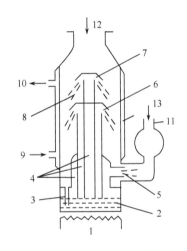

图 2.1.3　三级油扩散泵

1. 加热电炉;2. 扩散泵油;3. 回油管;4. 蒸气导流管;5. 三级喷口;6. 二级喷口;7. 一级喷口;8. 蒸气射流;9. 进水口;10. 出水口;11. 冷水套;12. 进气口;13. 排气口

油扩散泵需要气体的压强已经低到能够形成分子流状态($p \leqslant 1$ Pa)才能起到排气作用.在气体分子相互碰撞频繁的情况下,将产生严重的反扩散,使抽速丧失;如果在较高的压强下就开始加热油液,还有可能使油液分子发生氧化分裂,造成泵油变质、蒸气压增高.因此,一定要采用机械泵作为前级泵,先将被抽容器抽到压强低于 1 Pa 才可以使用油扩散泵.

(2) 扩散泵的主要技术指标.气体压缩比与极限压强:气体压缩比指下部出口处压强 p_L 与顶部进气处压强 p_0 之比,即

$$p_L/p_0 = K \quad (K \gg 1) \tag{2.1.1}$$

K 是扩散泵的主要技术参数,随蒸气射流长度 L,蒸气速度 V 及蒸气分子数密度 n 的增大

而增加,随气体反向扩散系数 D 的增大而减少. 这些因素与泵的结构尺寸、喷口个数(三级或四级)以及油温和油量都有关系.

可见,进气口能达到的极限压强 p_0 取决于出口压强 p_L 和压缩比 K,在与前级泵匹配时,要求 p_L 为 10^{-1} Pa 数量级.

选用的扩散泵油要求常温饱和蒸气压低,热稳定性好,分子量大. 常选用 $274^{\#}$(DC-704)或 $275^{\#}$(DC-705)扩散泵油,蒸气压在 10^{-6} Pa 左右,扩散泵的极限压强可达到 10^{-5} Pa 量级.

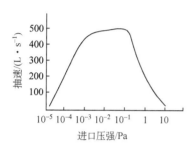

图 2.1.4 扩散泵的抽速-压强曲线

抽气速率:扩散泵的抽气速率与喷口横截面积、蒸气流速、蒸气密度、机标泵抽速的匹配程度等因素有关. 上述条件确定后,抽气速率随着进气口的压强变化而变化,压强为 10^{-2} 时达到最大抽速. 如图 2.1.4 所示.

(3) 使用注意事项. 油扩散泵必须与机械泵联用.

油扩散泵的进、出气口在任何情况下均不得充入 1 Pa 以上压强的空气,以免泵油氧化.

没有打开冷却水以前,不得加热泵油,以免油蒸气向真空室扩散.

油扩散泵使用完毕(撤去电炉),必须待油冷却后方可停机械泵和关冷却水.

3) 蒸气捕集器

蒸气捕集器包括油蒸气捕集器和水蒸气捕集器. 如图 2.1.5 所示,油蒸气捕集器一般设置在被抽真空容器与油扩散泵之间,水蒸气捕集器则设置在扩散泵和机械泵之间. 常用捕集器有以下几种.

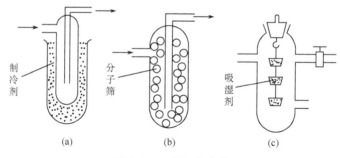

图 2.1.5 蒸气捕集器

(1) 冷凝捕集器:如图 2.1.5(a)所示,制冷剂为冰加食盐,可达 $-20\,^\circ\mathrm{C}$;干冰,可达 $-78\,^\circ\mathrm{C}$;液态空气,可达 $-163\,^\circ\mathrm{C}$;液氮,可达 $-196\,^\circ\mathrm{C}$.

(2) 分子筛捕集器:如图 2.1.5(b)所示,分子筛又名合成泡沸石,具有微疏松结构,依型号不同,微孔线度为 $0\sim9~\mu\mathrm{m}$,表面积达到 $600~\mathrm{m^2 \cdot g^{-1}}$. 在低温和室温可吸收气体分子,阻止蒸气进入真空器件;加高温可将吸附的气体分子释放出来.

(3) 水蒸气捕集器:如图 2.1.5(c)所示,常用的吸湿剂有五氧化二磷、无水氯化钙、硅胶等.

3. 真空的测量

1) U 型管压力计(粗真空测量)

如图 2.1.6 所示,U 形管内装入水银称为水银压力计,装入扩散泵油则为油压计. 使用时先将阀门 K 打开,待两端抽成高真空后关断 K,左侧充入待测气体,由液面差 h 指示系统压强. 油压计测量范围为 $10\sim2\times10^{3}$ Pa.

2) 热偶真空计(低真空测量)

热偶真空计是一种利用气体热传导性质制成的相对真空计. 如图 2.1.7 所示,管子的一对接脚上焊有 V 形加热丝 K,它经电源供电而发热. 热丝温度取决于加热电流和气体热传导造成的散热情况. 固定加热电流,则 K 的温度只随气体压强的下降而升高,但压强下降到 1×10^{-1} Pa 后,热传导作用减少,温度趋于恒定. 即热偶规的测量范围是 $\geqslant 1.0\times10^{-1}$ Pa. 管子另一对接脚上焊有一对热电偶(如 DL-3 热偶规管的热电偶用康铜-镍铬两种金属丝焊接而成),把结点焊到 V 形加热丝的底端,热电偶的另一端通往容器外面,处于室温,接脚连接毫伏表,即可通过测量温差电动势间接测量压强(需由其他标准真空计作校准).

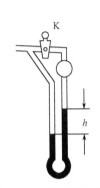

图 2.1.6　U 形管压力计

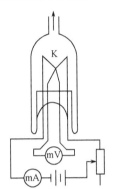

图 2.1.7　热偶规管

每支规管的加热电流是不一样的,它的确定方法是把规管抽成高真空(10^{-2} Pa 以下). 调整加热电流,使指针稳定在毫伏表满刻度处即可. 规管的校正曲线如图 2.1.8 所示,它是经绝对真空计校正得到的.

3) 电离真空计(高真空测量)

高真空测量通常使用热阴极电离真空计,测量范围是 $10^{-5}\sim1\times10^{-1}$ Pa(随着技术的提高,已经有可以测到 10^{-7} Pa 甚至更高级的型号). 真空计由电离规管和测量电路组成. 电离规管与真空系统连接,电离规管主要包括三个电极:热阴极(又称灯丝极)K;栅极 G;收集极 B. 其构造如图 2.1.9 所示.

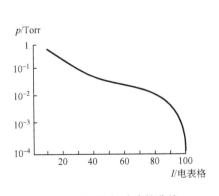

图 2.1.8　热偶计读数曲线

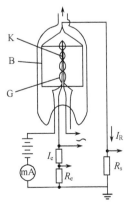

图 2.1.9　电离规管

栅极 G 相对于热阴极 K 处于高电位(+200 V),收集极 B 相对于栅级 G 处于低电位,G 吸引 K 发射的电子(K 发射电子形成发射电流 I_E)使之加速并因惯性穿过栅网,又被 B-G 间的电场减速后反向加速,再次穿越栅网. 电子在 B-K 间多次振荡后最终被栅级吸收. 规管中稀薄的气体分子与电子碰撞发生电离,其正离子被 B 收集形成电流 I_B. 如果容器内的空间处于压强 p 低于 1×10^{-1} Pa 的高真空状态,则 I_B 正比于 p 和 I_E. 即 $I_B = k p I_E$,固定 G-K 间和 B-G 间电压,调整 K 的加热电流,使 $I_E = 5$ mA,则 $I_B = Cp$;$C = K I_E$ 为真空计常数.

仪器经绝对真空计校正后. 即可通过测量 I_B 间接测量 p. 电离真空规管造价较高,而灯丝是易损部位,所以热阴极一般有两根灯丝,连接 3 个接脚,中间接脚共用,两侧接脚各连接一根灯丝,如果一根灯丝熔断或者性能不良,可以换接另外一根.

真空测量仪器的使用:

(1) 新型的热偶真空计一般从 300 Pa 才开始动作,但允许在大气环境中打开电源. 为了避免热偶规管的加热丝在气压较高的环境中通电时间过长,延长热偶规管的使用寿命,一般要求在开始抽真空一段时间(一般需要 5~10 min)后再打开热偶真空计电源.

(2) 只有当热偶真空计已指示满刻度;并且高真空抽气系统(扩散泵)已正常工作的条件下才能开启电离真空计电源.

(3) 开启电离真空计电源后首先调整发射电流,使 $I_E = 5$ mA.

(4) 调整放大器零位.

(5) 校准满刻度. 这是用 5 mA 电流在特定电阻 R_E 两端产生的电压去模拟 10^{-1} Pa 时离子电流在 R_B 上的信号电压,以核准电表的 1×10^{-1} Pa 刻度(调整串接于表头的可变电阻).

(6) 根据测量值的大小,从低到高依次选择适当的量程.

(7) 电离规管的电极可能吸附有气体分子,电极放气会影响测量的可靠性,所以可在确认压强已经低于 2×10^{-3} Pa 的前提下,用除气挡使栅极通电发热,烘烤管子数分钟,抽走放出的气体以后再进行测量.

(8) 电离计使用完毕,在关断电源之前,先依次将各旋钮位置复原.

【实验装置】

本实验在高真空镀膜机系统上获得真空及测量真空,装置如图 2.1.10 所示. 获得真空的抽气系统采用 2X-8 旋片式机械真空泵和 TK-200 金属外壳油扩散泵. 测量真空采用 FZH-2B 型复合真空计.

【实验内容】

1. 抽真空及真空的测量

如图 2.1.10 所示,检查低真空阀 5,预真空阀 3 和高真空阀 8 是否关好;打开放气阀 4,使镀膜机蒸发室处在大气压强下,随后关闭放气阀 4. 开启 FZH-2B 型复合真空计总电源,此时绝不能开启电离计电源开关(即灯丝开关),在热偶计的毫伏表指针无偏转,表明真空系统的被抽容器(蒸发室)处在大气压氛围.

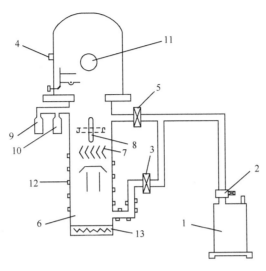

图 2.1.10 真空镀膜机

1. 机械泵；2. 电磁阀；3. 预真空阀；4. 放气阀；5. 低真空阀；6. 油扩散泵；7. 挡油板；8. 高真空阀；
9. 电离规；10. 热偶规；11. 蒸发室观察窗；12. 冷却水管套；13. 电炉

合上电源总闸，开启设备的总电源开关，按下机械泵开关按钮，机械泵开始工作. 先后开启阀门 5、3，同时对蒸发室和油扩散泵抽真空. 观察热偶计上的读数变化并会正确读数. 待热偶计读数为 5 Pa 左右，打开扩散泵冷却水源并按下扩散泵电源开关.

约 40 min 后，扩散泵油开始沸腾，关闭低真空阀门 5，打开高真空阀门 8，观察热偶计指针的变化，如果 10 min 后该指针未到或超过毫伏表的满刻度，练习调整热偶规的加热电流.

待热偶计毫伏表满偏(1.0×10^{-1} Pa)或者 10 min 后调整加热电流世纪满偏，开启电离计灯丝开关. 按照电离计使用规范进行调节(发射电流 $I_E = 5$ mA 的调节；放大电路零位调节；满刻度校准；电离规除气等)，观察电离计电流表指针的变化并能正确改变量程和读数(新型数字设备不需要手动改变量程).

2. 停机过程

首先关闭电离计灯丝开关，然后将量程开关从 10^{-3} 转回到 10^{-1}；关闭扩散泵电源开关；关高真空阀门 8，用电风扇吹扩散泵泵底，约 30 min 后，待扩散泵底部不烫手时关闭冷却水，关闭预真空阀 3，关闭机械泵(此时安装在进气口的电磁阀自动开闭，保持进气管内为真空，防止泵油倒流，同时对机械泵进气端自动放气，使机械泵内部压力平衡)，最后关闭总电源.

【思考题】

(1) 为什么装有气镇的机械泵可以排出水蒸气？

(2) 为什么油扩散泵必须与机械泵连用？

(3) 扩散泵的"扩散"是什么意思？

（4）如果在抽真空及真空的测量中,突然遇到突然停水或停电事故,应如何处置?

（5）电离规管实际上是一支三极管,它由哪三极构成?

参 考 文 献

戴荣道. 1986. 真空技术. 北京:电子工业出版社

吕斯骅,朱印康. 1991. 近代物理实验技术(I). 北京:高等教育出版社

杨乃恒. 1987. 真空获得设备. 2 版. 北京:冶金工业出版社

【附录】

真空技术基础知识

"真空"一词来源于拉丁语"Vacuum",意为"虚无",但绝对真空不可能达到,也不存在,只能无限接近,即使达到极高真空($<10^{-10}$ Pa),1 m^3 空间内仍有 33～330 个分子.

在真空技术中,真空是指低于该地大气压的稀薄气体状态. 真空是相对概念,在真空中,由于气体稀薄,即单位体积内的分子数目较少,分子之间或分子与其他粒子(如电子、离子)之间的碰撞就不那么频繁,分子在一定时间内碰撞器壁的次数也相对减少. 利用这一特性可以研究常压下不能研究的物质性质,如热电子发射、基本粒子作用等.

1. 气体的实验定律和理想气体

1) 气体的实验定律

玻意耳定律:

一定质量的任何气体,在恒定温度下(这样的变化过程为等温过程),气体的压强和体积的乘积为常数,换言之,即它们的压强和体积成反比,其数学表达式为

$$pV = 常数$$

盖吕萨克定律:

一定质量的任何气体,若变化过程中压强保持不变(这样的变化过程称为等压过程),而且变化过程中所经历的中间状态均可近似看作平衡状态,则体积和温度之商保持不变. 数学表达式为

$$\frac{V}{T} = 常数$$

查理定律:

一定质量的任何气体,若变化过程中体积保持不变(这样的变化过程为等容过程),而且变化过程中经历的中间状态均可近似看作平衡状态,则压强和温度之商保持不变. 数学表达式为

$$\frac{p}{T} = 常数$$

状态方程:

一定质量的任何气体,当从一平衡态过渡到另一平衡态时,压强和体积的乘积与温度之商为一恒量. 数学表达式为

$$\frac{pV}{T} = 常数$$

阿伏伽德罗定律:

标准状态下($T_0 = 273$ K, $p_0 = 1$atm), 1 mol(包含 6.02×10^{23} 个分子)任何气体的体积都等于 22.4 L.

上述几条定律是对大量气体实验的总结, 而实验是在常温低压条件下进行的, 所以定律有条件局限性. 对于不同气体也有不同程度的偏离, 也就是存在近似性. 近似性取决于各种气体本身的属性. 因属性趋于同一, 很自然地使我们设想一种理想化的模型.

2) 理想气体

严格服从上述各条气体实验定律的气体, 称为理想气体. 理想气体是一个理论模型, 实际是不存在的. 引进这一宏观意义的假想概念后, 在较低的压强和较高的温度下, 各种气体都可以近似看作理想气体. 真空技术中所遇到的气体都可以当作理想气体.

在理想气体中, 分子本身的大小相比于它们之间的距离可以忽略不计, 即把分子看作是没有体积的几何质点; 气体体积的确切意义应为分子能够自由到达的整个空间, 所以气体体积这一状态参量可用容器的容积来代替; 除了相互碰撞的瞬间, 分子间没有相互作用力. 就是说, 除了碰撞的瞬间, 气体分子可视为自由粒子, 直线飞行, 牛顿第二定律对每个粒子都成立, 这保证了气体的压强不受分子间作用的影响; 分子在运动中不断地相互碰撞, 也不断地与容器壁发生碰撞, 这些碰撞是完全弹性的, 没有动能损失, 气体分子的热运动平均动能也不受损失; 系统可由温度来描述其状态.

以上特点也可作为理想气体的微观定义. 实际气体对实验定律的偏离实质上也就是其微观结构对上述特点的偏离.

如果压强较低, 气体处于较稀薄的状态, 分子间的平均距离大, 分子本身的大小就可以忽略; 如果温度较高, 分子的动能大, 在两次碰撞之间的时间里受到其他分子作用力的影响可以忽略. 因此较低的压强和较高的温度是气体可以近似看作理想气体的条件.

3) 理想气体状态方程

在真空技术中, 除了研究状态参量的变化规律外, 有时需要分析在某一确定状态下 p、V、T 三者和气体质量 M 之间联系的规律. 这种规律称为状态方程或物态方程. 其数学表达式为

$$pV = \frac{M}{\mu}RT$$

式中 μ 为 1 mol 气体的质量, 称为气体的摩尔质量. R 为常数, 称为理想气体的普适常数. $R = 8.31$ J·mol^{-1}·K^{-1} = 2 cal·mol^{-1}·K^{-1}, 是对任何气体都适用的常数.

状态方程还可以有如下的形式:

$$p = nkT$$

其中 n 为气体的分子密度. $k = \frac{R}{N_0} = 1.38 \times 10^{23}$ J·K^{-1}, 也为一物理常量, 称为玻尔兹曼常量. $N_0 = 6.02 \times 10^{23}$, 为阿伏伽德罗常量.

由状态方程可知气体的密度为

$$\rho = \frac{M}{V} = \frac{\mu p}{RT}$$

假如某种气体在温度不变的情况下,μ、R、T 均为常量,状态方程可写为

$$pV = C \cdot M$$

式中 C 为常数. 这说明 pV 的乘积与气体的质量成正比,即 pV 决定了气体量的多少,所以真空技术中都用 pV 来表述气体量.

最后应该指出,状态方程以及前述的一些气体定律对于未饱和蒸气也成立. 至于饱和蒸气,凡牵涉到状态的变化,上述有关定律就不适用了.

4) 理想气体的压强

气体对器壁的压强在各个方向都存在,且在平衡状态下,各个方向的压强都相等. 不同于固体和液体压强的起因,气体压强既不是重力引起,也不是流动性所致,而是分子不停地运动,撞击在容器壁上,把一部分动量传递给器壁造成的. 对个别分子而言,这种行为是偶然和间断的,而对大量分子而言,传递的动量总和在单位时间里是一个恒定的数值,也就是在宏观上表现为对器壁产生持续的作用.

气体压强的大小取决于单位时间内气体分子传递给器壁单位面积上法线方向动量的多少. 如果假定所有的气体分子都以同一个速度 V 运动,则传递的动量数值显然正比于每一个分子的动量 mV,也正比于单位时间碰撞上去的分子数,而此分子数既取决于单位体积内的气体分子数 n,也取决于分子运动的快慢,即速率 V. 由此可推断

$$p \propto mV \cdot n \cdot V$$

考虑到气体分子实际上以各种可能的速率运动,应取其平均值,经严格的理论推导,可得

$$p = \frac{1}{3} mn \overline{V^2}$$

或

$$p = \frac{2}{3} n \bar{E}_k$$

其中 $\bar{E}_k = \frac{1}{2} m \overline{V^2}$,为气体分子的平均平动动能. $\overline{V^2}$ 为气体分子速率平方的平均值,令

$$V_S = \sqrt{\overline{V^2}}$$

V_S 为均方根速率,则

$$p = \frac{1}{3} mn V_s^2$$

上式便是理想气体压强公式,它是气体分子运动论的基本公式之一.

5) 道尔顿分压定律

如果混合气体不互相起化学反应,则混合气体的总压强等于各气体分压强的总和,即

$$p = p_1 + p_2 + p_3 + \cdots + p_i$$

p 为混合气体的总压强,p_1,p_2,$\cdots$,p_i 为各气体分压强. 所谓分压强是指此种气体单独存在时,即与混合气体的温度和体积相同并且与混合气体中这种气体的摩尔数相等时,器壁受到的压强. 分压定律指出压强的产生与分子间的碰撞无关,即分子间的碰撞并不影响分子与器壁的碰撞.

根据理想气体状态方程和道尔顿分压定律,很容易推出混合气体的理想气体状态方程为

$$(p_1 + p_2 + p_3 + \cdots + p_i)V = \left(\frac{M_1}{\mu_1} + \frac{M_2}{\mu_2} + \cdots + \frac{M_i}{\mu_i}\right)RT$$

式中 $p_1 + p_2 + p_3 + \cdots + p_i = p$ 为混合气体的总压强,$\frac{M_1}{\mu_1} + \frac{M_2}{\mu_2} + \cdots + \frac{M_i}{\mu_i}$ 为混合气体的总摩尔数,用 r 表示,有

$$pV = rRT$$

这就是理想混合气体的状态方程. 在真空技术中所遇到的气体多是混合气体.

2. 真空检漏

如果真空系统在排气过程中不能按要求达到预期的真空度,应当考虑是否有漏气现象.检查漏气应从连接机械泵的部分开始,逐段检查全系统.

玻璃真空系统常用高频火花检漏器来检查是否漏气,其原理如图 2.1.11 所示.升压变压器 T 的输出电压达到 P_1P_2 间隙的击穿电压时,C_1 即通过 L_1 放电,产生高频电流脉冲,线圈 L_2 的圈数远多于 L_1,L_2C_2 的固有电磁振荡频率与 L_1C_1 的相同. L_2C_2 对地产生的高频高压足以击穿空气放电,形成可以观察到的"火花".

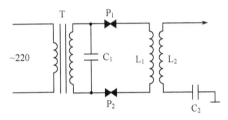

图 2.1.11　火花检漏器原理图

高频火花接触到玻璃系统壁时便激起系统内稀薄气体放电,如果该处没有漏洞,高频火花是散开的,如果有漏洞,气体电离后成导体,由于真空系统内外存在压强差,火花即在漏洞处集中,形成亮点.

火花检漏器的另一个用途是根据受激气体的颜色粗略判断真空的数量级:

$10^5 \sim 10^4$ Pa:不形成放电;

10^3 Pa:出现紫色线形放电,随气压下降放电区域逐渐扩大;

10^2 Pa:出现玫瑰红色宽带放电,随气压降低辉光向管子两端发展;

10^1 Pa:玫瑰红色变弱,放电集中在电极附近;

10^0 Pa:淡红色,玻璃壁上出现荧光;

10^{-1} Pa:辉光消失,荧光变弱;

10^{-2} Pa 以下:荧光消失,成为"黑暗真空".

3. 真空除气

由于长期放置空气中,真空器件(例如激光管)的玻璃管和电极材料表面不可避免地吸附着许多气体分子,有时甚至渗入玻璃和金属内部,系统封离以后,这些气体分子会慢慢释放出来,影响抽气效率,也影响工作气体的成分和压强,因此在真空排气过程中,必须做除气处理.

1) 玻璃除气

在真空中,硬质玻璃(通常用 11#,95# 材料)被加热到 200℃时开始大量释放吸附的气体,到 300℃时达到高峰,至 380~400℃时气体基本释放完毕,放出的气体被真空系统抽走. 通常是将玻璃管放在特制的电炉中加热到 380~400℃恒温 4 h,边加热边抽气,最后真空度可达 10^{-4} Pa.

2) 电极除气

金属材料需要被加热到很高的温度才能达到除气的目的,而与之连接的硬质玻璃在 600℃就开始软化. 因此不能采用电加热方法,而是用高频感应炉只对金属部分进行加热使其放气.

放气和慢漏气都会导致抽气不良和真空保持不良,往往不容易辨别. 其区别在于停止抽气后,放气引起压强比较缓慢地上升并会在某一压强值附近趋于饱和,而慢漏气要一直漏到与大气平衡为止.

除气处理的目标是表面除气彻底,指标是静态真空压强低,维持时间长.

4. 真空清洁

真空清洁工作是为了去除真空器件表面的多余物质(如油、脂、灰尘等)或由化学反应产生的污染物(如氧化物、硫化物等). 它们可能成为多余的气体源,导致难以获得高真空或破坏气体成分;污物释放的气体还可与放电管的阴极发生作用,使其毒化(阴极发射电子功能不良);特殊的表面涂层受污后还可能剥落. 因此真空清洁工作是十分重要的.

1) 金属清洗

金属清洗按照机械清洗、酸洗、去垢清洗、去油脱脂的顺序进行.

(1) 机械清洗:通常用钢丝刷或专用洗液喷洗清除污垢、锈斑等.

(2) 酸洗:即化学方法清除氧化物或其他表面层,使之获得光洁表面. 酸洗后应用水彻底冲洗,并用碱液中和,最后用洁净的压缩空气或氮气吹干.

(3) 去垢清洗:在 10%氢氧化钠溶液中,以待洗金属为一极,以导线为另一极,其间通以 6~12 V 交流电可去除金属表面氧化物.

(4) 去油脱脂:一般采用苯、二甲苯、四氯化碳等有机溶剂.

2) 玻璃清洗

用丙酮、乙醚等有机溶剂去掉油脂后,放在玻璃洗液中浸泡数小时,然后用去离子冲洗,最后用无水乙醇脱水,热风吹干.

玻璃洗液配制:成分为 10%的重铬酸钾饱和溶液和 90%的浓硫酸,注意只能将浓硫酸慢慢滴入重铬酸钾溶液,否则会因急剧升温而发生喷溅. 操作时注意防止药液溅在衣服和皮肤上.

3) 橡胶的清洗

未经处理的橡胶易大量放气,需除去表面的硫化物及其他污物. 清洁方法是在 10%氢氧化钠溶液中煮沸半小时,然后用去离子水冲洗,最后用去离子水煮沸 20 min,共 2 次,用热风吹干,再在真空中除气 4~5 h.

此外,在进行真空操作时,还要注意实验室环境清洁及实验室通风条件.

2.2　真 空 镀 膜

高真空镀膜是真空技术的重要应用. 光学行业中用来制造各种增透膜、反射膜、干涉滤光膜、干涉分光膜等. 电子工业中的半导体集成电路工艺,集成光学中的光波导,光逻辑元件的加工等,均需要由真空镀膜与光刻工艺相结合来完成. 随着真空镀膜技术的发展,诞生了薄膜光学学科.

蒸发和溅射是两种典型的真空物理镀膜方法,是工业中制备光学薄膜的主要工艺,大规模应用是在 1930 年出现油扩散泵-机械泵抽气系统之后. 从 1817 年夫琅禾费在透镜上偶然第一次获得减反射膜,到 1998 年 Gillette 公司投产采用滤波电弧源的刮刀镀膜设备,真空镀膜已有近 200 年的历史.

【实验目的】

(1) 巩固真空基础知识,了解真空技术的实际应用;

(2) 了解真空镀膜机的原理、结构及操作规程,制备金属铝膜;

(3) 掌握干涉显微镜的原理及薄膜厚度测量方法.

【实验原理】

1. 真空蒸发镀膜

在真空状态下将金属或非金属材料加热熔化(或升华),向四周辐射的蒸气原子或分子接触温度较低的被镀工件,就在其表面凝结成薄膜,这种工艺属于物理汽相淀积技术(PVD)范畴,称为真空镀膜. 由于主要物理过程是材料的加热和蒸发,所以又称为热蒸发法. 常见的物理气相淀积技术还有分子束外延、脉冲激光沉积、电子束沉积等形式. 电镀和化学淀积也属于淀积技术范畴,但不是物理沉积.

1) 真空热蒸发镀膜的优缺点

优点:设备比较简单,操作容易;制成的薄膜纯度高,质量好,厚度控制较准确;成膜速度快,效率高,使用掩模容易获得清晰的图形;薄膜生长机理比较简单.

缺点:不容易获得结晶薄膜;所形成的薄膜在基片上的附着力较弱(因为蒸发的物质速度低,对基片的撞击力小);工艺重复性不够好.

2) 真空蒸发镀膜的三种基本过程

(1) 热蒸发过程:被蒸发物质由固相转为气相的相变过程. 每种蒸发物质在不同温度有不同的饱和蒸气压;蒸发化合物时,其成分之间可能发生化学反应,有些成分以气态进入真空空间.

(2) 气化原子或分子在蒸发源与基片之间的输运过程:这些粒子在飞行过程与环境气氛中的残余气体分子发生碰撞的次数,取决于蒸发原子的平均自由程及蒸发源到基片之间的距离.

(3) 蒸发原子或分子在基片表面上淀积的过程:包括蒸气凝聚→成核→核生长→形成薄膜等几个阶段. 由于基片温度远低于蒸发源温度,因此沉积物在基片表面直接发生从气相到固相的相转变.

　　为了保证大部分蒸发原子或分子能够不受残余气体的碰撞影响而直接到达被镀基片表面,蒸发原子或分子应有足够长的自由程. 由分子运动学可知,分子的平均自由程由下式给出:

$$l = \frac{kT}{\sqrt{2}\pi d^2 p} \tag{2.2.1}$$

其中,k 为玻尔兹曼常量,T 为绝对温度,d 为分子直径,p 为空间残留气体的压强,取 CGS 单位. 对于 $25\,^\circ\mathrm{C}$ 的空气来说,可简化为

$$l = 0.67/p \; (\mathrm{cm}) \tag{2.2.2}$$

式中压强 p 的单位为 Pa. 当 l 与蒸发源到被镀基片的距离 L 相近时,约 60% 的蒸发原子或分子与残余气体分子相碰撞;而当 $l = 10\,L$ 时,碰撞几率降为 9%. 通常 $l > 2L$,可满足真空蒸发镀膜的质量要求.

2. 光学干涉测厚

　　测量原理:真空镀膜所获得的薄膜厚度通常在几十纳米到几微米之间,在此范围,常用的膜厚测量方法是光学干涉法. 也可以使用表面轮廓仪,但价格昂贵.

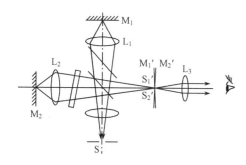

图 2.2.1　干涉显微镜测膜厚

　　图 2.2.1 为干涉显微镜测膜厚的原理示意图. 从光阑 S 发出的光遇到半透平面镜分出光束 A 和 B,分别经反射面 M_1(被测表面,)和基准面 M_2 反射,由物镜 L_1 和 L_2 成像于目镜 L_3 的前焦面附近,像点为 S_1' 和 S_2',M_1' 和 M_2' 是 M_1 和 M_2 的像. 由于 M_1 与 M_2 相对倾斜,使得 S_1' 和 S_2' 发生微小错位而产生干涉,通过 L_3 可观察被测物的显微结构,及反映表面起伏的等厚干涉条纹.

　　将薄膜制成台阶状,台阶的一侧为薄膜,另一侧为裸露的基片表面,如图 2.2.2(a)所示,以此工件作为 M_1,光束 A 从台阶两侧反射后的光程不相同,各自与光束 B 的光程差也就不同,于是导致干涉条纹的相对偏移. 如图 2.2.2(b)所示,设条纹间距为 $S_{间}$,对应光程差为半个波长 $\lambda/2$. 如果条纹偏移量对应的条纹间距数为 $N = S_{移}/S_{间}$,则台阶(即薄膜)高度为

$$d = N \cdot (\lambda/2) = (\lambda/2) \cdot (S_{移}/S_{间}) \tag{2.2.3}$$

采用白光光源时,取 $\lambda = 0.54\,\mu\mathrm{m}$.

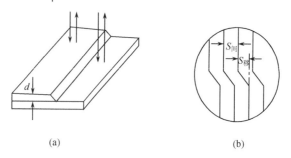

(a)　　　　　　　　　　　(b)

图 2.2.2　台阶状反射面造成光束条纹偏移

【实验装置】

1. 热蒸发型真空镀膜机

常用的热蒸发型真空镀膜机由排气、真空测量、蒸发室及工件加热、工件转动、离子轰击等部分构成,如图 2.2.3 所示.

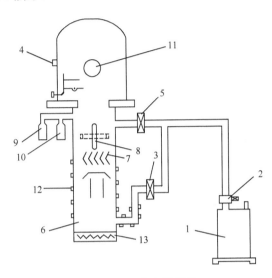

图 2.2.3　真空镀膜机

1. 机械泵;2. 电磁阀;3. 预真空阀;4. 充气阀;5. 低真空阀;6. 油扩散泵;7. 挡油板;8. 高真空阀;
9. 热偶规管;10. 电离规管;11. 观察窗;12. 冷却水管;13. 电炉

1) 排气与真空测量系统

由 2X-8 旋片式机械真空泵(抽速 8 L/s)与 K-200 型金属油扩散泵(抽速 2000 L/s)及各真空管道和阀门构成高真空机组,使蒸发室极限真空可达 10^{-3} Pa,并配有 ZDR-2A 宽量程真空计(或 FZH-2B 型复合真空计). 机械泵配有手动放气阀,停机时,在关闭预真空阀门后,立即手动开启放气阀使机械泵进气口与大气连通,以防回油.

2) 蒸发室

如图 2.2.4 所示,钟罩形蒸发室 8 内装有蒸发源 1(放有被蒸发物质)、支架 2(放在上面的基片可以旋转)、挡板 3(用于遮挡蒸发物质,移离 1 上方才开始给基片镀膜)、离子轰击电极 4 和工件轰烤设备 5(包括热偶测温控制器). 6 为充气阀,7 为观察窗.

蒸发器:用以装载被蒸发材料并对其进行加热,接触被蒸发材料的加热丝或料舟要具有熔点高和挥发性低、在蒸发温度下结构稳定、不易与被蒸发材料产生化学反应等性质. 通常采用大电流(几十安)升温. 制作加热丝的金属有钨(熔点 3382℃)、钼(熔点 2622℃)、铂(熔点 1774℃)等几种. 常用的是钨和钼,形状多为螺旋形或舟形,如图 2.2.5 所示. 被蒸发材料的熔点要低. 蒸发高熔点材料(如二氧化硅、钨、钼、铌、钛等)则须采用电子束轰击来加热.

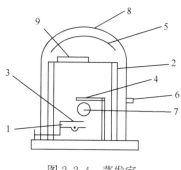

图 2.2.4 蒸发室

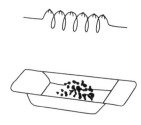

图 2.2.5 加热器

1. 加热器;2. 样品架;3. 遮挡板;4. 离子轰击电极;5. 烘烤电
阻丝;6. 放气阀;7. 观察窗;8. 钟罩;9. 被镀工件

离子轰击电极:是一个带有几千伏电位的纯铝电极,由调压器改变轰击电压,在低气压
发生辉光放电,产生离子用以轰击基片及被蒸发材料的表面,清除残留物,提高镀膜质量.
它的另一作用是利用离子轰击的能量将吸附在蒸发室内壁的空气分子驱赶出来,方便被真
空泵抽走,提高抽真空的效率.

烘烤设备:是设在基片上方靠近钟罩顶部的一组电阻丝,用来烘烤基片,改善膜层结构、
内应力和光学性质等,提高膜层质量,同时也有对钟罩加热除气的作用.

2. 干涉显微镜

6JA 型光学显微镜是干涉仪和显微镜的组合,外形如图 2.2.6 所示. 操作过程如下:

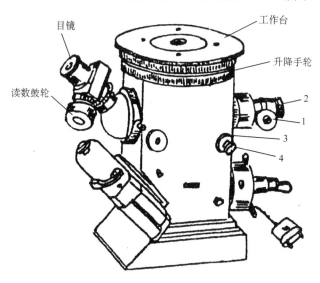

图 2.2.6 干涉显微镜外形图

(1) 调出干涉条纹:将基片镀有薄膜的一面朝下平放在显微镜工作台上,调整升降手轮
直到能看清物体表面,然后细心调节手轮 1、2 直至能看见清晰的彩色干涉条纹. 其中有两
条白色的为零级暗条纹,以其间距作为条纹间距 $S_{间}$.

(2) 调节升降手轮使条纹位置居中,调节工作台方位,并通过手轮 3、4 调节两束相干光

的夹角和取向,使干涉条纹与台阶线互相垂直.

（3）调节测微目镜的方位,使十字丝线之一与条纹平行. 调节读数鼓轮进行测量读数,得到条纹偏移量 $S_{移}$. 详细调整方法参看仪器说明书.

【实验内容】

采用真空热蒸发法制备金属铝膜及一氧化硅保护膜. 设备参见图 2.2.3.

（1）熟悉仪器. 观察并熟悉电气控制单元中各旋（按）钮开关的作用,水冷系统所冷却的对象,真空系统上各真空阀门的作用等.

（2）清洗及安装基片. 基片采用玻璃载玻片. 所用耗材包括高级脱脂棉、一次性塑料手套、无水乙醇与无水乙醚的混合液、剪刀及双面胶带. 将清洗好的基片用双面胶带固定在镀膜工装盘上.

（3）制备金属铝膜的操作过程. 接通总电源,开启充气阀 4 对蒸发室充气后,提升钟罩,用无水乙醇擦拭内壁及观察窗,密封部位均匀地涂上少许真空硅脂.

将已清洗好且固定在镀膜工装盘上的基片放到蒸发室相应位置,将蒸发材料（铝片及一氧化硅）分别放到螺旋状钨、钼舟加热器里;挡板转至蒸发源上方,降下钟罩,关闭气阀 4.

开启机械泵对前级管道抽气,开低真空阀 5 对蒸发室抽气,数分钟后开预真空阀 3,对扩散泵抽气.

接通 ZDR-2A 宽量程（或 FZH-2B 型复合真空计）真空计电源,约 5 min 后当达到 7 Pa 时,接通轰击电路,调节轰击电流到 160 mA,轰击 5 min.

当真空计指示小于 5 Pa 时,通冷却水（流速 200 L·h^{-1}）,接通扩散泵加热电源,30 min 后关闭低真空阀 5,打开高真空阀 8,此时扩散泵串接机械泵对蒸发室抽真空.

当蒸发室真空度达 7.0×10^{-3} Pa 以后,关闭真空计. 调节被镀工件转动旋钮使转速为 30 r/min 前后. 接通蒸发电源,并将蒸发电流调至 20 A 左右,观察铝片逐渐熔化并绕加热器钨丝转动形成液态小球,待浮在表面的杂质蒸发完毕（2～3 s）,移开挡板开始镀膜. 全反射膜蒸镀 60 s,半反射膜蒸镀 5～20 s 不等. 必要时加镀一层一氧化硅保护膜,蒸发电流 90 A,时间 10 s.

工件在高真空状态保持 10 min,关闭高真空阀 8,关断扩散泵电源,取下加热电炉,接通电风扇吹扩散泵底部,

开启充气阀使蒸发室与大气压平衡时,提升钟罩,取出工件,降下钟罩.

30 min 后待扩散泵底部不烫手时,关冷却水,关风扇,关阀 3,开阀 5 对蒸发室抽 10 min,关阀 5,关机械泵及总电源.

（4）在 6JA 型干涉显微镜上对所制备的铝膜进行膜厚测量.

注意事项:

（1）当蒸发室处于真空状态时,切不可提升钟罩,否则损坏提升机构.

（2）实验中途若遇突然停电,应立即关断真空计电源→关闭高真空阀 8 和低真空阀 3→确认低真空阀 5 关闭→关扩散泵、机械泵电源→关总电源→冷却水继续,直到扩散泵底部不烫手→关冷却水龙头.

（3）实验中途若遇突然停水,应立即关断真空计电源→关闭高真空阀 8→关扩散泵电源并取下电炉,接通风扇对扩散泵进行散热直到扩散泵不烫手→关冷却水龙头→关闭预真空

阀 3→确认低真空阀 5 关闭→关机械泵电源→关总电源.

【思考题】

（1）根据分子运动平均自由程的要求，镀膜时的真空度至少是多少才合适？

（2）离子轰击的原理和作用是什么？进行离子轰击时真空度有什么变化？

（3）真空镀膜完毕，欲取出工件并依次关机，须进行哪些操作？

（4）真空系统内部平时应处于什么状态？为什么？

（5）干涉显微镜的干涉条纹是如何产生的？

（6）在薄膜与基片的交界处，为什么观察到干涉条纹会发生弯曲？

参 考 文 献

戴荣道. 1986. 真空技术. 北京:电子工业出版社

金源. 滕原英弗. 1988. 薄膜. 王力衡,郑海涛译. 北京:电子工业出版社

罗思. 真空技术. 1979. 北京:机械工业出版社

杨邦朝,王文生. 1994. 薄膜物理与技术. 成都:电子科技大学出版社

郑伟涛. 2007. 薄膜材料与薄膜技术. 2 版. 北京:化学工业出版社

【附录】

真空镀膜技术基础知识

经常使用的真空镀膜技术主要有蒸发镀膜（包括电阻丝蒸发、电弧蒸发、电子枪蒸发、脉冲激光蒸发等）、溅射镀膜（包括直流磁控溅射、永磁磁控溅射、中频磁控溅射、射频溅射等），这些方法统称为物理气相沉积（physical vapor deposition），简称为 PVD. 与之对应的化学气相沉积（chemical vapor deposition）简称为 CVD 技术. 行业内通常所说的 IP（Ion Plating）离子镀膜，是因为 PVD 技术中有各种气体离子和金属离子参与成膜过程，为了强调离子的作用，而称为离子镀膜.

真空蒸发镀膜是在压强低于 10^{-2} Pa 的环境中，用电阻加热、电子束轰击加热或激光照射加热等方法把要蒸发的材料加热到一定温度，材料表层分子或原子因热振动能量超过表面束缚能而大量蒸发或升华，并直接沉淀在基片上形成薄膜. 离子溅射镀膜是利用气体放电产生的正离子在电场的作用下高速轰击作为阴极的靶面，使靶材中的原子或分子逸出来沉淀到被镀工件表面，形成薄膜，主要用于获得 Cd、Pb、Ag、Al、Cu、Cr、Ni 等熔点较低且价格不太贵重材料的薄膜.

真空蒸发镀膜最常用的是电阻加热法，其优点是加热源的结构简单，造价低廉，操作方便，缺点是不适用于难熔金属和耐高温介质材料. 电子束加热和激光加热则能克服电阻加热的缺点.

电子束加热利用聚焦电子束轰击被镀材料，电子的动能转变为热能，使材料蒸发. 激光加热是利用大功率的激光作为加热源. 大功率激光器的造价很高，一般是脉冲式的. 电子束和激光加热蒸发镀膜主要用于蒸发 W、Mo 等高熔点材料.

溅射技术与真空蒸发技术有所不同. 溅射是指（受激）粒子轰击固体表面（靶），使固体原子或分子从表面射出的现象. 射出的粒子大多呈原子状态，称为溅射原子. 用于轰击靶

的溅射粒子可以是电子、离子或中性粒子,因为离子在电场下易于加速,因此大都采用离子作为轰击粒子. 主要用于蒸发 Au、Pt 等贵重材料. 溅射过程建立在辉光放电的基础上,即溅射离子都来源于气体放电. 不同的溅射技术所采用的辉光放电方式有所不同. 直流二极溅射利用直流辉光放电;三极溅射利用热阴极支持的辉光放电;射频溅射利用射频辉光放电;磁控溅射利用环状磁场控制下的辉光放电.

溅射镀膜与真空蒸发镀膜相比,有许多优点. 任何固态物质均可以溅射,尤其是高熔点、低蒸气压的元素和化合物,更适合用溅射镀膜方法;溅射膜与基板之间的附着性好;薄膜密度高;膜厚可控制且重复性好. 缺点是设备比较复杂,需要高压装置. 此外,将蒸发法与溅射法相结合,即为离子镀. 这种方法的优点是得到的膜与基板间有极强的附着力,有较高的沉积速率,膜的密度高.

2.3 纳米微粒的制备

纳米技术是 20 世纪 80 年代末期诞生并正在迅速发展的新科技. 它是研究由尺寸在 $0.1\sim100$ nm 的物质组成体系的运动规律和相互作用以及实际应用中可能的技术问题的科学技术,它是高度交叉的综合性学科,也是一个融前沿科学和高技术于一体的完整体系.

纳米技术的灵感,来自于美国物理学家理查德·费曼(Richard Feynman)1959 年所作的一次题为《在底部还有很大空间》的演讲. 这位当时在加利福尼亚理工大学任教的教授向同事们提出了一个新的想法. 从石器时代开始,人类从磨尖箭头到光刻芯片的所有技术,都与一次性地削去或者融合数以亿计的原子以便把物质做成有用的形态有关. 费曼质问道,为什么我们不可以从另外一个角度出发,从单个的分子甚至原子开始进行组装,以达到我们的要求? 他说:"至少依我看来,物理学的规律不排除一个原子一个原子地制造物品的可能性. "

理查德· 费曼预言,人类可以用小的机器制作更小的机器,最后将变成根据人类意愿,逐个地排列原子,制造产品,这是关于纳米技术最早的梦想.

【实验目的】

(1) 巩固已掌握的真空技术实验知识;

(2) 掌握蒸气冷凝法制备金属(铜)纳米微粒的实验方法;

(3) 探索微粒尺寸与惰性气体压强之间的关系.

【实验原理】

在整个纳米科技的发展过程中,纳米微粒的制备和微粒性质的研究是最早开展的.

纳米微粒的制备方法多种多样. 气相法是一种常用的纳米微粒制备方法,本实验就是采用蒸气冷凝法来制备纳米微粒.

用宏观材料制备微粒,通常有两条路径:一种是由大变小,即所谓粉碎法;一种由小变大,即由原子气通过冷凝、成核、生长过程形成原子簇进而长大为微粒,此法称为聚集法. 由于各种化学反应过程的介入,制备方法越来越多样化.

本实验仪采用电阻加热、气体冷凝的方法制备纳米微粒,它属聚集法的一种.

图 2.3.1 示意了蒸气冷凝法制备纳米微粒的过程. 首先利用抽气泵(真空泵)对系统抽真

空,并利用惰性气体对空气进行置换. 惰性气体为高纯 Ar、He 等,有些情形也可以考虑用 N₂ 气. 经过几次置换后,将真空反应室内保护气体的气压调节控制至所需的参数范围,通常为 0.1～10 kPa 范围,与所需粒子的粒径有关. 当原材料被加热至蒸发温度时变成气相. 气相的原材料原子与惰性气体的原子(或分子)碰撞,迅速降低能量而骤然冷却. 骤冷使得原材料蒸气形成很高的局域过饱和,有利于成核. 成核与生长过程都是在极短的时间内发生的,首先形成原子团簇,然后继续生长成纳米微晶,最终在收集器上收集到纳米粒子.

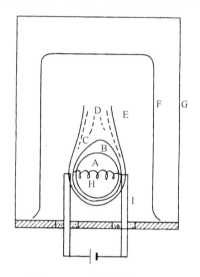

图 2.3.1 蒸气冷凝法原理

A. 原材料的蒸汽;B. 初始成核;C. 形成纳米微晶;D. 长大了的纳米微粒;E. 惰性气
体,气压约为 kPa 数量级;F. 纳米微粒收集器;G. 真空罩;H. 加热钨丝;I. 电极

【实验装置】

纳米微粒制备实验仪外观如图 2.3.2 所示.

实验装置的内部结构如图 2.3.3 所示,玻璃真空罩 G 置于仪器顶部真空橡皮圈的上方. 平时真空罩内保持一定程度的低气压,以维护系统的清洁. 当需要制备微粒时,打开阀门 V₂ 让空气进入真空室,使得真空室内外气压平衡,即可掀开真空罩. 真空罩下方真空室底盘 P 的上部倒置了一只玻璃烧杯 F,用作纳米微粒的收集器. 两个铜电极 I 之间可以接上随机附带的螺旋状钨丝 H. 铜电极接至蒸发速率控制单元,若在真空状态下或低气压惰性气体状态下启动该单元,钨丝上即通过电流并可获得 1000 ℃ 以上的高温. 真空底盘 P 开有四个孔,孔的下方分别接有气体压力传感器 E,以及连接阀门 V₁、V₂ 和电磁阀 Vₑ 的管道. 气体压力传感器 E 连接至真空度测量单元,并在数字显示表 M₁ 上直接显示实验过程中真空室内的气体压力. 阀门 V₁ 通过一管道与仪器后侧惰性气体接口连接,实验时可利用 V₁ 调整气体压力,也可借助 Vₑ 调整压力. 阀门 V₂ 的另一端直通大气,主要为打开钟罩而设立. 电磁阀 Vₑ 的另一端接至抽气单元并由该单元实行抽气的自动控制,以保证抽气的顺利进行并排除真空泵油倒灌进入真空室. 蒸发控制单元的加热功率控制旋钮置于仪器面板上. 调节加热器时数字显示表 M₂ 直接显示加热功率.

图 2.3.2　HT-218 型纳米微粒制备实验仪外形图

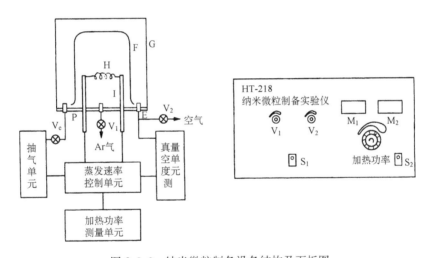

图 2.3.3　纳米微粒制备设备结构及面板图

E. 气体压力传感器；F. 微粒收集器；G. 真空罩；H. 钨丝；I. 铜电极；P. 真空室底盘；V_1. 惰性气体阀门；V_2. 空气阀门；V_e. 电磁阀；S_1. 电源总开关；S_2. 抽气单元开关；M_1. 气体压力表；M_2. 加热功率表

【实验内容】

1. 准备工作

（1）检查仪器系统的电源接线、惰性气体连接管道是否正常. 惰性气体最好用高纯 Ar 气，也可考虑使用化学性质不活泼的高纯 N_2 气.

（2）利用脱脂白绸布、分析纯乙醇、仔细擦净真空罩以及罩内的底盘、电极和烧杯.

（3）将螺旋状钨丝接至铜电极.

（4）从样品盒中取出铜片（用于纳米铜粉制备），在钨丝的每一圈上挂一片，罩上烧杯.

（5）罩上真空罩，关闭阀门 V_1、V_2，将加热功率旋钮沿逆时针方向旋至最小，合上电源总开关 S_1. 此时真空度显示器显示出与大气压相当的数值，而加热功率显示值为零. 由于 HT-218 预置了不当操作报警，如果加热功率旋钮未调节至最小，蜂鸣器将持续发出信号直至纠正为止.

（6）合上开关 S_2，此时抽气单元开始工作，电磁闭 V_e 自动接通，真空室内压力下降. 下降至一定值时关闭 S_2，观察真空度是否基本稳定在该值附近，如果真空度持续变差，表明存在漏气因素，检查 V_1、V_2 是否关闭. 正常情况下不应漏气.

（7）打开阀门 V_1，此时惰性气进入真空室，气压随之变大.

（8）熟练操作上述抽气与供气的操作过程，直至可以按实验的要求调节气体压力.

（9）准备好备用的干净毛刷和收集纳米微粉的容器.

2. 制备铜纳米微粒

（1）关闭 V_1、V_2 阀门，对真空室抽气至 0.05 kPa 附近.

（2）利用氩气（或氮气）冲洗真空室. 打开阀门 V_1 使氩气（或氮气）进入真空室，边抽气边进气（氩气或氮气）约 5 min.

（3）关闭阀门 V_1，观察真空度至 0.13 kPa 附近时关闭 S_2，停止抽气. 此时真空度应基本稳定在 0.13 kPa 附近.

（4）沿顺时针方向缓慢旋转加热功率旋钮，观察加热功率显示器，同时关注钨丝. 随着加热功率的逐渐增大，钨丝逐渐发红进而变亮. 当温度达到铜片（或其他材料）的熔点时铜片熔化，并由于表面张力的原因，浸润至钨丝上.

（5）继续加大加热功率时可以见到用作收集器的烧杯表面变黑，表明蒸发已经开始. 随着蒸发过程的进展，钨丝表面的铜液越来越少，最终全部蒸发掉，此时应立即将加热功率调至最小.

（6）打开阀门 V_2 使空气进入真空室，当压力与大气压最近时，小心移开真空罩，取下作为收集罩的烧杯. 用刷子轻轻地将一层黑色粉末刷至烧杯底部再倒入备好的容器，贴上标签. 收集到的细粉即是纳米铜粉微粒.

（7）在 2×0.13 kPa，5×0.13 kPa，10×0.13 kPa 及 30×0.13 kPa 处重复上述实验步骤制备，并记录每次蒸发时的加热功率，观察每次制备时蒸发情况有何差异.

3. 实验过程中一些现象及方法探究

若需制备其他的金属纳米微粒，可参照铜微粒的制备，但熔点太高的金属难以蒸发，而铁镍与钨丝在高温下易发生合金化反应，所以，只宜"闪蒸"即快速完成蒸发. 也可利用低气压空气中的氧或低气压氧，使钨丝表面在高温下局部氧化并升华制得氧化钨微晶.

操作该装置时应注意：①实验中，加热时间不可过长，否则铜的颗粒可能过大而产生金属光泽；②使用阀门 V_1、V_2 力量要适中，只要保证阀门能正常开关即可，不可用力过猛；③蒸发材料时，钨丝将发出强烈耀眼的光，为安全起见，尽量佩戴防护眼镜；④制成的纳米微粉极易弥散到空气中，收集时要尽量保持动作的轻、慢.

表 2.3.1   实验现象

实验次数	原材料	气体压强/kPa	微粒颜色	微粒大小	可能的原因
1	铜	0.13	黑色	小	较高压强下,原子团和微晶相互碰撞,从而凝聚的微粒较大
2	铜	10×0.13	黑红色	中	较低压强下,成核生长值发生在离核较近的距离,生成短程有序的微晶
3	铜	30×0.13	紫红色(铜金属光泽)	大	在太高的气压下,铜可能颗粒太大,呈现金属光泽

4. 微粒粒径的一些检测方法

（1）利用 X 射线衍射仪进行物相分析,确定晶格常数并与大晶粒的同种材料进行对比.

（2）比较纳米粉与大晶粒同种材料的衍射线半高峰宽,判断不同气压下制备的材料的晶粒平均尺寸. 给出气压与晶粒尺寸之间的关系.

（3）有条件的可进行 TEM 观察,选取有代表性的电镜照片作出微粒尺寸与颗粒数分布图.

（4）也可用超声波清洗机进行乳化,进行观察和比较.

【思考题】

（1）在蒸气冷凝法制备纳米微粒的过程,充入氩或氮气的作用是什么?

（2）总结操作该装置时需要注意的一些问题.

（3）实验中,在不同气压下蒸发时,加热功率与气压之间呈什么关系?

（4）在高气压下蒸发时,观察到颗粒"黑烟"的形成过程,为什么?

参 考 文 献

邓昭镜. 1993. 超微粒与分形. 重庆:西南师范大学出版社

沙振舜,黄润生. 2002. 新编近代物理实验. 南京:南京大学出版社

王顺金. 2005. 物理学前沿问题. 成都:四川大学出版社

张立德,牟季美. 2001. 纳米材料和结构. 北京:科学出版社

【附录】

纳米技术相关知识

1. 纳米材料

当物质的尺度小到 1～100 nm 范围时,物质的某些性质会发生突变. 这种既不同于原来原子、分子的性能,也不同于宏观物质的特性所构成的材料,即为纳米材料. 如果仅仅是尺度达到纳米,而没有特殊性能的材料,也不能叫纳米材料. 过去,人们只注意原子、分子或者宇宙空间,常常忽略这个中间领域,而这个领域实际上大量存在于自然界,只是以前没有认识到这个尺度范围的性能. 第一个真正认识到它的性能并引用纳米概念的是日本科学

家,他们在 20 世纪 70 年代用蒸发法制备超微离子,并通过研究它的性能发现:一个导电、导热的铜、银导体做成纳米尺度以后,它就失去原来的性质,表现出既不导电、也不导热. 磁性材料也是如此,像铁钴合金,把它做成 20～30 nm 大小,磁畴就变成单磁畴,它的磁性要比原来高 1000 倍. 80 年代中期,人们就正式把这类材料命名为纳米材料.

2. 纳米动力学

纳米动力学主要是微机械和微电机,或总称为微型电动机械系统,用于有传动机械的微型传感器和执行器、光纤通信系统,特种电子设备、医疗和诊断仪器等. 用的是一种类似于集成电器设计和制造的新工艺. 特点是部件很小,刻蚀的深度往往要求数十至数百微米,而宽度误差很小. 这种工艺还可用于制作三相电动机,用于超快速离心机或陀螺仪等. 在研究方面还要相应地检测准原子尺度的微变形和微摩擦等. 虽然它们目前尚未真正进入纳米尺度,但有很大的潜在科学价值和经济价值.

3. 纳米生物学和纳米药物学

如在云母表面用纳米微粒度的胶体金固定 DNA 的粒子,在二氧化硅表面的叉指形电极做生物分子间相互作用的试验,磷脂和脂肪酸双层平面生物膜,DNA 的精细结构等. 有了纳米技术,还可用自组装方法在细胞内放入零件或组件使构成新的材料. 新的药物,即使是微米粒子的细粉,也大约有半数不溶于水,但如粒子为纳米尺度(即超微粒子),则可溶于水.

4. 纳米电子学

纳米电子学包括基于量子效应的纳米电子器件、纳米结构的光/电性质、纳米电子材料的表征,以及原子操纵和原子组装等. 当前电子技术的趋势要求器件和系统更小、更快、更冷. 更小,是指响应速度要快;更冷是指单个器件的功耗要小. 但是更小并非没有限度. 纳米技术是建设者的最后疆界,它的影响将是巨大的.

专题实验 3　晶体衍射分析

3.1　X 射线衍射的固体结构仿真

X 射线衍射、电子衍射和中子衍射是三种常见的衍射分析技术. 因为涉及辐射及其防护, 获得三种射线都需要比较特殊的技术装置, 特别是中子源装置, 在通常实验室条件下是无法满足的. 随着计算机科学技术的迅猛发展以及高性能计算机应用软件的研究与开发, 计算机仿真技术和计算机物理学已经成为实验物理和理论物理的"实验室". 计算物理学和计算机仿真技术已经成为研究复杂体系物理规律、物理性质的重要手段. 本实验利用计算机仿真技术对选定结晶态物质进行三种射线的衍射测量和数据分析处理, 确定被测物质的晶体结构参数, 可以在不接触实际设备的条件下, 训练有关衍射技术的基本技能.

实验所用的软件 Materials Studio(MS)运行于 PC 机上, 是美国 Accelrys 软件公司专门面向材料科学领域开发的新一代材料计算软件, 可以帮助研究人员解决当今化学、材料工业中的一系列重要问题, 如催化剂、聚合物、固体化学、结晶学、晶粉衍射以及材料特性等材料科学研究领域的主要课题. 它采用了微软标准用户界面, 允许用户通过各种控制面板直接对计算参数和计算结构进行设置和分析. 使化学及材料科学的研究者们能更方便地建立三维分子模型, 深入地分析有机、无机晶体, 无定形材料以及聚合物.

【实验目的】

(1) 学习和掌握晶体粉末的射线衍射基本原理;

(2) 熟悉 Materials Studio 软件中射线衍射部分内容及其基本操作的方法;

(3) 重建铜和硅晶体单胞, 计算铜和硅的三种衍射谱, 并分析它们的晶体结构.

【实验内容】

MS 软件中模拟和分析 X 射线、电子和中子衍射图已经加进 Reflex 模块中的粉末衍射工具中. Reflex 支持结构改变中的实时模拟, 因此可以监控结构改变在粉末衍射中的影响, 并且可以用来比较模拟和实验值. 这部分主要包括以下几个主要内容:输入晶体结构, 调出粉末衍射工具, 使用不同的射线, 比较两种相似的结构, 处理图表, 比较实验值与模拟值, 输出表格数据文件, 监控衍射图的变化.

(1) 运行微结构仿真(MS)程序;

(2) 建立新的实验文档(File\New Projects);

(3) 选择拟做仿真衍射测量分析的物质, 显示物质的晶胞图(Ball and Stick 方式);

(4) 建立一个带有 3D 图标的文件名, 如 Cu・xsd;

(5) 选择"Powder Diffraction"然后分别选不同的(Radiation), 测定三种衍射谱;

(6) 进行衍射峰数据计算, 确定 2θ、d 值、I/I_0、FWHM 等峰数据;

(7) 确定被测量物质的晶体结构, 包括晶系类型、点阵参数、空间群等数据.

实验要求及操作步骤如下：

完成实验内容规定的操作过程；把测定铜（Cu）和硅（Si）的三种衍射谱以及它们的晶体结构数据存入计算机；记录或打印衍射图谱和晶体结构分析处理结果.

（1）启动"File\New Projects"打开一个对话框，键入一个文件名，如"Cu-Si-X·stp"，即建立一个新文件存查仿真实验分析的数据.

（2）鼠标点击新文件图标，按下右键选"Import"，打开"Import Document"窗口，依次选Structure/metals（或其他物质）/pure metals（或其他相应材料）/Cu·msi（或其他物质文件的图标），显示所需要测量的物质单胞图，可以选用"Ball and Stick"显示方式.

（3）选"Powder Diffraction"按钮，打开衍射仿真实验对话框.

（4）选有关仿真测量的实验条件，如测角仪扫描的衍射角（2θ）范围及采样间距"Min；Max；Step size"，选择测角仪机械与光路设置类型，一般选用"Bragg-Brentano"对称配置方式.

（5）鼠标点击"Radiation"，在下拉菜单中列出三种辐射源"X-ray"、"Neutron"、"Electron"，分别选取一种作为射线源.

（6）鼠标点击"Calculate"，进行仿真衍射测量，经过计算机计算处理得到并显示被测物质的衍射图谱.

（7）对所测得的衍射图进行指标化计算. 鼠标点击显示屏上方的"衍射图标"，选"Powder Indexing"，打开一个相应对话框.

（8）鼠标点击"Peak"，显示有关寻峰（Search）处理的条件，如最多峰数"Max number of peaks"、最低幅度"Low amplitude cutoff"、寻峰方式"Peak detection methods"等. 选定合适条件，再点击"Search"进行衍射峰数据计算.

（9）对于被测物质进行晶体结构（指标化）计算. 鼠标点击"Set up"，选择解谱分析软件，如选"DICVOL91"，再点击"Index"，开始执行晶体结构计算过程.

（10）指标化计算结果显示晶体结构参数，如晶系类型"System，Ex. Hexagonal"、晶格结构参数"$a,b,c,\alpha,\beta,\gamma$"、单胞体积"Volume"、空间群符号"Space group"等数据.

（11）记录或打印输出实验分析数据.

【思考题】

（1）晶体结构的衍射测量有哪些辐射源？它们的波长范围是什么？

（2）对三大射线衍射测量进行比较分析，它们各有什么特点或优缺点？

参 考 文 献

何元金，马兴坤. 2003. 近代物理实验. 北京：清华大学出版社

马文淦，张子平. 1992. 计算物理学. 合肥：中国科学技术大学出版社

张建中，杨传铮. 1992. 晶体的射线衍射基础. 南京：南京大学出版社

3.2　粉末法测定多晶体的晶格常数

金属材料一般由混乱取向的大量小晶粒组成，形成多晶，每个小晶粒内部的点阵排列方

式完全相同. 用单一波长的 X 射线(单色光)照射多晶样品时,如果 X 射线是平行线束,对于某一指数的晶面族,只有掠射角 θ 满足布拉格方程时,才可能产生衍射. 不同晶面族产生衍射的方向与入射线的方向有不同的夹角. 根据这些衍射线的不同方向就可以确定晶体的晶格结构,这是多晶体结构分析最常用的方法,称为德拜法. 这种方法比较方便,因为任何物质都可磨成细的粉末做成多晶试样,或者利用原样的多晶性质. 铜丝、铅丝等都可以直接拿来进行晶体结构分析.

【实验目的】

(1) 了解 X 射线性质及 X 射线晶体衍射的机理,掌握拍摄粉末相技术;

(2) 学会指数化立方晶体粉末衍射花样的方法(密勒指数);

(3) 用外推法确定立方晶体的精确点阵常数.

【实验原理】

在德拜法(P. Debye)中,用作试样的粉末晶粒很细(粒度通常为 $0.1 \sim 10~\mu\mathrm{m}$),而且这些数目极多的晶粒在试样中完全无规律排列,晶粒中相同指数晶面的取向在空间中随机分布. 因此,当一束波长为 λ 的单色 X 射线照射在多晶样品上时,总有这样一些晶粒,它们的某一晶面族 $(h\,k\,l)$ 与入射线形成的夹角 θ(称为掠射角)满足布拉格方程

$$2d_{(h\,k\,l)}\sin\theta = n\lambda, \quad n = 1,2,3,\cdots \tag{3.2.1}$$

于是 X 射线就从这个晶面上发生发射,反射线与入射线的夹角为 2θ,如图 3.2.1 所示.

显然,掠射角为 θ 的所有晶面都发生反射,这些反射线是在以入射线的延长线为轴的锥面上,圆锥面的半圆锥角为 2θ. 若其他晶面 $(h'\,k'\,l')$ 的掠射角也适合布拉格公式 $\sin\theta' = \dfrac{n'\lambda}{2d_{h'k'l'}}$,则同样发生反射,其反射线形成了另一个圆锥面. 由此可见,对不同的晶面族,

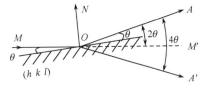

图 3.2.1　衍射圆锥形成示意图

其晶面间距 d 不同,要求的 θ 当然也有差异,因而对不同的晶面族有不同张角的衍射圆锥. 当单色 X 射线射入晶体,试样上所产生的衍射线是在一组同轴圆锥面上,每一圆锥相当于某 $(h\,k\,l)$ 平面的一级反射. 沿这些圆锥面出射的反射线与垂直于入射 X 射线的平板底片相遇时,将使底片感光,形成一系列同心圆,如图 3.2.2(a) 所示;这些圆锥与围绕样品的带状照相底片圆筒相交,则形成一系列弧段,如图 3.2.2(b) 所示,这就是 X 射线的粉末衍射照片(称为德拜环).

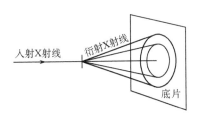

(a) 平板底片

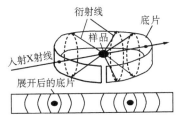

(b) 粉末法衍射花样的形成

图 3.2.2　粉末衍射花样的形成示意图

【实验装置】

粉末法使用的相机通常是圆柱形的,如图 3.2.3(a)所示,样品放置在圆柱形粉末相机(又称德拜相机)的轴线上,而且照相底片端点位于衍射线入射口与出射口的中间(称为不对称法). 底片必须紧贴圆形德拜相机盒的内壁,由夹片机构张紧. 入射 X 射线由左方经入射口的前光阑照射试样,通过出射口的后光阑(其中有一层黑纸、荧光物质及铅玻璃)后被部分吸收. 当相机盒盖紧后,可以完全避免可见光进入造成底片感光.

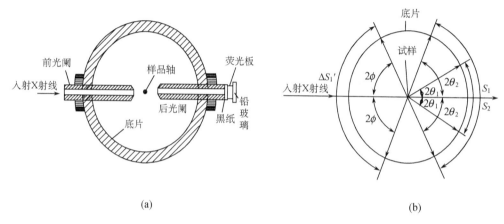

(a)　　　　　　　　　　　　　　　　(b)

图 3.2.3　粉末照相机构造示意图(a)及衍射圆锥的高、低角区示意图(b)

由图 3.2.2(b)所示的衍射花样中,一对弧线(也称为德拜线)是一个圆锥面与圆柱面的相交线. 从图 3.2.3(b)可见,每对弧线间的距离 S 可以决定圆锥面的圆锥角 4θ. 这里的 θ 角就是满足布拉格定律的掠射角. 在透射区域($2\theta < 90°$),$S = R \cdot 4\theta(\pi/180)$,因此 $\theta = \dfrac{\Delta S}{4R} \cdot \dfrac{180}{\pi}$,$R$ 为相机盒半径;在背射区域($2\theta > 90°$),$S' = R \cdot 4\phi(\pi/180)$,$4\theta = 360 - 4\phi$,所以 $\theta = 90 - \dfrac{S'}{4R} \cdot \dfrac{180}{\pi}$. 常用粉末相机的直径(指内径)为 57.3 mm(或 114.6 mm),其优点使底片中心线上每 mm 的距离相当于 2°(或 1°)的圆心角. 即 1 mm 相当 2°的圆心角,因此在 $D = 57.3$ mm 的照相机拍摄的衍射花样上 S 弧长的圆心角在透射区域 $4\theta = 2° \times \Delta S$,背射区域 $4\theta = 360 - 2 \times \Delta S'$. 根据量得的掠射角 θ 和已知的入射 X 射线的波长 λ,便可以算出衍射晶面簇的面间距离为 $\dfrac{d_{hkl}}{n} = \dfrac{\lambda}{2\sin\theta}$. 对立方晶体,其面间距为 $d_{hkl} = \dfrac{a}{\sqrt{h^2 + k^2 + l^2}}$,由这关系式可以定出相应衍射面的指数,从而推算出立方晶体的点阵常数.

【实验内容】

1. 粉末衍射花样的获得

1）准备试样

粉末试样的微粒直径一般为 0.1～10 μm. 要想衍射线照片的线条宽度很细以提高测量精度,应尽可能采用直径较大的微粒试样. 但直径过大,粉末颗粒减少,会使指数(hkl)相同的晶面总数减少,造成衍射环不致密,甚至不连续. 故粉末直径应合适. 一般分析中,试样粉末直径在 4~5 μm 为宜. 准备粉末试样,当要求不太高时,可直接用黏结剂将被观察的粉末(实验室已备好粉末)粘在直径为 0.2~0.3 mm 的玻璃丝上,并做成圆柱状. 黏结剂可为胶水、丙酮胶等. 也可以拔丝或车制试样,拔丝试样的缺点是具有择优取向. 样品做好后装入照相机中待拍照.

2)调整光路

光路调整分两步. 第一步在可见光下调整. 相机装上样品后取下后光阑,插上专用的放大镜,通过放大镜来看样品偏离相机轴线的程度. 先转动样品轴,如样品转轴与相机轴线不重合,调节定心螺钉,逐次减小摆动幅度,一直调到转动样品时,视场中样品处在中心线上不移动为止. 第二步在 X 线照射下调整. 通过滑轨将前光阑入口对准 X 线管的窗口,取下专用放大镜换上带荧光屏铅玻璃的后光阑,调节滑轨上的底端螺钉改变光阑轴线与管子轴线的倾角,使入射线通过前光阑到达后光阑的荧光屏. 当荧光屏的亮点达到最亮且居中,说明光路调整好了. 然后关闭 X 射线窗,取下相机,装好底片,再将该相机原位装上,准备拍照.

3)选择拍摄条件

使用 X 射线晶体分析仪时按注意事项,开高压前先开低压. 待高压表、电流表显示起始高压、电流稳定后,再调整 X 射线管的电压、电流. Cu 靶射线管 K 系标识谱线适宜的工作电压为 35~38 kV,电流为 15 mA 左右,但注意不要超过管子的额定功率. 为了得到单色的标识 X 射线,应在 X 射线管窗口上加滤波片,若用 Cu-K$_\alpha$ 辐射时,采用镍作滤波片.

选好拍摄条件后就可以拍照. 如果接上带动样品转动的小马达,对于 $D=57.3$ mm 的粉末照相机曝光时间约为 1 h;若未加滤波片,曝光时间约 40 min.

2. 测量衍射花样

1)线条编号

首先用描图透明纸描出照片上的衍射花样(如图 3.2.4 所示,将衍射全部有用线条从最低角开始按顺序编号,为了确定 X 射线的入口(高角区)和出口(低角区),应在装片时在底片低角端切角作记号,注意编号时线条对不能有遗漏. 在胶片上编号要轻轻刻划,以免损坏片基.

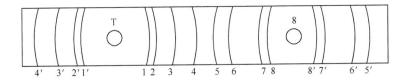

图 3.2.4 透明纸描出照片上的衍射花样

2)弧对间距的测量

测量弧对几何中心之间的距离 $2l$. 可用三棱尺或钢皮尺进行测量. 若希望测量精确些,可用比长仪,它是附有放大镜和游标尺的距离量度仪器,精确度可以达到 1/1000 mm. 将底片放在 X 射线观察灯的箱玻璃上,用三棱尺刻划中心线,该线和衍射弧的相交处打上针孔,便于进行测量. 如图 3.2.5 所示,在底片上直接测量弧对的间距 $2l$ 和底片的有效周

长 $S = L_1 + L_2$. 低角区弧对间距为 $2l_i$；高角区弧对间距为 $S - 2l_i$.

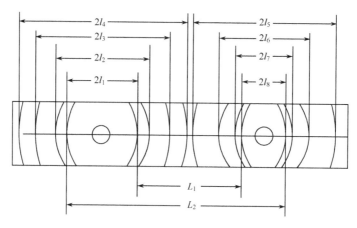

图 3.2.5　粉末晶体衍射测量示意图

3）计算布拉格角 θ

由图 3.2.3 可知：$2l = \dfrac{\pi D}{90}\theta = \dfrac{2\pi R}{90}\theta$，由此可以算 θ 值. 相机半径的准确度对 θ 的影响很大，用 S 代替底片的有效周长，上面改写为 $2l = \dfrac{S}{90}\theta$. 因此

$$\theta = \frac{90}{S} \times 2l \tag{3.2.2}$$

同理，高角区

$$\theta = 90 - \frac{90}{S} \times 2l' \tag{3.2.3}$$

式中 l、l' 分别为实测的低角区和高角区的弧对间距.

设 $f = 90/S$，则 $\theta_i = f \cdot 2l_i$（低角区）或 $\theta_i = 90 - f \cdot 2l_i'$（高角区）. 式中 f 的物理意义为在胶片 $2l$ 长上每毫米所相当的读数，在计算时可首先将公式因子计算出来，然后用 f 乘各线对的 $2l_i$ 值便得出每对衍射线的 θ_i 值.

若要求不太精确时，可直接用相机的周长代替底片的有效周长（不考虑底片的收缩伸长等效应），$2l_i = 4\theta_i R$，式中 i 表示弧对编号数，则

$$\theta_i = \frac{2l_i}{4R} \times 57.3(°)$$

照相机的直径设计为 57.3 mm 则上式可直接写成

$$\theta_i = l_i(°) \tag{3.2.4}$$

注意 l_i 必须用 mm 作为单位.

4）计算反射面间距 d'

根据布拉格定律求每条衍射线条相应反射晶面簇的面距离. 布拉格定律 $2d\sin\theta = n\lambda$ 可写成简化形式 $2d'\sin\theta = \lambda$，其中 $d' = d/n$，λ 为入射 X 射线的波长. 若用钴靶 X 射线管，其 $\lambda_{K\alpha} = 0.1790$ nm. 因此由布拉格角 θ 可求得 d'.

5) 确定晶面指数

确定晶体面指数 (hkl) 的方法通常有两种.

(1) 连比法

在正交晶系中布拉格公式可写成

$$\sin^2\theta_{hkl} = \frac{\lambda^2}{4a^2}(h^2 + k^2 + l^2) \qquad (3.2.5)$$

此式为布拉格方程的平方表达式,式中 $h = nh^*$,$k = nk^*$,$l = nl^*$,n 是干涉级次,h、k、l 是密勒指数,因此 $\sin^2\theta_{hkl} \propto (h^2 + k^2 + l^2)$. 于是,可得到

$$\sin^2\theta_1 : \sin^2\theta_2 : \sin^2\theta_3 : \cdots = (h_1^2 + k_1^2 + l_1^2) : (h_2^2 + k_2^2 + l_2^2) : (h_3^2 + k_3^2 + l_3^2) : \cdots \qquad (3.2.6)$$

h、k、l 是简单整数,其平方和也为整数,故式 (3.2.6) 应为简单的整数比. 令整数为 m,因此 $\dfrac{\sin^2\theta_1}{\sin^2\theta_2} = \dfrac{m_1}{m_2}$,根据这个关系式,通过衍射花样中每一条线的 $\sin\theta$ 值,就可以将每一条线指数化. 在寻找这一整数时,须注意不应该出现不可能的线条,如 $m = 7, 15, 23$ 等. 因这些 m 值对应的 hkl 不可能全为整数.

从以上所得各个衍射线条指数来看:

若 $\sin^2\theta_i$ 的比符合 $1:2:3:4:5:6:8:9:\cdots$,为简单立方体结构;

若 $\sin^2\theta_i$ 的比符合 $2:4:6:8:10:12:14:16:\cdots$,为体心立方体结构;

若 $\sin^2\theta_i$ 的比符合 $3:4:8:11:12:16:19:20:\cdots$,为面心立方体结构.

由此可确定物质的点阵类型并同时可以把衍射线进行指数标定,参看表 3.2.1.

必须指出:上述 $\sin^2\theta_i$ 比的规律是假定所有线环均由同一波长的 X 射线产生的前提下得出的. 在未加滤波片时还要删除多余的衍射线条,因为衍射环为 $\lambda_{K\alpha}$ 和 $\lambda_{K\beta}$ 两种波长的 X 射线所产生的. 因 $\lambda_{K\alpha}$ 的强度大,便于测量,而 $\lambda_{K\beta}$ 强度弱不好利用,所以应采用 $\lambda_{K\alpha}$ 产生的衍射线条,删除 $\lambda_{K\beta}$ 产生的衍射线条,详细论述删除的方法见附录.

表 3.2.1　立方系晶体的可能衍射晶面指数

衍射面指数 $h\,k\,l$	$h^2 + k^2 + l^2\,(m)$	简单立方点阵	体心立方点阵	面心立方点阵
100	1	100	—	—
110	2	110	110	—
111	3	111	—	111
200	4	200	200	200
210	5	210	—	—
211	6	211	—	—
220	8	220	220	220
221,300	9	221,300	—	—
310	10	310	310	—
311	11	311	310	—
222	12	222	222	222
320	13	320	—	—
321	14	321	321	—
400	16	400	400	400

续表

衍射面指数 h k l	$h^2+k^2+l^2(m)$	简单立方点阵	体心立方点阵	面心立方点阵
410,322	17	410,322	—	—
330,411	18	330,411	330,411	—
331	19	331	—	331
420	20	420	420	420
421	21	421	—	—
332	22	332	332	—
422	24	422	422	422
430,500	25	430,500	—	—
431,510	26	431,500	431,500	—
333,511	27	333,511	—	333,511
…	…	…	…	…

（2）图解法

根据公式 $\sin\theta=\dfrac{\lambda}{2a}\sqrt{h^2+k^2+l^2}$ 可知，$\sin\theta$ 和 λ/a 是成比例的. 由于对同一张粉末相的各环，λ/a 是常数（相当于图 3.2.6 中横坐标具有某一确定值），于是 $\sin\theta$ 的值只能取图中各斜线与某一垂直于横坐标轴的线的交点所对应的值，利用这一点也可实现衍射线条指数化. 具体做法为以 $\sin\theta$ 为纵坐标，λ/a 为横坐标作图，则对应于 $\sqrt{h^2+k^2+l^2}$ 的每一值，可得一斜率为一定值的直线，此直线各自标上所对应的 $m=h^2+k^2+l^2$ 的值，如图 3.2.6 所示. 将实验测得的 $\sin\theta$ 值画在一小纸条上，让小纸条在 $\sin\theta$- λ/a 图上移动，使纸条上各点全部落在不同直线上，直线的指数就是实验中对应各 $\sin\theta$ 值的衍射线条的指数.

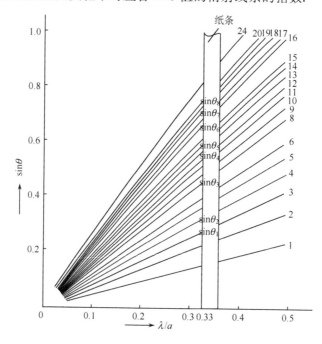

图 3.2.6　图解法标定指数示意图

6) 计算点阵常数

将公式 $\sin^2\theta=\dfrac{\lambda^2}{4a^2}(h^2+k^2+l^2)$ 改写为 $a=\dfrac{\lambda}{2\sin\theta}\sqrt{h^2+k^2+l^2}$，把 $\sin\theta$ 及其所对应的 $\sqrt{h^2+k^2+l^2}$ 值代入上式求得点阵常数 a. 当对每一对衍射线都计算出 a 值时，它们并不完全相同，要进一步确定点阵常数的精确值时，必须考虑到不同角度的灵敏度以及系统误差和偶然误差的存在(见附录).

由粉末相来确定点阵常数的灵敏区域是高角度衍射的范围(即 θ 较大的范围)，由此进行误差分析. 已知的布拉格公式为 $2d\sin\theta=n\lambda$，将此式微分，有

$$\Delta\lambda=\frac{2}{n}\Delta d\sin\theta+\frac{2}{n}d\cos\theta\cdot\Delta\theta$$

即

$$\frac{\Delta\lambda}{\lambda}=\frac{\Delta d}{d}+\cot\theta\cdot\Delta\theta \tag{3.2.7}$$

$\theta\to 90°$ 时，$\cot\theta\to 0$，由此可见，如果 λ 的误差不计，则当 $\theta\to 90°$ 时由 θ 误差引起的 d 误差都趋于消失. 对于立方晶系 $d_{hkl}=\dfrac{a}{\sqrt{h^2+k^2+l^2}}$，则有

$$\frac{\Delta d}{d}=\frac{\Delta a}{a}$$

于是

$$\frac{\Delta a}{a}=-\cot\theta\cdot\Delta\theta \tag{3.2.8}$$

可见点阵常数 a 的相对误差 $\Delta a/a$ 与 $\cot\theta$ 决定了 $\Delta\theta$ 对 a 的影响程度. 因此要提高 a 的准确度应由两方面着手：直接减少测量误差 $\Delta\theta$ 和 $\cot\theta$ 值. 故在精确测定 a 时，总是选大的 θ 角衍射线来进行计算，因为 θ 越大 $\cot\theta$ 越小，但如果仅仅选用大 θ 角衍射线而没有积极设法减少 $\Delta\theta$，点阵常数 a 要准确到 $\pm 0.001\,\text{nm}$ 还是较为困难. 综合粉末法的各种误差，可得出晶体点阵常数的误差 $\Delta a/a$ 和 $\cos^2\theta$ 成正比(推证从略)，当 $\theta=90°$ 时，$\cos^2\theta=0$，因而 a 的误差也

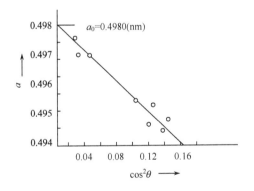

图 3.2.7 确定精确点阵数线性回归示意图

趋近于零，利用这个原理可以用图解外推法求得立方晶体的精确点阵常数. 其方法是将由各衍射条纹位置计算得到的 a 和 $\cos^2\theta$ 值在纵轴为 a 值、横轴为 $1-\sin^2\theta$ 的坐标系中的标定出来，画出直线并外推到 $\sin^2\theta=1$(相应 $\cos^2\theta=0$)，纵轴(a 轴)上的截距便是真实的点阵常数 a_0，见图 3.2.7.

建议采用表 3.2.2 形式的表格来填写整个计算过程中的数据.

表 3.2.2　计算点阵常数

编号：　　　　试样：　　　电压(kV)：　　　电流(mA)：　　　室温(℃)：　　　曝光时间(h)：

谱线编号	低角区 2l_i /mm	高角区 S-2l'_i /mm	$\theta_i = f \cdot 2l_i$	$\sin\theta_i$	$\sin^2\theta_i$	m_i'	m_i	晶面指数 hkl	晶面间距 $\dfrac{d}{n}=\dfrac{\lambda}{2\sin\theta}$/nm	点阵常数 $a=\dfrac{\lambda}{2\sin\theta}\sqrt{h^2+k^2+l^2}$ /nm
1										
2										
3										
4										
5										
6										
7										
8										

【思考题】

(1) 试分析 X 射线通过晶体产生衍射的条纹及其成像的原因.

(2) 劳厄方程组与布拉格方程式是否等效? 为什么?

(3) 从德拜粉末相上如何判断投射(低角)区和背射(高角)区? 为什么在背射区最大衍射角处所产生的衍射环是紧挨着的双环?

(4) 在立方晶系的单元中试绘出密勒指数分别为(210)、(211)、(112)的晶面示意图.

参 考 文 献

许顺生. 1965. 金属 X 射线学. 上海:上海科学出版社

张建中,杨传铮. 1992. 晶体的射线衍射基础. 南京:南京大学出版社

【附录】

X 射线分析多晶体物质结构要注意的问题

1. 干扰线条的排除

用一定波长 X 射线进行多晶体物质结构分析,它的实质问题就是要找出一种结构,能说明衍时图样上所有线条的位置和强度,因此在所观察到的衍射图样中不应含有任何其他外来线条. 在应用射线时一般用 K_α 系谱线. 当用 K_α 辐射为主光源进行物质结构分析时,若未加滤光片, 由 K_β 辐射引起的衍射线条就成为应被排除的外来线条. 因此必须先将两种波长产生的线环分开,然后再确定衍射指数.

区分以上两种线条的方法并不困难. 因 K_β 的强度约为 K_α 的 1/5,对于照片上任何两个由同一晶面反射出的线环一个是 K_α,一个是 K_β(在大 θ 角下, K_α 被分开为 $K_{\alpha 1}$、$K_{\alpha 2}$),其 $\sin\theta_\alpha/\sin\theta_\beta = \lambda_{K_\alpha}/\lambda_{K_\beta}$,因 $\lambda_{K_\alpha} > \lambda_{K_\beta}$,故 $\theta_\alpha > \theta_\beta$. 这样如照片上有两个线环,它们的强度比约为

1/5，且弱者角度小，两者角度正弦比恰好等于 $\lambda_{K_\alpha}/\lambda_{K_\beta}$，则弱者必为 K_β 所产生，由此可将 K_β 剔出来．

2. 提高测量精度

通过点阵常数的测定，常常用来研究晶体的结构、晶体的缺陷、相变过程、材料中的应力状态等具有很大的实用意义，因此精确测定点阵常数是必要的．影响测定精度的主要系统误差包括两个方面．

1）吸收误差

样品对 X 射线有吸收作用，如果使谱线对位置的强度分布产生偏离就会造成较大的误差．

2）偏心误差

试样不可能绝对调准到相机的几何中心位置，由此造成误差．

3）线环选择误差

晶体点阵常数的误差 $\Delta a/a$ 与 $\cos^2\theta$ 成正比．即 $\Delta a/a=\Delta d/d=k\cos^2\theta$ 式中 k 为比例常数，当 $\theta\rightarrow90°$（即 $2\theta\rightarrow180°$）时，$\cos^2\theta\rightarrow0$，$\Delta a/a\rightarrow0$，误差最小，这就是在精确测定点阵常数时，要尽可能取高角线环（$2\theta\rightarrow180°$）的原因．

3. 照相机的分辨本领

照相机的分辨本领是衍射花样中两条相邻线分离程度的定量表征，它表示晶面间距变化时引起衍射线条位置相对改变的灵敏度．假如，面间距 d 发生微小变化 Δd，引起衍射花样中线条位置发生变化 Δl，则照相机的分辨本领 φ 可以表示为

$$\Delta l = \varphi\,\frac{\Delta d}{d}，\quad \varphi = \frac{\Delta l}{\Delta d/d} \tag{3.2.9}$$

弧对间距为 $2l=R\cdot4\theta(\mathrm{rad})$，即 $\Delta l = 2R\Delta\theta$．

由于 $\Delta d/d=-\Delta\theta\cot\theta$ 所以

$$\varphi = \frac{\Delta l}{\Delta d/d} =-2R\tan\theta \tag{3.2.10}$$

可改写为

$$\varphi =-2R\,\frac{\sin\theta}{\sqrt{1-\sin^2\theta}} =-2R\,\frac{n\lambda/2d}{\sqrt{1-(n\lambda/2d)^2}} \tag{3.2.11}$$

可以看出相机分辨本领与以下几个因素有关（在 φ 的表达式中负号没有意义）．

（1）相机半径 R 越大分辨本领越高，这是利用大直径相机的主要优点，但是相机直径的增大，会延长曝光时间，并增加由空气散射而引起的衍射背景．

（2）θ 角越大分辨本领越高，所以衍射花样中高角线条的 $K_{\alpha1}$ 和 $K_{\alpha2}$ 双线可明显分开．

（3）X 射线的波长越长，分辨本领越高，所以为提高相机的分辨本领，在条件允许的情况下，应尽量采用波长较长的 X 射线源．但波长太大会使衍射线条减少，对晶体结构分析不利，所以波长要适当．

（4）面间距越大分辨本领越低，因此在分析大晶胞的试样时，应尽可能采用波长较长的 X 射线源，以便抵偿由于晶胞过大对分辨本领的不良影响．

X射线技术衍射学基础知识

1. X射线的性质和X射线的产生

1) X射线的本质

1895年德国物理学家伦琴(W. C. Rontgen)在研究阴极射线时意外发现一种肉眼看不见却可以使荧光物质发光、照相底片感光的射线,它具有很强的穿透能力,可以穿过黑纸、铝箔、铁皮等不透明的物质. 由于当时并不了解它的本质,因而就叫X射线,后来为了纪念X射线的发现者也称为伦琴射线.

经过很长一段时间的研究,直到1912年劳厄(M. V. Laue)用晶体作为天然光栅实现了X射线的衍射之后,才知道X射线与可见光一样是一种电磁波,只是它的波长比可见光短得多,为0.001~10 nm. 在电磁波谱图中,X射线区域的两边分别与γ射线和紫外线的波长相重叠.

X射线是一种电磁波,因而具有和可见光类似的性质,如能被反射和折射. 若用晶体作天然光栅,X射线也能发生衍射. 但X射线又有与可见光不同的特性,如它对介质的折射率略小于1,因此在一般工作中可以不考虑X射线的折射. 另外X射线由较稀疏介质射入紧密介质,(玻璃、水、金属)当入射角接近90°(即掠射角θ_i接近0°)时,可以发生全反射.

X射线的穿透性较强,因而它直接照射人体时对人体的细胞组织有不良的影响,会引起射线病,严重的能使人体局部组织灼伤、坏死. 所以在做实验时应注意安全防护,不能让射线直射在身体上,尤其是对光时应特别注意不能让X射线射入眼睛. 国际放射学会规定人体接受射线照射的安全剂量为每工作周0.3 R(伦琴[①],放射性剂量单位),我国政府规定每天接受射线剂量应在0.05 R以下. 射线虽然对人体有伤害,但只要采取适当的措施,是可以避免的,故在实验时不应有畏惧心理,但必须遵守安全防护条例. 衍射实验所用X射线管的管电压一般不超过60 kV. X射线管除窗口(X射线出射口)外,其他部位都封闭在特殊材料制成的外壳中,可以防止X射线透出. X射线实验室应具备有X射线剂量仪,经常检查室内工作人员可能接受的剂量.

2) X射线的产生

高速运动的电子碰到任何障碍物都能产生X射线. 电子由于被急剧地阻止而失去自己的动能,此动能大部分变为X射线的能量. 因此为了获得X射线必须有这样的仪器:①用某种方式得到一定的自由电子(阴极). ②迫使这些电子在一定方向上以很大的速度运动(高压设备). ③在电子运动的路途上设置一个急剧阻止电子运动的障碍物(靶子). 在高压电场下被加速,具有一定能量的电子直接打在阳极靶上,就从靶上激发出X射线. X射线管就是能实现上述物理过程的器件. 常用JX-50系列结构分析X射线管的结构见图3.2.8. 在一个气压约为10^{-6} mmHg以下的管子中,阴极(灯丝)通电白热后产生热发射电子,阳极又称为靶,在阳极与阴极间加上高压,于是电子流受管内高压电场作用高速冲击靶面,从窗口射出X射线. 图3.2.9是VEM型X射线机装置线路图,属于半波自整流的类型.

---

① 当温度为0℃,气压为760 mmHg时,能使电离箱中1 cm³的空气产生一个静电单位的X射线量为1 R.

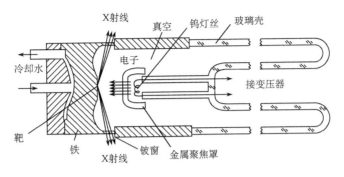

图 3.2.8 封闭式 X 射线管的结构图

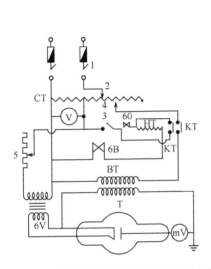

图 3.2.9 VEM 型 X 射线结构分析仪的线路图

1. 电源总开关；2. 电源调节旋钮；3. 高压开关；4. 高压调节旋钮；5. 管电流调节旋钮；CT-自耦变压器；BT-高压变压器；HT-加热变压器；T-射线管；60-零位开关；KT-电磁开关；6B-水位开关

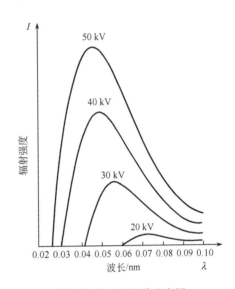

图 3.2.10 连续谱示意图

由 X 射线管发出的 X 射线可分为两组：①连续 X 光谱（多色）；②特征光谱（单色）．

（1）连续光谱的产生．

高速运动的电子碰到阳极悴然受到阻止，其动能转变为 X 射线的能量．连续 X 射线与阳极物质无关，只与加速电场的强度有关．随着电压的增高连续谱的各种波长和射线的相对强度都随之增加，对应强度最大的射线的波长变短，短波极限值变小，见图 3.2.10 所示．

（2）特征光谱的产生．

当电压增加到某一临界值 V_K 时（不同靶的临界值 V_K 不同，原子序数越大 V_K 值越大），一部分高速电子打到阳极靶上，将阳极金属原子内层轨道上的一些电子轰击出其原属轨道而激发到能量较高的外层轨道上或轰击出原子使其原子电离，随之原较外层轨道上的电子便跃入内层轨道以填补空位，同时辐射出 X 射线，形成波长一定的特征（标识）X 射线．如图 3.2.11 所示．根据量子理论，特征 X 射线的能量为：$h\nu_{n1-n2} = E_{n1-n2}$；波长为：$\lambda = c/\nu = ch/(E_{n1-n2})$，式中 h 为普朗克常量，ν 为标识 X 射线的频率，c 为光速．主量子数 $n=1,2,3,4,5,\cdots$，从原子最内层轨道算起,用 K、L、M、N、O 分别表示各层轨道. 当 K 层电子被打出后,由外层电子跃入 K 层填补空位,同时产生 X 射线称为 K 系辐射. 由 L 层跃入 K 层产生的标识 X 射线称为 K_α 辐射,由 M 层跃入 K 层时产生的标识 X 射线称为 K_β 辐射. 显然 K_β 辐射比 K_α 辐射的能量高,其辐射波长短,但由于产生 K_β 辐射的跃迁几率比 K_α 要小得多,因此 K_β 的强度比 K_α 要弱得多,标识 X 射线产生的原理如图 3.2.12 所示.

不同元素的标识谱线结构相同(即由 K、L、M 等线系组成),但原子序数越大,同线系的波长越小. X 射线的连续谱提供了实验所需的多色 X 射线辐射,而标识 X 射线则提供了实验所需的单色 X 射线辐射.

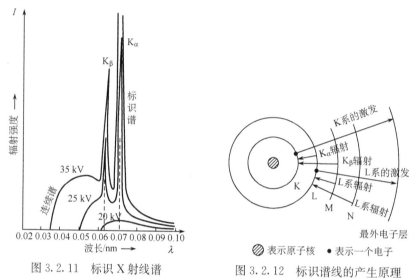

图 3.2.11 标识 X 射线谱   图 3.2.12 标识谱线的产生原理

X 射线结构分析中使用的单色 X 射线都是 K_α 线系,常用 X 射线结构分析中阳极物质 K_α 线的波长如下(nm):

钼(Mo)	0.07107	铁(Fe)	0.19373
铜(Cu)	0.15418	钴(Co)	0.1790
镍(Ni)	0.1659	铬(Cr)	0.2291

3) X 射线与物质相互作用

当 X 射线与物质相遇时会减弱,其物理过程虽比较复杂,但基本上可以分为散射与吸收两个过程.

(1) X 射线的散射. 散射可分相干散射与不相干散射. 相干散射是指 X 射线被散射后波长不变,可以发生相互干涉加强的弹性散射,这是 X 射线在晶体中产生的衍射现象的基础. 不相干散射即康普顿散射,是 X 射线在散射后其波长发生变化的非弹性散射,不能在晶体中产生衍射现象. 不相干散射的强度一般比较低,但是能造成衍射图上的连续背景,因其强度随 $\sin\theta/\lambda$ 的增加而增加,所以是造成高角度衍射区背景的主要原因. 不相干散射在 X 射线衍射中是不利的.

具有足够能量的 X 射线射入物质,一部分 X 射线激发物质原子的 K 系电子而产生次级 X 射线,又叫荧光 X 射线,也是造成衍射背景的主要原因之一,在 X 射线衍射学中也是不利的. 但由于各种化学元素都具有特定波长的次级标识 X 射线,所以可以从这种 X 射线荧光来识别和测定各种化学元素. 这就是发展很快的 X 射线荧光光谱学.

如果物质中电子虽然从 X 射线光子得到能量,但还不能从物质中跳出,则添加的能量就用于使电子与原子的运动加速,于是这部分能量就以热运动的形式成为物质的内能.

(2) X 射线的吸收. 实验证明,当 X 射线穿过物质时,其强度按 $I = I_0 e^{-\mu x}$ 指数规律衰减(其中 x 为进入物质的深度,$\mu = \rho(\tau + \sigma)$ 为该物质的衰变常数,其中 ρ 为吸收体的密度,τ 是吸收系数,σ 是散射系数. 通常将吸收系数 τ 与吸收物的密度 ρ 之比称为质量吸收系数. 各种元素的质量吸收系数一般与 $Z^4 \lambda^3$ 成正比,即 $\tau/\rho = kZ^4 \lambda^3$. 入射 X 射线的波长越短,贯穿

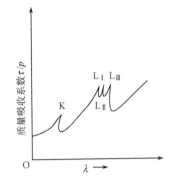

图 3.2.13 质量吸收系数与波长的关系

本领越强,所以常称短波长的 X 射线为硬射线,长波长的射线为软射线. 对于吸收物质来说,其原子序数越大,对射线吸收就越厉害. 由于铅的原子序数较大且质软,对 X 射线有较强的吸收能力,因而通常用铅屏、铅玻璃作防护设备. 图 3.2.13 表示质量吸收系数 τ/ρ 与 λ 的关系曲线. 实验指出物质吸收系数随着波长的增加而增大,但是在某一波长处出现突变点所对应的波长分别称为该元素的 K、L、M 等吸收限. 而每种物质的吸收限的波长是不同的,在结构分析中利用图 3.2.13 曲线中的突变点(吸收限)这一事实可以制成滤光片使 X 射线单色化.

选定管子的阳极材料,即 K_α 和 K_β 为已知,就可以选定适当元素的薄片,使 K_α 的吸收限大于 K_β,如图 3.2.14 所示. 于是虽然 K_β 将被大量吸收,但 K_α 可大都通过,这样就能改善射线的单色性. 一般选择原子序数比阳极材料的原子序数小 1 的元素作滤波片,如图 3.2.15 所示,用铜作阳极靶产生的 X 射线通过一镍片以后,K_β 线就受到很大的减弱,而 K_α 线的强度变化不大,这样就得到 $Cu\text{-}K_\alpha$ 的单色 X 射线了.

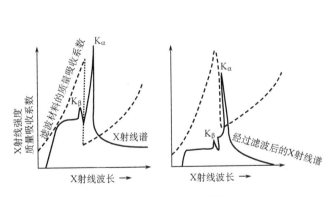

图 3.2.14 滤波器的作用

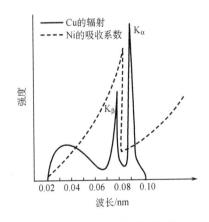

图 3.2.15 Ni 吸收 Cu 的 K_β

几种常用靶子使用的滤波片物质如下:

钼靶-锆(Zr)   铜靶-镍(Ni)   镍靶-钴(Co)

铁靶-锰(Mn)   钴靶-铁(Fe)   铬靶-钒(V)

2. X射线晶体衍射原理

1) X射线在晶体中的衍射

X射线在晶体中产生衍射的现象,是由于晶体各个原子中电子对X射线产生相干散射,相互干涉叠加或抵消的结果.

考虑一维点阵情况,点阵中每一阵点为一点原子(点原子是假设原子中的电子与原子核都集中于一点的模型),如图3.2.16所示. 当X射线束与一列等距离排列的点原子相遇时,点原子中的电子将散射X射线,发出波长相同的球面波,它的波前如图3.2.16中的圆弧线所示,这些球面波前进的时候,必然发生干涉现象. 沿着这些球面波前作公切线,这些公共切线的法线方向即为散射波产生干涉加强的方向. 由于在不同方向上波列的程差不同,所以干涉结果也不同. 在波列间的程差为波长整数倍的方向上会产生最大程度的加强. 图3.2.16中以直线画出的波列前进方向即为衍射方向. 相邻两波列的程差 $\delta = \lambda$ 时称为一级衍射,波列程差为 $\delta = 2\lambda$ 时称为二级衍射波, $\delta = n\lambda$ 为 n 级衍射波. 平行于原射线波前的公切线称为零级衍射束的波前,即 $\delta = 0$ 时称为零级衍射波.

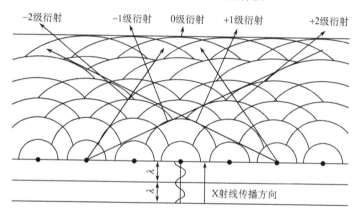

图 3.2.16　质点发出散射波的加强

可见,并不是所有方向上都产生衍射加强,只有在某些特定方向上才能观察到衍射波.

产生衍射波的方向与点阵结构的周期、X射线的波长和方向等因素有关,这些关系可以用劳厄方程或布拉格定律表示.

2) 劳厄方程

(1) 一维点阵的衍射条件. 如图3.2.17所示,设一列等距离排列的原子,构成一个一维点阵,其点阵常数为相邻二原子之间的距离. 当一束平行X射线以 α 角投射到此点阵上,则点阵上每一个原子都将成为入射线的散射中心. 只有当相邻两个原子所产生的散射波的光程差为波长的整数倍时,才能产生相互干涉加强,形成衍射,即 $\delta = OQ - PR = H\lambda$,式中 $H = 0$, $\pm 1, \pm 2, \cdots$,为衍射级数. 又因 $OQ = OR\cos\varepsilon = a\cos\varepsilon$, $PR = a\cos\alpha$,故有

$$a(\cos\varepsilon - \cos\alpha) = H\lambda \tag{3.2.12}$$

则 $\cos\varepsilon = H\lambda/a + \cos\alpha$,这就是一维点阵情况中X射线产生的衍射条件. 因此,当掠射角(入射X射线与平面之间的夹角) α 一定时,在适合于 $\cos\varepsilon = H\lambda/a + \cos\alpha$ 条件的方向都可以有衍射束. 事实上,由于电子散射X射线产生球面波,所以与一维点阵成 α 角的方向是无

数个,它们的轨迹是以直线点阵为轴、以 ε 为顶角的圆锥面,如图 3.2.18 所示.

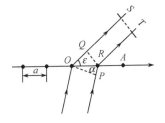

图 3.2.17　X射线受原子列衍射

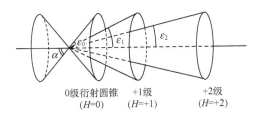

0级衍射圆锥　　+1级　　+2级
$(H=0)$　　$(H=+1)$　　$(H=+2)$

图 3.2.18　衍射线束圆锥

若放置一底片 MM' 使其与直线点阵平行,如图 3.2.19(a)所示,这些衍射的圆锥面将在底片上显示一维双曲线,如图 3.2.19(b)所示.

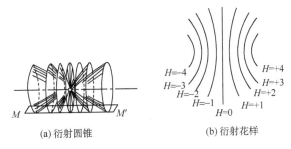

(a) 衍射圆锥　　　　　　　　　　(b) 衍射花样

图 3.2.19　一维原子阵列形成的衍射线轨迹和衍射花样

(2) 平面(二维)点阵衍射条件. 设有一个置于平面点阵的周期结构,其周期为 a 及 b,结构基元是点原子. 这个平面点阵可以看作二个直线点阵的结合,周期为 a 的直线点阵发生衍射的条件是 $a(\cos\varepsilon_1 - \cos\alpha_1) = H\lambda$,同理周期为 b 的直线点阵发生衍射的条件是

$$b(\cos\varepsilon_2 - \cos\alpha_2) = K\lambda \tag{3.2.13}$$

两个直线点阵散射的球面波互相干涉,平面点阵发生衍射的方向必须同时满足式(3.2.12)和式(3.2.13)两个方程,也就是说产生衍射方向与级次 H 和 K 相应的圆锥面交线方向,如图 3.2.20 (a)所示. 同样办法,在与 Ox、Oy 所决定的点阵平面相垂直处放一照相底片,则所获得的图案不是一条直线而是一些点,这些点对应于两组曲线交点,如图 3.2.20 (b)所示.

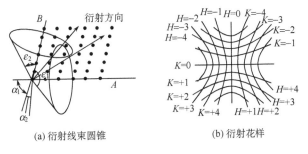

(a) 衍射线束圆锥　　　　　　　　(b) 衍射花样

图 3.2.20　二维原子阵列衍射形成的射线轨迹和衍射花样

（3）空间（三维）点阵衍射条件．由上述讨论可以推知空间点阵发生衍射的方向必须同时满足下列三个方程式，如图 3.2.21 所示．

$$a(\cos\varepsilon_1 - \cos\alpha_1) = H\lambda$$
$$b(\cos\varepsilon_2 - \cos\alpha_2) = K\lambda \tag{3.2.14}$$
$$c(\cos\varepsilon_3 - \cos\alpha_3) = L\lambda$$

这三个方程式称为劳厄方程，其中 a、b、c 为点阵周期，α_1、α_2、α_3 为原 X 射线与 Ox、Oy、Oz 轴之间夹角，ε_1、ε_2、ε_3 为衍射线与 Ox、Oy、Oz 轴之间夹角，H、K、L 为衍射级次，即点阵上最相邻阵点的衍射波相差的波数，λ 为 X 射线的波长．

如果有衍射现象发生，则式（3.2.14）的三个方程式必须同时满足，也就是使三个衍射线束圆锥面同时交于一条直线，此直线方向即为衍射束方向．

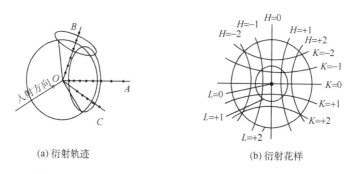

(a) 衍射轨迹　　　　　　　　　　　(b) 衍射花样

图 3.2.21　三维原子阵列衍射形成的射线轨迹和衍射花样

3）布拉格定律（X 射线在平面点阵上的反射）

劳厄方程是从 X 射线被晶体原子（三维空间点阵）相干散射而推导出来的，但是应用于实验工作中还有相当的困难．英国物理学家布拉格（W. L. Bragg）将空间点阵看作一族原子点阵平面，从另一个角度上讨论了晶体衍射条件，即从 X 射线的反射推导衍射规律．如图 3.2.22 所示，X 射线 PA 入射受到晶体面 1 的原子 A 散射，另一条平行的入射线 QA' 受到晶体面 2 的原子 A' 散射，如果散射线 AP'、$A'Q'$ 在 P'、Q' 处为同相，则 PAP' 和 $QA'Q'$ 的光程差应为 X 射线波长 λ 的整数倍，否则它们将互相干涉抵消而不发生衍射．从图 3.2.22（a）可以看出 $QA'Q' - PAP' = SA' + A'T = n\lambda$，其中，$n = 0, \pm 1, \pm 2, \cdots$．因为

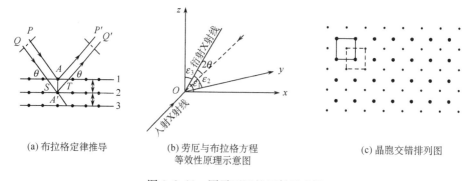

(a) 布拉格定律推导　　　(b) 劳厄与布拉格方程　　　(c) 晶胞交错排列图
　　　　　　　　　　　　　等效性原理示意图

图 3.2.22　原子面网的反射示意图

$SA' = A'T = d\sin\theta$ ，所以

$$2d\sin\theta = n\lambda \tag{3.2.15}$$

式(3.2.15)就是布拉格方程,其中 θ 称为布拉格角或半衍射角,布拉格方程说明凡射线的掠射角 θ 满足布拉格方程,将发生衍射,衍射方向在入射线和反射晶面法线的同一平面上,并有入射角等于反射角.

布拉格方程比劳厄方程更为简单地表示了 X 射线被三维点阵衍射的几何条件,同时也可由劳厄方程式推导出布拉格方程(详细推导见参考文献[2]).如图 3.2.22(b)所示,劳厄方程式中三个 cosε 为衍射束的方向余弦,2θ 代表入射 X 射线延长方向和衍射线方向之间的夹角(2θ 角在实验中很容易测定).

在一般衍射图计算上,用布拉格方程要比用劳厄方程方便,因而在 X 射线晶体衍射研究中大多数采用布拉格方程.这里所说的反射,实质上是晶体中各原子散射波之间干涉的结果,只是由于相对于原子面网,射线的入射方向恰好与出射方向一致,才借用了镜面反射规律来描述 X 射线衍射的几何图像.这样的理解并不歪曲衍射方向的确定,同时给应用上带来很大方便.但是 X 射线的原子面网反射与可见光的镜面反射,在本质上是不同的,其区别在于:

(1) 来自晶体的衍射线束,是由于入射平面全体原子散射的射线构成.而可见光的反射,则在薄层的表面进行.

(2) 单色 X 射线只能在满足布拉格方程的特殊入射角发生衍射,而可见光则可对任何入射角都有反射,所以把 X 射线这种反射称为选择反射.在以后的论述中,我们经常要用"反射"这个术语来描述一些衍射问题,有时也把"衍射"和"反射"作为同义语混合使用,但其实质都是说明衍射问题.

(3) 良好的平面镜对于可见光的反射率几乎可达 100%,而 X 射线衍射光的强度远比入射光微弱.

关于布拉格方程还需要作几点说明:

(1) 由于 $\sin\theta \leqslant 1$,只有 $2d \geqslant \lambda$ 时才可能发生衍射,也就是说,X 射线波长太大时,不可能在晶面族上产生衍射.

(2) 对某一晶面族$(h\,k\,l)$能够产生反射的掠射角 θ 取决于 $n\lambda$,λ 一定时,n 可以取若干整数 $1,2,3,\cdots$,分别称为第 $1,2,3,\cdots$ 级衍射,第 n 级衍射可以形式上看成是某一晶面族的1 级衍射,此晶面族与晶面族$(h\,k\,l)$平行而间距为 d/n.这个虚构的晶面指数的规定应该是$(nh\,nk\,nl)$,如(120)晶面上 $n=2$ 的衍射,可以看作是(240)晶面的 $n=1$ 衍射,利用这样的表示法,可以把布拉格方程简化成 $2d\sin\theta = \lambda$.于是,对给定指数的晶面,就只有唯一的衍射线,这可以使考虑问题时更为方便,以后讨论时都应用上式.

(3) 上面的讨论实际上只限于单晶胞的情况,在复晶胞中还含有不在晶胞顶点的原子(称为"基体"),它们也会产生衍射,由于基体在每个晶胞中的位置是相同的,因而它也组成了同样的点阵.这个点阵只是相当于晶胞点阵平移一个小距离的结果,所以总起来复晶胞可以看成是几个完全相同的

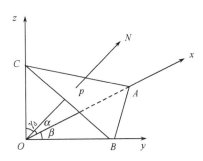

图 3.2.23　晶面在坐标轴的截距示意图

点阵彼此相互错开一点叠起来,如图 3.2.22(c)所示. 既然各点阵是相同的,产生衍射的条件也应相同,不会因基体的存在产生新的衍射线. 不过衍射强度是各个点阵衍射线的合成,由于它们是相干的,有一定光程差,因此可能使某些衍射线完全消失.

正交晶系中布拉格方程另一种形式可直接与点阵常数和密勒指数相关联. 如图 3.2.23 所示,引进直角坐标于 $Oxyz$,其坐标原点置于与点阵平面 ABC 平行且最相邻的另一点阵平面上. 从 O 作 ABC 的法线 ON,ON 与 xyz 轴之间的夹角分别为 α、β、γ,与 ABC 平面交于 P 点,故 $OP = d(h^* k^* l^*)$. 假设空间点阵在三个坐标轴方向的周期别为 a、b、c,而平面 ABC 在三个坐标轴的截距分别为 $OA = a/h^*$、$OB = b/k^*$、$OC = c/l^*$.

$$\cos\alpha = d(h^* k^* l^*)/OA$$
$$\cos\beta = d(h^* k^* l^*)/OB$$
$$\cos\gamma = d(h^* k^* l^*)/OC$$

而正交坐标系中:$\cos^2\alpha + \cos^2\beta + \cos^2\gamma = 1$,有

$$\left[d(h^* k^* l^*)\right]^2 \left[\frac{1}{OA^2} + \frac{1}{OB^2} + \frac{1}{OC^2}\right] = 1$$

即

$$d(h^* k^* l^*)^2 \left[\left(\frac{h^*}{a}\right)^2 + \left(\frac{k^*}{b}\right)^2 + \left(\frac{l^*}{c}\right)^2\right]^{1/2} = 1 \qquad (3.2.16)$$

代入布拉格方程中得

$$2\sin\theta \left[\left(\frac{h^*}{a}\right)^2 + \left(\frac{k^*}{b}\right)^2 + \left(\frac{l^*}{c}\right)^2\right]^{-1/2} = n\lambda \qquad (3.2.17)$$

在立方晶系中:$a = b = c$,则得

$$\frac{2a\sin\theta}{\sqrt{(h^*)^2 + (k^*)^2 + (l^*)^2}} = n\lambda \quad \text{或} \quad \sin^2\theta = \frac{\lambda^2 n^2}{4a^2}(h^{*2} + k^{*2} + l^{*2}) \qquad (3.2.18)$$

考虑到 $h = nh^*$,$k = nk^*$,$l = nl^*$,则

$$\sin^2\theta = \frac{\lambda^2}{4a^2}(h^2 + k^2 + l^2) \qquad (3.2.19)$$

由式(3.2.16)可得立方晶系的晶面间距为

$$d_{(hkl)} = \frac{a}{\sqrt{h^2 + k^2 + l^2}} \qquad (3.2.20)$$

h^*、k^*、l^* 称为密勒指数,是互质的;h、k、l 称为衍射指数,显然不是互质的.

3. 获得 X 射线衍射图样的方法

当 X 射线束与晶体相遇时,如果发生衍射,则满足劳厄方程或布拉格方程. 如用布拉格方程讨论,对于某级衍射 $2d\sin\theta = n\lambda$ 中,面间距 $d_{(hkl)}$、布拉格角 θ 和入射 X 射线波长 λ 三个量中两个为独立的,第三个量受这两个量所制约. 对于某一被测样品,$d_{(hkl)}$ 是确定的. 因此往往采用固定 θ 改变 λ,或者固定 λ 改变 θ 的办法来满足布拉格方程的条件,表 3.2.3 中列出了获得 X 射线衍射图的各种办法.

表 3.2.3　获得 X 射线衍射图的办法

衍射方法	λ	θ	衍射记录形式
劳厄法	变化(连续 X 射线)	不变(固定单晶样品)	平板相机
转晶法	不变(单色 X 射线)	部分变化(转动单晶试样)	圆筒状相机
粉末法	不变(单色 X 射线)	变化(多晶粉末状试样)	粉末相机

1) 劳厄法

劳厄法是用连续射线射入不动的单晶体而产生衍射的一种方法. 因此各晶面族都形成一定的掠射角 θ. 要满足多数晶面都能参与反射的条件, 必须要用不同波长的 X 射线(多色 X 射线), 使得一定的掠射角 θ 都有一个相应的 λ 来满足衍射条件. 为了能在较短的时间内得到清晰的衍射花样, 选择高原子序数的金属靶所发出的 X 射线最为适宜, 如钨($z = 74$)靶. 也可采用原子序数较低的金属如钼、铜等靶所发出的 X 射线也可得到满意的结果. 图 3.2.24 为劳厄法布置示意图, 用平板相机记录衍射图样.

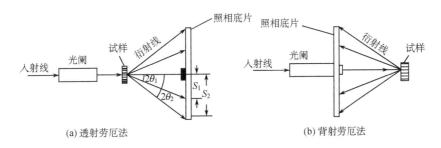

(a) 透射劳厄法　　　　　　　　(b) 背射劳厄法

图 3.2.24　劳厄法实验布置示意图

2) 转动晶体法(又称周转法)

用单色 X 射线及单晶体试样, 实际工作时使入射 X 射线束和晶体的某一晶轴垂直, 并使晶体绕该轴旋转或回摆, 这样可以使入射线和各个不同(hkl)晶面间的掠射角不断改变来适应衍射条件的要求. 图 3.2.25 为转动晶体法实验布置示意图, 用圆筒相机记录衍射图样.

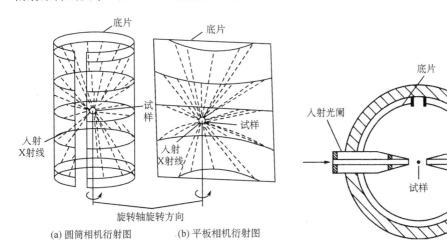

(a) 圆筒相机衍射图　　　(b) 平板相机衍射图

图 3.2.25　周转晶体法实验布置示意图　　　　图 3.2.26　粉末法实验布置示意图

3）粉末法（又称德拜法）

用单色 X 射线及多晶体试样,样品为条状或粉末状的多晶体. 由于试样中为数极多的小晶粒取向各不相同,因此在许多小晶粒中总有满足一定布拉格角 θ 的掠射角,从而可以产生衍射作用. 试样可以固定不动,或绕一定方向旋转以增加晶面和入射 X 射线间形成有利的掠射角几率,图 3.2.26 为粉末法布置示意图,用粉末相机记录衍射图样.

4. X 射线结构分析仪

X 射线结构分析仪是一种产生 X 射线用来进行晶体结构分析的仪器,它主要包括 X 射线管高压装置、控制线路和记录装置等几部分,详细内容见 X 射线晶体分析仪的使用说明书.

参 考 文 献

黄胜涛. 1986. 固体 X 射线学(一). 北京:高等教育出版社

许顺生. 1965. 金属 X 射线学. 上海:上海科学出版社

张克从. 1987. 近代晶体学基础. 北京:科学出版社

3.3　劳厄法确定单晶体的晶轴方向

在实际工作中常常要求知道单晶的位向,如用锗作晶体管或石英晶片做超声波换能器等,都必须事先知道某晶面的方向,沿规定方向切割晶体才能使用. 但晶体的外表不一定很规则,难以从表面判别,这就需用劳厄照相法分析来确定.

【实验目的】

（1）掌握拍摄劳厄相的方法;

（2）了解分析劳厄相的方法,对立方晶体的劳厄斑点指数化,确定主晶轴与外坐标间的夹角.

【实验原理】

用平行窄束 X 射线连续谱照射固定不动的单晶体,再用与入射线垂直的平面底片接受由晶体产生的衍射 X 射线,即可获得劳厄相.

图 3.3.1 为实验装置示意图,有透射法和背射法两种方式. 单晶体相对于入射线之间的方位固定,所以各指数晶面族对应的掠射角 θ 和晶面间距 d 都是确定的. 根据布拉格方程,只有特定波长的 X 射线才可能产生衍射. 因此,如果用单色光来研究各晶面与入射线的夹角都确定的固定单晶体,获得衍射的概率很小. 为满足多数晶面都能参与衍射,劳厄法要使用多种不同波长的 X 射线(具有连续谱),使得各个晶面都有相应波长成分的射线满足布拉格方程,在底片上形成衍射斑点. 不同晶面族产生不同的斑点,称为劳厄斑点,许多劳厄斑点形成劳厄相. 另外,取向相同的晶面,如 110,220,330,…,与入射线所成角度 θ 是相同的,但晶面间距不同,即 $d_{110} = 2d_{220} = 3d_{330}\cdots$,在 θ 方向上反射的 X 射线波长不同,分别为 $\lambda,\lambda/2,\lambda/3,\cdots$. 可见,劳厄斑点对应一组谐波.

根据劳厄相中斑点的分布情况,可以研究晶面族的结构,确定晶面法线的方向. 所谓测定单晶体位向就是指确定某一晶面族的法线与试样外形几何元素(如线状试样的线轴,板状试样的表面和直棱)之间的透射劳厄关系.

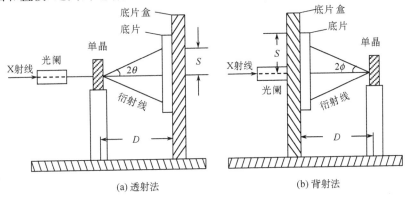

图 3.3.1 劳厄法照相装置示意图

仔细观察劳厄衍射花样的斑点排列情况,会发现这些斑点有一定的排列规律. 在透射法的花样中,若干斑点分布在一个椭圆上(有些斑点可以联成双曲线或抛物线,但较少),另外一些斑点分布在另一个椭圆上,如图 3.3.2 所示,所有椭圆都经过入射线和底片的相交点(底片中心). 在背射法的花样中,衍射斑点可以组成许多双曲线,如图 3.3.3 所示.

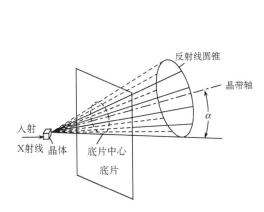

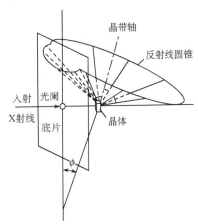

图 3.3.2 透射劳厄衍射花样中斑点
形成椭圆示意图

图 3.3.3 背射劳厄衍射花样中斑点形成
双曲线示意图

实际上,位于同一椭圆或双曲线上所有斑点是试样晶体中同一晶带的晶面族衍射的结果. 因为同一晶带的各晶面衍射出来的射线都在一个以晶带轴为中心轴的圆锥面上,X 射线入射方向也在这个锥面上,垂直于入射线方向的底片与圆锥面上的这些衍射线相交,形成断续的椭圆或双曲线.

在图 3.3.4 中,AOB 为入射线方向,垂直于照射底片,COD 为晶体试样中某一晶带的晶带轴,与底片相交于 D,$EFGH$ 为属于此晶带的任一晶面. 当晶带轴与入射线方向一致时,属于此晶带的所有晶面都与入射线平行,因此所有出射线都集中在 B 点(底片中心),除此之外没有任何衍射斑点. 当 COD 和 AOB 成一定角度时,则反射线与底片交于 P 点,形成衍射斑点. 将晶面 $EFGH$ 绕晶带轴 COD 旋转一周,衍射斑点在底片上的轨迹为一条曲线,称为晶带曲线.

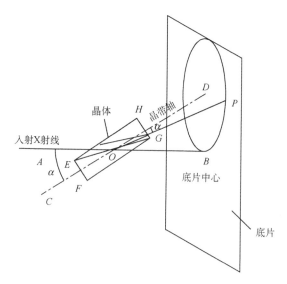

图 3.3.4　晶带曲线的形成

当晶面绕晶带轴 COD 旋转时,$\angle AOC$ 和反射线与晶带轴之间的夹角 $\angle POD$ 都保持不变$(=\alpha)$. 于是,反射线的轨迹形成一个以晶带轴为中心轴,以 α 为圆锥角的圆锥面,它包括入射线的延长线 OB. 这个圆锥面和底片相交形成椭圆. 入射线和晶面间的夹角 α 越大,椭圆也越大,因此椭圆的中心距离底片中心的远近,反映了晶带轴与底片倾角的大小. 在背射法劳厄衍射花样及一部分透射法劳厄衍射花样中,底片和圆锥相交成为双曲线. 由于在单晶体试样里,一个晶带中适合布拉格衍射条件的晶面有限,所以在衍射花样上得到的椭圆或双曲线是断续的.

在劳厄相中,由于低指数晶面的面间距离较大,可以有更多的谐波参与反射,劳厄斑点较强. 劳厄相是一张平面,要想从平面图得出晶面方向和晶面指数,就需确定怎样才能把各种空间方位在一个平面上表示出来. 为此在具体分析劳厄相以前,先要介绍极射赤面投影图、标准投影图及乌氏网等有关的立体投影图.

1. 晶体的球面投影、极射赤面投影

为了将一个立体的晶体投影到一个平面上,以便简单而明确地表示晶体点阵中各个晶面的取向及其夹角与对称情况,常常使用投影法,又称为极射投影,实质上就是用平面图表示空间方位的一种方法. 为了有助于建立空间图形和极射投影的对应关系,首先介绍球面投影.

1) 球面投影

设想把一小晶体放在一大球的中心,这个球称为参考球或极球,如图 3.3.5 所示. 由晶体各个晶面作其法线,法线与参考球面的交点称为极点. 由于晶体很小而参考球很大,所以认为这些晶面法线都从球心发出,极点反映了球心晶体各晶面的位向关系. 通常采用地球仪上经纬度的标注方法来表明极点的位置,这种投影称为晶体球面投影.

由于设想晶面都过球心,所以晶体中属同一晶带所有晶面的法线在同一平面上,它们的极点在同一大圆上,如图 3.3.6 所示. 这些晶面的夹角就是大圆上极点间圆弧所对的圆心角(如晶面 1 与晶面 2 之间夹角是圆弧 P_1P_2 所对的圆心角);而且这两个晶面所属晶带的晶带轴通过球心并垂直于此大圆面,与参考球的交点就是此晶带轴的极点,如图 3.3.6 中的 A 点.

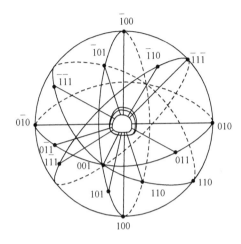

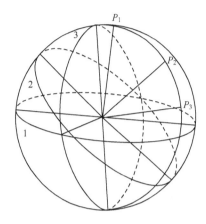

图 3.3.5　球面投影示意图　　　　　　　　　图 3.3.6　晶面间的夹角示意图

2) 极射赤面投影

球面投影虽然可把空间的晶面图形化为球面图形,从而表示晶体各晶面间的夹角及晶带关系,但它仍为三维图形,用起来很不方便,因此需采用极射投影方法进一步将球面图转换为平面图形. 由此提出的极射赤面投影法,实质上也就是点光源投影法.

由图 3.3.7 所示,在 S 点设一个光源,S 点与球心的连线与对面球面交于 N 点,通过球心并且垂直于 S、N 点连线的平面与参考球相交形成与赤道周长相同的大圆,这个大圆称为基圆. 极点 A 在基圆上的投影点 A' 定义为 AS 连线与基圆面的交点. 在上半球面上的极点投影在基圆内,而在下半球面上的极点则投影到基圆以外. 这时,为了避免投影图纸过大,将光源改放在 N 点而投影面不变,投影点符号前加一负号,如图 3.3.7 中极点 B 的投影点为 $-B'$.

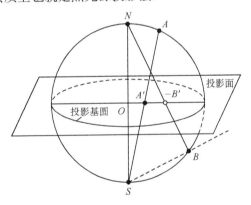

图 3.3.7　点光源极射赤面投影

以上的投影,因为光源位于参考球的一极,而投影面是一赤道平面,因此称为极射赤面投影. 投影面也可以采取任何垂直于 S、N 点连线的其他平面,这样做得到的极射投影图并不改变投影图的形状,仅改变其比例.

以立方晶胞{100}晶面族为例说明极射投影图的作法. 立方晶胞放在参考球中心,其{100}晶面族的极点如图 3.3.8(a)所示. 把光源放在(100)极点处,则投影平面平行于(100)面. 观察者逆投影光线方向,所得的极射投影图如图 3.3.8(b)所示.

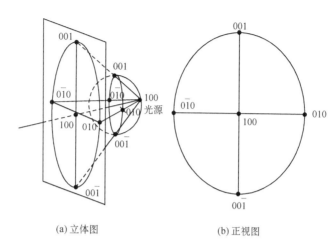

(a) 立体图   (b) 正视图

图 3.3.8　晶面极点投影图

2. 乌氏网和标准图

1) 乌氏网

乌里弗(Wulff)网简称乌氏网,是一种坐标网. 其制作是以通过参考线的南北极轴的平面作为投影面,将参考球上的经纬线一起进行极射赤面投影形成的经纬线网. 投影后仍称为经纬线,不过变为平面图形. 图 3.3.9 是完整经纬线的投影图,其中经线称为大圆,纬线是一些同赤道平面平行的平面与球面的交截线,称为小圆. 这种投影后的经纬线就是乌氏网.

乌氏网是单晶体分析中不可缺少的工具,它既可测量两极点间夹角的大小,也可推算晶体旋转时投影图的变化. 常用乌氏网的圆直径为 20 cm 或 30 cm,以 10° 为一大格,1° 为一小格.

乌氏网的主要用处有:

(1) 确定极点的极射赤面投影点. 参考球面上任一极点的球面坐标为(ρ,φ),则该点极射赤面投影点 S 在乌氏网上有同样的坐标(ρ,φ). 所以对于参考球面上任一极点,如果知道它在球面上的经度 ρ 及纬度 φ,便可以方便地画出该极点的极射赤面投影点.

(2) 两个晶面间夹角的测量. 从图 3.3.10 可看出,两晶面间夹角可以用它们的极点间弧长 P_1P_2 量度. 弧长 P_1P_2 是大圆的一部分,也就是经线的一段,所以可用分好经纬线的经线去测量此弧长. 由于经过极射投影后,极点间的关系不变,所以它们之间的夹角可用乌氏网中同一经线上的纬度进行测量.

测量时,先将投影图画在透明纸上,如图 3.3.11 所示. 然后将它蒙在乌氏网上,它们的中心钉在一起(要求极射投影基圆直径和所用乌氏网直径相等). 转动极射投影图使待测点落在同一经线上,如图 3.3.12 所示的 P_1、P_2,读出它们的纬度差,即是它们之间的夹角,约为 60°.

(3) 在极射赤面投影图中确定晶带轴. 用透明纸将极射投影点的投影图全部描下来,并标示出投影中心. 将该张透明纸覆盖到基圆相同的乌氏网上,网中心与投影中心重合.

将透明纸转到某一位置,有一系列的点落到同一条经线上,说明这些投影点所对应的晶面是属于同一晶带,这条经线称为晶带圆. 有了晶带圆就可以求出晶带轴的极点. 只要从晶带圆与赤道交点起沿赤道重合同中心所在一侧移过 $90°$,得到的点就是该晶带轴的极点. 参阅图 3.3.6 中 A 所示.

　　(4) 推算晶体旋转时投影图的变化. 利用乌氏网也可以改换投影平面. 如果把晶体以南北极为轴旋转一个角 φ,那么晶面极点 P 必然沿参考球面上的纬线移动,在投影图上的相应点 P' 应沿乌氏网中的纬线移过相应的 φ 经度. 因此,如果已知晶体的初始位置的极射投影图,利用乌氏网可以画出晶体以南北极为轴旋转任一角度 φ 后的投影图. 具体作法是把原投影图画在透明纸上,然后将它蒙在乌氏网上逐点沿其所在的纬线移动 φ 经度即可.

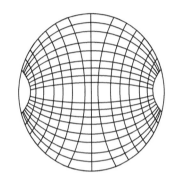

图 3.3.9　乌氏网投影图

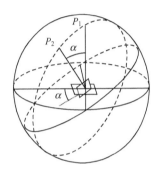

图 3.3.10　晶面夹角测量示意图

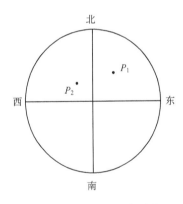

图 3.3.11　极点的表示法

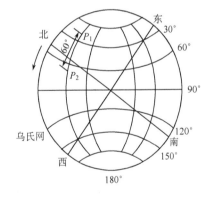

图 3.3.12　用乌氏网测晶面夹角的方法

　2) 标准图

　　对结构已知的晶体,利用极射投影的方法,以平行于晶体中某一晶面的平面作为投影面,进行极射投影(即把各晶面族沿一选定的方向进行极射投影)所得的极射投影图就是标准图.

　　对立方晶系选不同方向的投影时,得出不同形状的标准图,如果使(001)或(011)或(111)晶面与投影面平行,则(001)或(011)或(111)晶面的投影点在投影面中心,就得到了立方晶系(001)或(011)或(111)的标准极射投影,见图 3.3.13. 实际使用的标准图的直径规定为 8 cm、20 cm 或 30 cm,投影点也要多得多,标准图中标出了每个点所对应晶面的晶面指数.

标准投影图有如下几个特点:

(1)（001）标准图成四次轴对称图形,（011）标准投影图成二次轴对称图形,（111）投影图成三次轴对称图形.

(2) 低指数晶面如（111）、（110）、（001）都是几个晶带圆（包括通过圆心直线）的交点,每个晶带圆心直线和一个晶带对应,因而说明低指数晶面往往同属于几个不同的晶带.

如果一张投影图和标准图完全一样或一张不完全的投影图上的点都能和标准图对上,则这张投影图必须是和该标准图属同一结构的晶体沿同一方向的投影,通常对某一结构的晶体做出以上几个不同指数的标准图,便于进行分析工作.

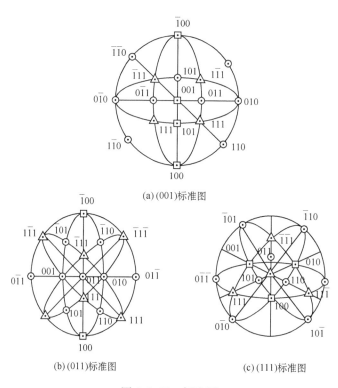

(a)（001）标准图

(b)（011）标准图   (c)（111）标准图

图 3.3.13　标准图

【实验装置】

劳厄法是用连续 X 射线射入不动单晶体试样而产生衍射的一种方法,所以进行这种实验时入射 X 线束不加任何滤波片,仅要求波长连续的 X 射线应当具有足够的强度,以便能在较短时间内得到清晰的衍射花样. 提高电压可以增加 X 射线的强度,但对原子序数较低的铜靶射线管,管压超过相应的激发电势会有标识谱产生. 如果试样中某一晶面族和这种标识 X 射线恰好符合反射条件则会出现此晶面族衍射斑点的强度显得特别高的现象. 一般不希望出现标识部分,所以最好选钨靶,铜靶也可能拍出非常好的劳厄照片. 管电压和管电流根据射线管的功率而定,若是铜靶,一般管电压为 38～40 kV,管电流为 15 mA.

【实验内容】

1. 劳厄相的拍摄

1）所需设备

包括 X 射线发生器、入射光阑、平板透射照相机和晶台等.

光阑的光孔越小,入射 X 射线束的发散度越小,光束越近于平行,这样可以使衍射线条或斑点越细,所得射线质量越高. 但光阑开口越小,入射 X 射线的总强度越小,因而要增加曝光时间. 一般选用 $1\sim1.2$ mm 光阑为宜.

平板相机一般为长方形或圆形,如图 3.3.14 所示. 相机上有一个框架装底片用,为避免可见光使底片感光,在底片前放一张不透明的黑胶片(用于拍背射劳厄法的相机托及黑胶片中心都有一个圆孔安装光阑). 相机用套杆连接,可以借助平行架的光阑套管插入 X 射线出射窗孔上固定.

晶台是用来固定晶体试样的装置. 试样可用橡皮或石蜡,也可用真空封胶固定在晶台上. 此晶台有三个互相垂直的旋转轴,试样在这三个交点处,每个旋转轴有一标出刻度的圆弧,因而可根据要求按三个方向旋转,使晶体试样调到一定取向. 晶台通过套杆放在通用照相机所在滑轨上,并能在其上移动,以调节底片和样品间的距离.

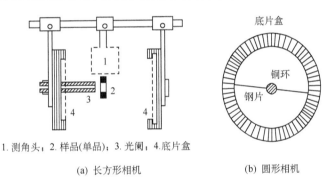

1. 测角头；2. 样品(单品)；3. 光阑；4.底片盒

(a) 长方形相机　　　　　　(b) 圆形相机

图 3.3.14　相机组合示意图

2）相机及光路调整

将背射照相机和晶台用滑轨连接,连接 X 射线出射窗孔并固定后,在晶台上插入带有荧光物质和铅玻璃以及中心悬丝的鼓形光屏,调整相机和光屏的中心在一条直线上,使从窗孔射出的 X 射线经过光阑(此光阑装在背射平板相机中心)入射到固定在晶台上的光屏上,调整光路直至正好把光点分为对称的两半(对光时管电压与管电流可适当小些,只要使 X 射线打在光屏上能看到明显的光点即可),取下鼓形光屏,装入透射相机. 该相机上水平放置一钢片条,它在底片上所留的痕迹就是外坐标的 x 轴. 在钢片中央有一小杯,在小杯内放有一小荧光屏,利用它作为指示器来调节底片盒,以保证原 X 射线在底片中央. 若光点不在中央可调节相机架的顶上螺钉,使片盒上、下移动,使之在中心小杯内出现一光点,然后关机.

3）拍摄劳厄相

取下片盒（取时应小心，不要碰其他部件，以免调节好的位置被破坏），到暗室装上底片. 以入射线方向为基准，在底片的左上角作上记号，一般采取截一小角. 装好底片后，再把底片盒装在套杆上，开机再检查一下 X 射线是否打在中心杯的中心. 若一切正常后小心地取下带小杯的钢片，开机并打开辐射窗口，X 射线照在底片中心 1～2 s 以便在底片上留下中心斑点. 然后放上钢片，曝光拍照共 2 h. 分两次拍摄，每次仪器关闭 10 min，拍完后冲洗.

以上工作要注意正确使用 X 射线机，并严格注意安全防护.

2. 劳厄相的分析

一个好的劳厄相片拍完后，关键问题就是要正确处理与分析.

1）准备工作

（1）在透明纸上描下劳厄相. 把劳厄相片放在透明纸下，底片的下面朝上（即横线在水平方向，缺角在右上角）. 底片中心与透明纸中心重合（通过中心先画两条互相垂直的线作为外坐标 y 轴与 x 轴），并使底片上的横线与所画直线之一相重合，描出劳厄斑点的位置.

（2）斑点编号. 找出两个至三个点最密的椭圆，用点画出晶带曲线，将每个斑点编号.

2）由劳厄相求出极射投影图

（1）用极射赤面投影法作投影图. 根据劳厄相机的结构，可以把 X 射线在晶体上的衍射过程画成如图 3.3.15 所示的平面图. X 射线垂直于底片 $\phi\phi'$ 射向晶体，入射线与底片截于 O 点，$\pi\pi'$ 表示某一晶面，X 射线的掠射角为 θ，衍射线与底片 $\phi\phi'$ 截于 P（即劳厄斑点）. 为了求出 $\pi\pi'$ 晶面在底片上的极射投影，以晶体所在点 O' 为圆心作参考球，投影光源放在 X 射线与参考球的截点 A，晶面 $\pi\pi'$ 的法线与参考球截于 N（即晶面极点）后落在 $\phi\phi'$ 上的 Q 点，从拍出的劳厄斑点 P 可以找出对应的极射投影点 Q. 劳厄斑点 P 和对应的晶面极点 Q 位于通过中心 O 的一条直线上，但分别在中心两侧. 由几何关系 $\angle OAQ = 1/2\angle OO'N = 1/2(90° - \theta)$，可得

$$OP = OO'\tan(2\theta)$$

$$OQ = OA\tan[(90° - \theta)/2] \tag{3.3.1}$$

式中 OO' 为试样与底片的距离 d，一般取 3～5 cm（实验中可取 4 cm）. 为了使投影图和标准图与乌氏网有同样的大小，取 $OA = 9$cm，因为实验室中乌氏网的直径 D 为 18 cm，而 $D = 2OA$. 由底片可直接测出 OP（即 S），于是 θ 可求出，从而 OQ（即 S'）也可求出. POQ 在同一直线上，从 OP 又可求出 OQ，这就解决了 P 点定 Q（极点）的问题. 具体过程为：分别测出编上号的斑点到中心点 O 的距离，得 OP_1，OP_2，…. 然后根据式（3.3.1）计算出 OQ_1，OQ_2，…，分别于 OP_1、OP_2 的延长线上距离 O 点为 OQ_1、OQ_2…处，对应地画出 Q_1，Q_2，…诸点，就作出了该晶带的极射投影图.

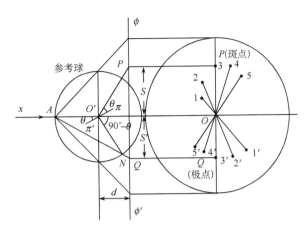

图 3.3.15 由劳厄斑点作极点的示意图

一般底片与试样的距离 $d(OO')$ 是常数,同时乌氏网的大小也是一定的,因此可预先利用式(3.3.1)算出 θ 与 S(即 OP)的对应值,从而再算出 S'(即 OQ),据此就可以用硬纸或胶片自制 S 与 S' 的换算尺(称为投影尺),如图 3.3.16 所示. 利用此尺可直接由劳厄斑点确定其相应的晶面极点位置,从而简化劳厄相片转化成极射投影的工作,见图 3.3.17.

图 3.3.16 投影尺

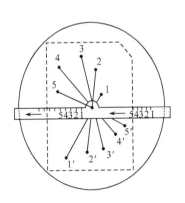

图 3.3.17 投影尺的使用方法

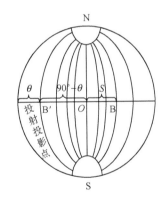

图 3.3.18 用乌氏网找极点示意图

(2)用乌氏网作投影图. 如果没有极射投影尺,也可以在乌氏网上作出各衍射斑点的极射赤面投影点. 将复制有劳厄斑点相的透明纸同心覆盖在乌氏网上并转动透明纸,使某一斑点转到乌氏网直径上,量出 S,然后由式(3.3.1)计算 θ 值(对于一定的 d 可以先编制一个 S-θ 表),则从网的中心沿直径向中心另一边移过$(90°-\theta)$角度的点,即为该劳厄斑点的极射赤面投影点,如图 3.3.18 所示. 用同样的方法可以作出所有劳厄衍射斑点的极射赤面投影点.

最后转动透明纸,使同一椭圆上的斑点的极射赤面投影点落到乌氏网的某条经线上(如果偏差超过 $0.5°\sim0.8°$,便是投影做得不准确,或中心点有偏差,需要重新矫正),并将同一晶带的投影点用点线连接.

3) 从极射投影图定晶向

(1) 定出晶面指数. 极射赤面投影图定出后,要对这些点指标化,从而定出晶向.

第一种办法是改换投影平面,使投影点与标准图重合. 已知标准图是以主晶面(001)、(011)、(111)等投影平面所做的晶面投影图,而拍片时,晶体方位一般是任意的,因此由劳厄斑点所对应的投影点一般不能与标准图相合. 如果设想将晶体转动一个角度,使某一主晶面与原射线(即投影方向)一致,则它的投影点将和某一标准图重合,这种方法可以通过改换投影面的方法来实现.

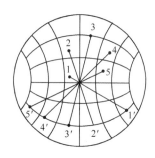

图 3.3.19 极点落在乌氏网
经线上示意图

首先选择劳厄相中斑点最多、强度比较大的一条晶带曲线(椭圆). 因属于主要晶带轴的晶面上其原子密度比较大,这种晶面对 X 射线的衍射比较强,因此在底片得到比较黑的斑点. 所以选多数斑点较黑的椭圆,就可能是一个主要晶带轴,这些晶带的法线必然都在垂直于晶带轴的平面内. 于是,当在描图纸上画出劳厄斑点的相应极点,利用乌氏网绕投影中心转动描图纸,使晶面极点落在乌氏网的某一条经线上,如图 3.3.19 所示. 这样做的实际效果是对参考球南北极的方位作了一个方便的选择.

经过上述操作,各晶面极点都已落在同一经线上,因此晶带轴必然在赤道面内,不过它指向的经度不一定是零度. 如果把晶体旋转一下,可使该晶带轴恰指经度为零度,即与 X 射线方向一致. 所以必须先找出晶体所应转过的角度,而这个角度既然是晶带轴与 OA 之间的夹角,φ 也就应该是晶带各晶面极点所在的经线和 $\pm90°$ 的经线的夹角. 因为晶带轴和 OA 重合时,各晶面极点必都落在 $\pm90°$ 经线上. 这样晶面极点所在经线的度数与 $\pm90°$ 之差就等于 φ 角,于是就求出了晶体应该旋转的角度. 我们这样旋转的结果,使各极点沿纬度移到基圆的圆周上,所移的角度可以从乌氏网读出. 把投影图放在标准图上,找出与圆周上这些投影点相重合的标准图. 如果重合,便可标出各投影点的指数,并且在投影图中将主晶轴[100]、[010]、[001]的位置补上,斑点选在斑点最多的椭圆上,重合几率很大,如果不与任一标准图重合,则须另选一晶带椭圆,把投影移到圆周上,重复上述操作,直到重合为止. 将投影纸上所有的投影点(包括外坐标)沿着各自的纬线转移同样大的角度,把它们标记下来.

第二种方法是在得到劳厄衍射花样的衍射赤面投影图后,再借助于乌氏网及晶面夹角数值表,用尝试法可以定出投影图中所有极点的密勒指数,但在实际工作中只要测出一些低指数的晶面簇,如(001)、(011)、(111)等的指数即已足以解决晶体的定向问题,这种具体方法不再详述.

(2) 确定某晶面与外坐标的夹角. 根据照相时试样与底片的几何排列,可确定某晶面与外坐标的夹角. 通常对外坐标的选择是以晶体为原点,以入射 X 射线的反方向为正 z 轴,y 轴垂直向上,水平轴为 x 轴(即底片上的白线痕迹)组成右手直角坐标系. 实验的任务是要最后求出定晶面,如(100)、(110)或(111)的法线与 x、y、z 三轴的夹角(x、y 轴投影点在大圆上,z轴投影点在中心),也就是确立主晶轴与外坐标轴之间的夹角.

经过指标化后,主要晶轴已经知道(或补上)了. 将晶轴向相反方向沿着同一纬度转回原来的同一角度,这样的原投影图再蒙在乌氏网上同心地转动,使待测夹角的两点(比如晶轴(100)和外坐标轴之一的投影点)落在同一经线上,读出它们在乌氏网上的纬度差,就是两轴之间的夹角. 同样可以确定其他晶间轴的夹角.

3. 注意事项

(1) 劳厄照相机的构造是敞开式的,在照相过程中,一定有散射 X 射线辐射,因此应注意尽量减少在机旁停留时间,并用铅玻璃板进行防护.

(2) 除需要射线的时间外,应关闭辐射窗口,减少不必要的辐射.

【思考题】

(1) 在实验中试样为什么要严格固定在一定的方位上?

(2) 在装入底片时为什么要求作截角标记?

(3) 什么叫晶面族和晶带轴?

参 考 文 献

许顺生. 1965. 金属 X 射线学. 上海:上海科学技术出版社

周公度. 1982. 晶体结构测定. 北京:科学出版社

专题实验 4 微 波 技 术

4.1 微波传输特性的测量

微波技术是近代发展起来的一门尖端科学技术,它不仅在通信、原子能技术、空间技术、量子电子学以及农业生产等方面有着广泛的应用,在科学研究中,它也是一种重要的观测手段. 由于微波的波长很短,传输线上的电压、电流既是时间的函数,又是位置的函数,使得电磁场的能量分布于整个微波电路而形成"分布参数",导致微波的传输与普通无线电波完全不同. 此外微波系统的测量参量是功率、波长和驻波参量,这也是和低频电路不同的.

微波的发展与无线通信的发展分不开. 1901 年马可尼(Marconi)使用 800 kHz 中波信号进行了从英国到北美纽芬兰的世界上第一次横跨大西洋的无线电波的通信试验,开创了人类无线通信的新纪元. 1923 年人们发现短波通信,直到 20 世纪 60 年代卫星通信的兴起,它一直是国际远距离通信的主要手段. 微波通信是 20 世纪 50 年代的产物,由于其通信的容量大而投资费用少(约占电缆投资的五分之一)、建设速度快、抗灾能力强等优点从而得到迅速的发展.

【实验目的】

(1) 了解波导测量系统,熟悉基本微波原件的作用;
(2) 掌握频率计、测量线的正确使用;
(3) 掌握频率、驻波比等微波基本参数的测量.

【实验原理】

1. 微波的传输特性

在微波波段中,为了避免导线辐射损耗和趋肤效应等的影响,一般采用波导作为微波传输线. 微波在波导中传输具有横电波(TE 波)、横磁波(TM 波)和横电波与横磁波的混合波三种形式. 微波实验中使用的标准矩形波导管,通常采用的传输波型是 TE_{10} 波.

波导中存在入射波和反射波,描述波导管中匹配和反射程度的物理量是驻波比或反射系数. 依据终端负载的不同,波导管具有三种工作状态:
(1) 当终端接匹配负载时,反射波不存在,波导中呈行波状态;
(2) 当终端接短路板时,终端全反射,波导中呈纯驻波状态;
(3) 一般情况下,终端是部分反射,波导中传输的既不是行波,也不是纯驻波,而是呈混波状态.

2. 微波频率的测量

微波的频率是表征微波信号的一个重要物理量,频率的测量通常采用数字式频率计或吸收式频率计进行测量. 下面主要介绍较常用的吸收式频率计的工作原理. 当调节频率计, 使其自身空腔的固有频率与微波信号频率相同时, 则产生谐振, 此时通过连接在微波通路上的微安表或功率计可观察到信号幅度明显减小的现象(注意: 应以减幅最大的位置作为判断频率测量值的依据).

3. 波导波长的测量

根据驻波分布的特性, 在波导系统终端短路时, 在传输系统会形成纯驻波分布状态, 在这种情况下, 两个驻波波节点之间的距离为二分之一波导波长, 所以只要测量出两个驻波波节点(或波腹点)之间的距离就可以得到信号源工作频率所对应的波导波长(图 4.1.1).

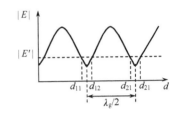

图 4.1.1　交叉读数法测量波导波长

为了使测量得到的波导波长精度较高, 可采用交叉读数法进行测量: 在系统调整良好的状态下, 通过测定一个驻波波节点(或波腹点)两侧相等指示$|E'|$值所对应的位置 d_{11}、d_{12}, 取 d_{11}、d_{12} 的平均值得到对应驻波波节点的位置值 d_{01}. 用同样的方法测定另一个相邻波节点的位置 d_{02}, 则 d_{01}、d_{02} 与系统中波导波长 λ_g 之间的关系为

$$\lambda_g = 2 \times |d_{02} - d_{01}| \tag{4.1.1}$$

$$d_{01} = \frac{d_{11} + d_{12}}{2}, \quad d_{02} = \frac{d_{21} + d_{22}}{2} \tag{4.1.2}$$

4. 驻波比的测量

驻波比 ρ 定义为驻波中电场最大值与最小值之比, 即

$$\rho = \frac{E_{\max}}{E_{\min}} \tag{4.1.3}$$

其中 $E_{\max}$ 和 $E_{\min}$ 分别表示波导中驻波极大值点与驻波极小值点的电场强度.

由于终端负载不同, 对微波的反射情况不同, 驻波比 ρ 也有大中小之分. 因此驻波比测量的首要问题是, 根据驻波极值点所对应的检波电流, 粗略估计驻波比 ρ 的大小. 在此基础上, 再作进一步的精确测定. 实验中微波信号比较弱, 可认为检波晶体(微波二极管)符合平方律检波, 否则需进行修正. 依据式(4.1.3)求出 ρ 的粗略值后, 再按照驻波比的三种情况, 进一步精确测定 ρ 值.

(1) 大驻波比($\rho > 10$)的测量. 在大驻波比情况下, 检波电流 $I_{\max}$ 与 $I_{\min}$ 相差太大, 在波节点上检波电流极微, 在波腹点上二极管检波特性远离平方律, 故不能用式(4.1.3)计算驻波比 ρ, 可采用"二倍极小功率法". 如图 4.1.2 所示, 利用驻波测量线测量极小点两旁功率为其二倍的点坐标, 进而求出 d(d 为等指示度之间的距离), 则

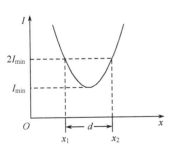

图 4.1.2　二倍极小功率法

$$\rho = \frac{\lambda_g}{\pi d} \tag{4.1.4}$$

必须指出:d 与 λ_g 的测量精度对测量结果影响很大,因此 d 必须用高精度的探针位置指示装置(如百分表)进行读数.

(2) 中驻波比($1.5 \leqslant \rho \leqslant 10$)的测量. 中驻波比的情况可直接根据式(4.1.3)计算.

$$\rho = \frac{E_{\max}}{E_{\min}} = \sqrt{\frac{I_{\max}}{I_{\min}}} \tag{4.1.5}$$

(3) 小驻波比($1.005 \leqslant \rho \leqslant 1.5$)的测量. 在小驻波比情况下,驻波极大值点与极小值点的检波电流相差细微,因此采用测量多个相邻波腹与波节点的检波电流值,进而取平均的方法.

$$\rho = \frac{E_{\max 1} + E_{\max 2} + \cdots + E_{\max n}}{E_{\min 1} + E_{\min 2} + \cdots + E_{\min n}} = \sqrt{\frac{I_{\max 1} + I_{\max 2} + \cdots + I_{\max n}}{I_{\min 1} + I_{\min 2} + \cdots + I_{\min n}}} \tag{4.1.6}$$

【实验装置】

1. 微波测试系统的基本组成

微波测试系统主要包括三个部分:微波信号源部分、测量电路部分和检测指示部分. 微波信号源部分包括微波信号源、隔离器等;测量电路部分包括测量线、调配器件、待测元件等重要元器件;检测指示部分包括一些检测显示仪表,如频率计、功率计、示波器、直流电流表等. 图 4.1.3 是一个基本的微波测试系统,在此系统上可按需要增减不同的微波元器件,进行不同的微波实验测试.

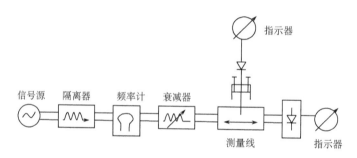

图 4.1.3 基本微波测试系统

2. 微波测试系统常用元器件简介

(1) 波导管:本实验所使用的波导管型号为 BJ-100,其内腔尺寸为 $a = 22.86$ mm,$b = 10.16$ mm.

(2) 微波源:提供所需微波信号,频率范围在 $8.6 \sim 9.6$ GHz 内可调,工作方式有等幅、方波、外调制等,实验时根据需要加以选择.

(3) 隔离器:位于磁场中的某些铁氧体材料对于来自不同方向的电磁波有着不同的吸收,经过适当调节,可使其对微波具有单方向传播的特性如图 4.1.4 所示. 隔离器常用于振荡器与负载之间,起隔离和单向传输作用.

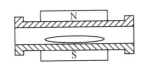
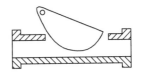

图 4.1.4　隔离器结构示意图　　　　　图 4.1.5　衰减其结构示意图

（4）衰减器：把一片能吸收微波能量的吸收片垂直于矩形波导的宽边，纵向插入波导管即成，见图 4.1.5，用以部分衰减传输功率，沿着宽边移动吸收片可改变衰减量的大小．衰减器起调节系统中微波功率的作用．

（5）谐振式频率计（波长表）：教学实验中用得较多的是"吸收式"谐振频率计．谐振式频率计包含一个装有调谐柱塞的圆柱形空腔（图 4.1.6），微波通过耦合孔从波导进入频率计的空腔中，当频率计的腔体失谐时，腔里的微波场极为微弱，此时，它基本上不影响波导中微波的传输．当微波的频率满足空腔的谐振条件时，发生谐振，反映到波导中的阻抗发生剧烈变化，相应地，通过波导中的微波信号强度将减弱，输出幅度将出现明显的跌落，从刻度套筒可读出输入微波谐振时的刻度，通过查表可得知输入微波谐振频率．

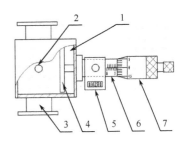

图 4.1.6　谐振式频率计结构原理图
1. 谐振腔腔体；2. 耦合孔；3. 矩形波导；
4. 可调短路活塞；5. 计数器；6. 刻度；
7. 刻度套筒

（6）驻波测量线：驻波测量线是测量微波传输系统中电场的强弱和分布的精密仪器．在波导的宽边中央开有一个狭槽，金属探针经狭槽伸入波导中．由于探针与电场平行，电场的变化在探针上感应出的电动势经过晶体检波器变成电流信号输出．

（7）晶体检波器：从波导宽壁中点耦合出两宽壁间的感应电压，经微波二极管进行检波，调节其短路活塞位置，可使检波管处于微波的波腹点，以获得最高的检波效率．

（8）匹配负载：通过做成波导段的形式，内置吸收片，吸收片做成特殊的劈形，以实现与波导间的缓慢过度匹配，终端短路，进入匹配负载的入射微波功率几乎全部被吸收，通常要求驻波比 $\rho < 1.06$，相当于没有反射．

（9）环行器：这是另一类微波铁氧体器件，其特性是：当能量从 1 端口输入时，只能从 2 端口输出，3 端口隔离；同样，当能量从 2 端口输入时只有 3 端口输出，1 端口无输出，以此类推即得能量传输方向为 1→2→3→1 的单向环行．

（10）选频放大器：用于测量微弱低频信号，信号经升压、放大，选出 1 kHz 附近的信号，经整流平滑后由输出级输出直流电平，由对数放大器展宽供给指示电路检测．

【实验内容】

1. 熟悉有关仪器的基本原理和使用

根据仪器使用说明书，掌握有关仪器的使用注意事项和正确的开关机顺序．按正确顺序开启信号源，预热 5 min 以上，调节晶体检波器，使检流计上有微波输出．

2. 微波频率测量

（1）微波信号源工作方式选择"等幅"，将电流表接入测试系统的信号输出端．调节衰减器，让电流表有一定示数（不能满偏也不能太小）．

（2）旋转波长表的测微头，当波长表与被测微波频率 f_0 谐振时，电流表上的示数将出现跌落点，读出示数最低时波长表测微头的读数，再通过查表得到对应的频率．重复测量三次取平均值（注意：波长表需慢慢仔细调节寻找谐振点，测完频率后把频率计调离谐振点）．

3. 波导波长测量

（1）将测量线终端接上短路板，使系统处于短路状态，将选频放大器接到测量线上．

（2）选择合适的驻波波节点（一般选在测量线的有效行程的中间位置），并选择一个合适的检波指示值，然后按交叉读数法读出 d_{11}、d_{12}，d_{21}、d_{22}．测量三组数据并计算波导波长 λ_g 的值．

（3）将之前测出的微波频率 f_0 视为真值，根据波导波长和微波频率的关系式（4.1.7），计算波导波长，求出百分误差

$$\lambda_g = \frac{\lambda}{\sqrt{1 - (\lambda/\lambda_c)^2}} \tag{4.1.7}$$

其中，λ 为微波频率（$\lambda = c / f_0$），λ_c 为测量线的截止波长，实验中 $\lambda_c = 2a = 45.72$ mm.

4. 驻波比测量

（1）采用适当的方法测量以下几种波导的驻波比：短路板、匹配负载、晶体检波器、开口．

（2）在以上波导中选取一种波导器件测量其驻波分布特性．待测器件安装妥当后，将测量线探针从一端缓慢移动到另一端，在移动过程中，选择合适的位置，记录下测量线探针位置 d 以及对应的电表指示值 I，绘制出 I-d 曲线即驻波分布特性图．注意至少测量两个驻波周期，并记录下波腹和波节的位置，每个波腹点和波节点之间测量不少于两个点．

【思考题】

（1）波长表可以用来调节微波频率吗？

（2）微波测试系统在进行除频率以外的其他参数测试时，为什么要将波长表调节至失谐状态？

（3）开口波导的 $\rho \neq \infty$，为什么？

（4）进行驻波比的测量时，能否改变微波的输出功率或衰减大小？

参 考 文 献

戴道生等. 1987. 铁磁学. 北京:科学出版社

毛钧杰等. 2004. 电磁场与微波工程基础. 北京：电子工业出版社

吴思诚. 2005. 近代物理实验. 北京:高等教育出版社

杨福家. 2000. 原子物理学. 北京:高等教育出版社
曾谨言. 1998. 量子力学. 北京:北京大学出版社

4.2　微波介质特性分析

　　微波技术会广泛使用到各种微波材料,如电介质和铁氧体材料等. 然而,微波材料在应用前都需要准确地知道其微波特性,因此微波介质材料的介电特性的测量和机理研究成为人们关注的课题. 微波介质特性的测量对于研究材料的微波特性和制作微波器件、获得材料的结构信息以促进新材料的研制,以及促进现代尖端技术(吸收材料和微波遥感)等都有重要意义.

【实验目的】

　　(1) 了解谐振腔的基本知识;

　　(2) 学习用谐振腔法测量介质特性的原理和方法.

【实验原理】

　　谐振腔是两端封闭的金属导体空腔,具有储能、选频等特征,常见的谐振腔有矩形和圆柱形两种,本实验采用反射式矩形谐振腔. 反射式谐振腔是把一段标准矩形波导管的一端加上带有耦合孔的金属板,另一端加上封闭的金属板,构成谐振腔,具有储能、选频等特性. 谐振腔发生谐振时,腔长必须是半个波导波长的整数倍,此时,电磁波在腔内连续反射,产生驻波.

　　谐振腔的有载品质因数 Q_L 由下式确定:

$$Q_L = \frac{f_0}{|f_1 - f_2|} \tag{4.2.1}$$

式中 f_0 为腔的谐振频率,f_1,f_2 分别为半功率点频率(图 4.2.1). 谐振腔的 Q 值越高,谐振曲线越窄,Q 值的高低不仅表示谐振腔效率的高低,还表示频率选择性的好坏.

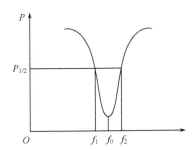

图 4.2.1　反射式谐振腔谐振曲线

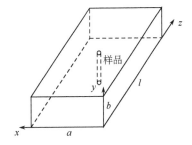

图 4.2.2　微扰法 TE_{10n} 模式矩形腔示意图

　　谐振腔内放入介质样品时,样品在腔中电场的作用下就会被极化,并在极化的过程中产生能量损失,因此谐振腔的谐振频率和品质因数将会变化. 根据电磁场理论,电介质在交变电场的作用下,存在转向极化,且在极化时存在弛豫,因此它的介电常量为复数

$$\varepsilon = \varepsilon' - i\varepsilon'' \tag{4.2.2}$$

式中 ε' 和 ε'' 分别表示 ε 的实部和虚部. 由于存在着弛豫, 电介质在交变电场的作用下产生的电位移滞后电场一个相位角 δ, 且有

$$\tan\delta = \frac{\varepsilon'}{\varepsilon''} \tag{4.2.3}$$

由于电介质的能量损耗与 $\tan\delta$ 成正比, 因此 $\tan\delta$ 也称为损耗因子或损耗角正切.

如果所用样品体积远小于谐振腔体积, 则可认为除样品所在处的电磁场发生变化外, 其余部分的电磁场保持不变, 因此可把样品看成一个微扰, 则样品中的电场与外电场相等. 选择 TE_{10n}(n 为奇数) 的谐振腔, 将样品棒置于谐振腔内微波电场最强而磁场最弱处, 即 $x = a/2, z = l/2$ 处, 且样品棒的轴向与 y 轴平行, 如图 4.2.2 所示.

假如介质棒是均匀的, 而谐振腔的品质因数又较高, 根据谐振腔的微扰理论可得下列关系式:

$$\frac{f_{\mathrm{s}} - f_0}{f_0} = -2(\varepsilon' - 1)\frac{V_{\mathrm{s}}}{V_0} \tag{4.2.4}$$

$$\Delta\frac{1}{Q_{\mathrm{L}}} = 4\varepsilon''\frac{V_{\mathrm{s}}}{V_0}$$

式中 f_0、f_{s} 分别为谐振腔放入样品前后的谐振频率, V_0、V_{s} 分别为谐振腔体积和样品体积, $\Delta(1/Q_{\mathrm{L}})$ 为样品放入前后谐振腔的有载品质因数的倒数的变化, 即

$$\Delta\left(\frac{1}{Q_{\mathrm{L}}}\right) = \frac{1}{Q_{\mathrm{LS}}} - \frac{1}{Q_{\mathrm{L0}}} \tag{4.2.5}$$

Q_{L0}, Q_{LS} 分别为放入样品前后谐振腔的有载品质因数.

【实验装置】

实验测试系统框图如图 4.2.3 所示:

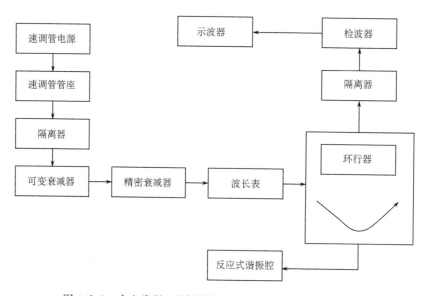

图 4.2.3　介电常量 ε 及损耗角正切 $\tan\delta$ 的测试系统方框图

【实验内容】

(1) 按图 4.2.3 连接测试系统,使信号源处于扫频工作状态.

(2) 在样品未插入腔内时,改变信号源的中心工作频率,使谐振腔工作在谐振状态,用示波器观察谐振曲线(图 4.2.1),波长表测出谐振腔的谐振频率 f_0.

(3) 测定示波器横轴的频标系数 K(即单位长度所对应的频率范围,以 MHz / div 表示). 利用波长表在示波器上形成的"缺口尖端"为标志点,调节波长表,使吸收峰在示波器横向移动适当距离 ΔL,由波长表读出相应的频率差值 Δf,则频标系数 $K = \Delta f / \Delta L$(一般可以做到 $K = 0.4$ MHz/div). 测出半功率点的距离 $|L_1 - L_2|$,由频标系数 K 求出谐振曲线的半功率频宽 $|f_1 - f_2|$.

(4) 在样品插入后,改变信号源的中心工作频率,使谐振腔处于谐振状态,再用上述方法测量的谐振频率 f_s 和半功率频宽 $|f'_1 - f'_2|$.

(5) 利用式(4.2.1)算出 Q_{L0}、Q_{LS},其中 Q_{L0} 为样品放入前的品质因数,Q_{LS} 为样品放入后的品质因数,利用式(4.2.2)~式(4.2.4)算出 ε 和 $\tan\delta$.

【思考题】

(1) 如何判断谐振腔是否谐振?

(2) 影响测量介电常量和介电损耗角精确度的因素有哪些?

参 考 文 献

戴道生等. 1987. 铁磁学. 北京:科学出版社

毛钧杰等. 2004. 电磁场与微波工程基础. 北京:电子工业出版社

吴思诚. 2005. 近代物理实验. 北京:高等教育出版社

杨福家. 2000. 原子物理学. 北京:高等教育出版社

曾谨言. 1998. 量子力学. 北京:北京大学出版社

4.3　微波铁磁共振

　　铁磁共振是指铁磁体材料在受到相互垂直的稳恒磁场和交变磁场的共同作用时发生的共振现象,它观察的对象是铁磁介质中的未成对电子,因此它也可以说是铁磁介质中的电子自旋共振. 铁磁共振是研究物质宏观性能和微观结构的重要实验手段,利用铁磁共振现象可以测量铁磁体材料的 g 因子、共振线宽、弛豫时间等性质,该项技术在微波铁氧体器件的制造、设计等方面有着重要的应用价值.

　　早在 1935 年朗道(Landau)等就提出铁磁性物质具有铁磁共振特性. 随着超高频技术的发展,1946 年格里菲斯(Griffiths)在约 9 GHz 和约 25 GHz 微波频率下观测到金属 Fe、Co 和 Ni 薄膜的铁磁共振. 1947 年伯克斯(Birks)和 1948 年休伊特(Hewitt)在微波频段又先后观测到非金属 $\gamma\text{-}Fe_2O_3$ 和 $(Mn, Zn)Fe_3O_4$ 的铁磁共振. 自此之后,人们开始了铁磁共振技术的应用研究.

【实验目的】

(1) 进一步熟悉微波传输中常用的元件及其作用；

(2) 了解用谐振腔法观测铁磁共振的测量原理和实验条件；

(3) 通过观测铁磁共振和测定有关物理量，认识铁磁共振一般特性.

【实验原理】

1. 铁磁共振现象

物质的磁性来源于原子磁矩，原子磁矩包括电子轨道磁矩、电子自旋磁矩和核磁矩三部分. 在铁磁性物质中，核磁矩比电子磁矩小三个数量级可以忽略，同时电子轨道磁矩由于受晶场作用，方向不停变化，不能产生联合磁矩，因此其原子磁矩主要来源于未满壳层中未配对电子的自旋磁矩. 铁磁物质由于电子自旋之间存在着强耦合作用，使其内部存在着许多自发磁化的小区域，即磁畴. 没有外磁场作用时，"磁畴"的排列呈无序状态，不显磁性，若外加磁场，铁磁物质将被磁化.

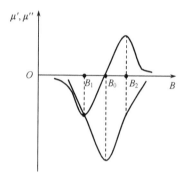

图 4.3.1 μ'-B 和 μ''-B 曲线

铁磁物质的磁导率在恒磁场中可以用简单的实数来表示，而在稳恒磁场 B 和交变磁场 B' 的同时作用下时，其磁导率 μ 就要用复数来表示

$$\mu = \mu' + j\mu'' \tag{4.3.1}$$

实部 μ' 为铁磁性物质在恒定磁场 B 中的磁导率，它决定磁性材料中储存的磁能，虚部 μ'' 则反映交变磁能在磁性材料中的损耗. 当交变磁场 B' 频率固定不变时，μ'、μ'' 随 B 变化的曲线如图 4.3.1 所示. μ'' 在 B_0 处达到最大值，称为共振吸收，此现象称为铁磁共振. B_0 称为共振磁场值，它与交变磁场频率 f 满足如下关系：

$$2\pi f = \gamma B_0 = \frac{g\mu_B}{\hbar}B_0 \tag{4.3.2}$$

式中，γ 为铁磁物质的旋磁比，μ_B 为玻尔磁子，$\hbar$ 是约化普朗克常量，g 为朗德 g 因子. $\mu'' = \mu''_{max}/2$ 两点所对应的磁场间隔 $B_2 - B_1$ 称为铁磁共振线宽 ΔB. ΔB 是描述微波铁氧体材料性能的一个重要参量，它的大小标志着磁损耗的大小，测量 ΔB 对于研究铁磁共振的机理和提高微波器件的性能是十分重要的.

铁磁共振现象是如何发生的呢？铁磁共振在原理上与核磁共振、顺磁共振相似. 从宏观唯象理论来看，铁氧体的磁矩 M 在外加恒磁场 B 的作用下绕着 B 进动，进动频率 $\omega = \gamma B$，由于铁氧体内部存在阻尼作用，M 的进动角会逐渐减小，结果 M 逐渐趋于平衡方向(B 的方向). 当外加微波磁场 B' 的角频率与 M 的进动频率相等时，M 吸收外界微波能量，用以克服阻尼并维持进动，这就发生共振吸收现象.

从量子力学观点来看，在恒磁场作用下，原子能级分裂成等间隔的几条，当微波电磁场的量子 $\hbar\omega$ 刚好等于两个相邻塞曼能级间的能量差时，就发生共振现象. 这个条件是

$$\hbar\omega = |\Delta E| = B_g\mu_B|\Delta m| \tag{4.3.3}$$

吸收过程中发生选择定则 $\Delta m = -1$ 的能级跃迁,这时上式变成 $\hbar\omega = \Delta E = \gamma\hbar B$,与经典结果一致.

当磁场改变时,M 趋于平衡态的过程称为弛豫过程. M 在趋于平衡态过程中与平衡态的偏差量减小到初始值的 $1/e$ 时所经历的时间称为弛豫时间. M 在外磁场方向上的分量趋于平衡值所需的特征时间称为纵向弛豫时间 τ_1. M 在垂直于外加磁场方向上的分量趋于平衡值的特征时间称为横向弛豫时间 τ_2. 在一般情况下,$\tau_1 \approx \tau_2 = 2/(\gamma\Delta B)$,为了方便,把 τ_1、τ_2 统称为弛豫时间 τ,则有

$$\tau = \frac{2}{\gamma\Delta B} \tag{4.3.4}$$

测量弛豫时间对于研究分子运动及其相互作用是很有意义的.

2. 传输式谐振腔

观察铁磁共振通常采用传输式谐振腔法,其原理如图 4.3.2 所示. 传输式谐振腔是一个封闭的金属导体空腔,由一段标准矩形波导管,在其两端加上带有耦合孔的金属板,就可构成一个传输式谐振腔. 传输式谐振腔与反射式谐振腔一样,在发生谐振时,腔长必须是半个波导波长的整数倍,谐振腔的有载品质因数 Q_L 由式(4.2.1)确定.

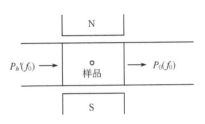

图 4.3.2　传输式谐振腔测 ΔB

当把样品放在腔内微波磁场最强处时,会引起谐振腔的谐振频率和品质因数的变化. 如果样品很小,可看成一个微扰,即放进样品后所引起谐振频率的相对变化很小,并且除了样品所在的地方以外,腔内其他地方的电磁场保持不变,这时就可以使用谐振腔的微扰理论.

把样品放到腔内微波磁场最大处,将会引起谐振腔的谐振频率 f_0 和品质因数 Q_L 的变化.

$$\frac{f - f_0}{f_0} = -A(\mu' - 1) \tag{4.3.5}$$

$$\Delta\left(\frac{1}{Q_L}\right) = 4A\mu'' \tag{4.3.6}$$

式中 f_0、f 分别为无样品和有样品时腔的谐振频率,A 为与腔的振荡模式和体积及样品的体积有关的常数.

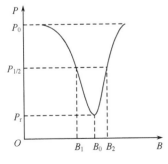

图 4.3.3　输出功率 P 与磁场 B 的曲线

可以证明,在保证谐振腔输入功率 $P_{in}(f_0)$ 不变和微扰条件下,输出功率 $P_{out}(f_0)$ 与 Q_L^2 成正比. 要测量铁磁共振线宽 ΔB 就要测量 μ''. 由式(4.3.6)可知,测量 μ'' 即是测量腔的 Q_L 值的变化,而 Q_L 值的变化又可以通过腔的输出功率 $P_{out}(f_0)$ 的变化来测量. 因此,测量铁磁共振曲线就是测量输出功率 P 与恒定磁场 B 的关系曲线. 如图 4.3.3 所示.

对于传输式谐振腔,在谐振腔始终调谐时,当输入功率 $P_{in}(\omega_0)$ 不变的情况下,有

$$P_{\text{out}}(\omega_0) = \frac{4P_{\text{in}}(\omega_0)}{Q_{e1} \cdot Q_{e2}} \cdot Q_{\text{L}}^2 \qquad (4.3.7)$$

即 $P_{\text{out}}(f_0) \propto Q_{\text{L}}^2$. 式中 Q_{e1}、Q_{e2} 为腔外品质因数. 因此可通过测量 Q_{L} 的变化来测量 μ'',而 Q_{L} 的变化可以通过腔的输出功率 $P_{\text{out}}(f_0)$ 的变化来测量,这就是测量 ΔB 的基本思想.

固定输入谐振腔的微波频率和功率,改变磁场 B,测出相应的输出功率 P,即得到图 4.3.3 所示的 $P\text{-}B$ 曲线,图中 P_0 为远离铁磁共振区域时谐振腔的输出功率,P_r 为共振时的输出功率,与 μ''_{max} 对应,$P_{1/2}$ 为半共振点,与 $\mu''_{1/2}$ 对应. 在铁磁共振区域,由于样品的铁磁共振损耗,使输出功率降低. $P_{1/2}$ 由 P_0 和 P_r 决定,且

$$P_{1/2} = \frac{4P_0}{(\sqrt{P_0/P_r}+1)^2} \qquad (4.3.8)$$

实验时由于样品 μ'' 的变化会使谐振频率发生偏移(频散效应),为了得到准确的共振曲线和线宽,在逐点测绘铁磁共振曲线时,对于每一个恒磁场 B,都要稍微改变谐振频率,使它与输入谐振腔的微波频率调谐. 这在实验中难以做到,通常做法是考虑到样品谐振腔的频散效应后,对式(4.3.5)进行修正,修正公式为

$$P_{1/2} = \frac{2P_0P_r}{P_0+P_r} \qquad (4.3.9)$$

如果检波晶体管的检波满足平方律关系,则检波电流 $I \propto P$,则上式为

$$I_{1/2} = \frac{2I_{\infty}I_r}{I_{\infty}+I_r} \qquad (4.3.10)$$

因此,只要测出 $I\text{-}B$ 曲线,即算得 ΔB 和 B_0. 另外,由铁磁共振条件式(4.3.2),根据外加磁场 B_0 和微波频率 f_0,可求得 g 因子,由式(4.3.4)可求得弛豫时间 τ.

【实验装置】

产生磁共振的方法有两种:扫场法和扫频法. 保持交变电磁场的频率不变,改变稳恒外磁场大小达到磁共振的方法称为扫场法. 保持稳恒外磁场大小不变,改变交变电磁场的频率达到磁共振的方法称为扫频法.

本实验系统采用扫场法观察微波铁磁共振现象. 用示波器观测单晶铁氧体样品的共振曲线,并逐点测量的方法测量多晶铁氧体的 B_0(磁共振点的磁场)和共振线宽 ΔB. 实验装置框图如图 4.3.4 所示. 谐振腔采用矩形传输式谐振腔,样品是铁氧体小球,直径约 1 mm. 外磁场 B 由一个可调节的直流磁场和一个与之叠加的 50 Hz 交变磁场(扫场)组成,将直流磁场调节到 B_0 附近,当合成磁场与 B_0 相等时,就会出现磁共振信号.

【实验内容】

1. 用示波器观察单晶样品的磁共振波形

(1)开启微波信号源,选择"等幅"方式,预热 10 min. 调节信号振荡频率,使之与样品谐振腔的谐振频率相同,系统达到谐振状态.

(2)将白色外壳的单晶铁氧体样品装到谐振腔内,外磁场采用"扫场"状态(磁共振实验仪的"扫描/检波"按钮调到"扫场"位置),并将"扫场"宽度调到最大.

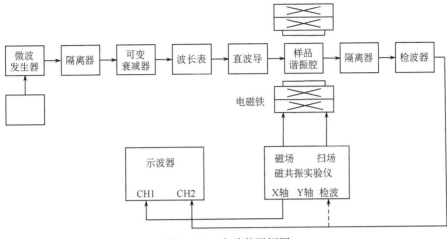

图 4.3.4　实验装置框图

（3）从磁共振实验仪的 X 轴引出磁场扫描信号接入示波器的 CH1 输入端，检波器的输出信号接入示波器的 CH2 输入端，示波器工作状态调到 X-Y 模式.

（4）调节电磁铁的励磁电流（1.7～2.0 A），在示波器上观察磁共振谐振信号.

2. 用非逐点调谐法测出多晶样品的铁磁共振曲线

（1）将半透明外壳的多晶铁氧体样品放入谐振腔内，外磁场采用直流磁场（磁共振实验仪的"扫描/检波"按钮调到"检波"位置），检波器的输出信号接入磁共振实验仪的"检波"端口，端口上方的表头将显示检波电流大小.

（2）调节磁共振实验仪"磁场"旋钮，改变磁激励电流 I_in 的大小（0～最大），测出一组激励电流 I_in 和检波指示电流 I 的数据. 反过来调节磁激励电流 I_in 由大到小（最大～0），测出另一组数据. 注意测量过程中不要改变衰减器和波长表.

（3）用特斯拉计测出磁场强度 B 与磁激励电流 I_in 的对应关系，结合之前测得的 I_in 与 I 的关系，得到磁场强度 B 与检波指示电流 I 的关系.

（4）在同一坐标纸上画出两条 I-B 曲线，由两条曲线分别找出共振磁场 B_0，利用式（4.3.10）求出 $I_{1/2}$，找出与之对应的两个磁场 B_1、B_2，求出共振线宽 ΔB. 并利用式（4.3.2）、式（4.3.4），根据微波频率 f_0，分别求出回磁比 γ、朗德 g 因子和弛豫时间 τ.

【思考题】

（1）多晶铁氧体样品的铁磁共振曲线为什么不能用示波器观察？

（2）本实验所用谐振腔内可以把样品放置于任意位置吗？

【附录】

1. 微波基本知识

1）电磁波的基本关系

描写电磁场的基本方程是

$$\Delta \cdot \boldsymbol{D} = \rho, \quad \Delta \cdot \boldsymbol{B} = 0$$

$$\Delta \times \boldsymbol{E} = -\frac{\partial \boldsymbol{B}}{\partial t}, \quad \Delta \times \boldsymbol{H} = \boldsymbol{j} + \frac{\partial \boldsymbol{D}}{\partial t} \tag{4.3.11}$$

和

$$\boldsymbol{D} = \partial \boldsymbol{E}, \quad \boldsymbol{B} = \mu \boldsymbol{H}, \quad \boldsymbol{j} = \gamma \boldsymbol{E} \tag{4.3.12}$$

方程组(4.3.11)称为 Maxwell 方程组,方程组(4.3.12)描述了介质的性质对场的影响.

对于空气和导体的界面,由上述关系可以得到边界条件(左侧均为空气中场量)

$$E_t = 0, \quad E_n = \frac{\sigma}{\varepsilon_0}, \quad H_t = i, \quad H_n = 0. \tag{4.3.13}$$

方程组(4.3.13)表明,在导体附近电场必须垂直于导体表面,而磁场则应平行于导体表面.

2) 矩形波导中波的传播

在微波波段,随着工作频率的升高,导线的趋肤效应和辐射效应增大,使得普通的双导线不能完全传输微波能量,而必须改用微波传输线. 常用的微波传输线有平行双线、同轴线、带状线、微带线、金属波导管及介质波导等多种形式的传输线,本实验用的是矩形波导管,波导是指能够引导电磁波沿一定方向传输能量的传输线.

根据电磁场的普遍规律 Maxwell 方程组或由它导出的波动方程以及具体波导的边界条件,可以严格求解出只有两大类波能够在矩形波导中传播:①横电波又称为磁波,简写为 TE 波或 H 波,磁场可以有纵向和横向的分量,但电场只有横向分量. ②横磁波又称为电波,简写为 TM 波或 E 波,电场可以有纵向和横向的分量,但磁场只有横向分量. 在实际应用中,一般让波导中存在一种波型,而且只传输一种波型,我们实验用的 TE_{10} 波就是矩形波导中常用的一种波型.

在一个均匀、无限长和无耗的矩形波导中,从电磁场基本方程组(4.3.11)和方程组(4.3.12)出发,可以解得沿 z 方向传播的 TE_{10} 型波的各个场分量为

$$H_x = \mathrm{j}\frac{\beta a}{\pi}\sin\left(\frac{\pi x}{a}\right)\mathrm{e}^{\mathrm{j}(\omega t - \beta z)}, \quad H_y = 0, \quad H_z = \mathrm{j}\frac{\beta a}{\pi}\cos\left(\frac{\pi x}{a}\right)\mathrm{e}^{\mathrm{j}(\omega t - \beta z)}$$

$$E_x = 0, \quad E_y = -\mathrm{j}\frac{\omega \mu_0 a}{\pi}\sin\left(\frac{\pi x}{a}\right)\mathrm{e}^{\mathrm{j}(\omega t - \beta z)}, \quad E_z = 0 \tag{4.3.14}$$

式中 ω 为电磁波的角频率,$\omega = 2\pi f$(f 是微波频率),a 为波导截面宽边的长度,β 为微波沿传输方向的相位常数 $\beta = 2\pi / \lambda_g$,λ_g 为波导波长

$$\lambda_g = \frac{\lambda}{\sqrt{1 - \left(\frac{\lambda}{2a}\right)^2}} \tag{4.3.15}$$

图 4.3.5 和式(4.3.14)均表明,TE_{10} 波具有如下特点:

(1) 存在一个临界波长 $\lambda = 2a$,只有波长 $\lambda < \lambda_c$ 的电磁波才能在波导管中传播;

(2) 波导波长 $\lambda_g >$ 自由空间波长 λ;

(3) 电场只存在横向分量,电力线从一个导体壁出发,终止在另一个导体壁上,并且始终平行于波导的窄边;

(4) 磁场既有横向分量,也有纵向分量,磁力线环绕电力线;

（5）电磁场在波导的纵方向 z 上形成行波，在 z 方向上，E_y 和 H_x 的分布规律相同，也就是说 E_y 最大处 H_x 也最大，E_y 为零处 H_x 也为零，场的这种结构是行波的特点.

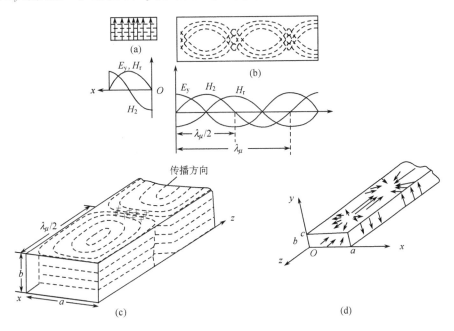

图 4.3.5　TE$_{10}$ 波的电磁场结构（a）（b）（c）及波导壁电流分布（d）

如果波导终端负载是匹配的，传播到终端的电磁波的所有能量全部被吸收，这时波导中呈现的是行波. 当波导终端不匹配时，就有一部分波被反射，波导中的任何不均匀性也会产生反射，形成所谓混合波. 为描述电磁波，引入反射系数与驻波比的概念，反射系数 Γ 定义为

$$\Gamma = E_r/E_i = |\Gamma|\,\mathrm{e}^{\mathrm{i}\varphi} \tag{4.3.16}$$

驻波比 ρ 定义为

$$\rho = \frac{E_{\max}}{E_{\min}} \tag{4.3.17}$$

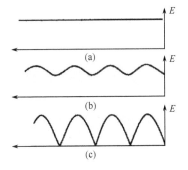

图 4.3.6　行波、混合波和驻波的振幅分布

式中 $E_{\max}$ 和 $E_{\min}$ 分别为波腹和波节点电场 E 的大小.

不难看出：对于行波，$\rho = 1$；对于驻波，$\rho = \infty$；而当 $1 < \rho < \infty$，是混合波. 图 4.3.6 为行波、混合波和驻波的振幅分布波示意图.

2. 微波信号源

1）反射速调管

反射速调管是电子速度受谐振腔电场调制的电子管的简称，调制的结果使均匀的电子流变成不均匀的电子流，然后再和高频电磁场发生相互作用而建立振荡的，是厘米和毫米波段的小功率振荡电子管. 实验室进行微波测量时，常用它来作振荡源.

反射速调管工作原理：由阴极发出的电子束，受直流电场（阳极电压 U_0）加速后，以速度

V_0 进入谐振腔,并在其中激起感应电流脉冲,从而在谐振腔内建立衰减振荡,这些振荡在它的两个栅极之间产生了交变电场. 由于受到谐振腔栅极的高频电场调剂,电子以不同的速度从谐振腔飞出来而进入反射极空间(谐振腔上栅网和反射极之间的空间). 反射极的电压一般比谐振腔低很多,因此,在谐振腔和反射极之间,形成了一个很强的直流排斥电场,使电子未飞到反射极就被迫停下来,又反射回谐振腔. 因为不同时刻穿过谐振腔的各个电子有不同的速度,所以它们在飞向反射极和返回谐振腔的过程中,就发生了电子"群聚". 如果正确的选择反射极和阳极电压,使得当谐振腔的交变电场对返回的群聚电子来说是减速场时,电子就会把自己的一部分动能交给腔内的高频电场,在谐振腔中就能维持等幅的超高频振荡.

不同振荡区的最大输出功率随 n 的增加而减少(图 4.3.7),因此在使用时要选择一最佳工作区,以便得到最大的振荡输出功率.

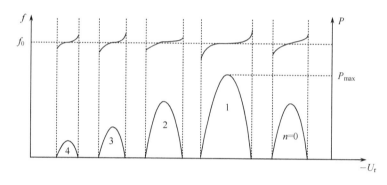

图 4.3.7　速调管振荡频率和输出功率与反射极电压关系图

反射速调管的振荡频率是由谐振腔电纳、电子团电纳与负载电纳的总和为零来决定的,如果改变反射极电压,电子渡越时间发生变化,由电子团所产生的感应电流和腔中高频振荡电压之间的相位关系也跟着变化,即电子团的电纳也改变了,所以速调管的振荡频率也随之改变. 同样,改变阳极电压也会引起速调管振荡频率的改变. 通常可利用反射极电压的变化无惯性的进行频率调节,这种方法称为"电子调谐",它广泛应用于速调管的频率自动微调和调频中. 如果要在比较大的范围内改变速调管的振荡频率,可以采用"机械谐率"的方法,改变腔的大小、形状,从而改变其腔体的固有谐振频率. 小功率反射速调管振荡器,除一般用于连续波状态工作外,常要求它工作在不同形式的调制状态,常用的有幅度调制和频率调制.

2)固态信号源(耿氏二极管振荡器)

教学实验室常用的微波振荡器除了反射速调管振荡器外,还有耿氏(或称体效应)二极管振荡器,也称之为固态源.

耿氏二极管振荡器的核心是耿氏二极管. 耿氏二极管主要是基于 n 型砷化镓的导带双谷——高能谷和低能谷结构. 1963 年耿氏在实验中观察到,在 n 型砷化镓样品的两端加上直流电压,当电压较小时样品电流随电压增高而增大;当电压 U 超过某一临界值 U_{th} 后,随着电压的增高电流反而减小(这种随电场的增加电流下降的现象称为负阻效应);电压继续增大($U > U_b$)则电流趋向饱和. 这说明 n 型砷化镓样品具有负阻特性.

　　砷化镓的负阻特性可用半导体能带理论解释. 砷化镓是一种多能谷材料,其中具有最低能量的主谷和能量较高的临近子谷具有不同的性质. 当电子处于主谷时有效质量 m^* 较小,则迁移率 μ 较高,当电子处于主谷时有效质量 m^* 较大,则迁移率 μ 较低. 在常温且无外加电场时,大部分电子处于电子迁移率高而有效质量低的主谷,随着外加电场的增大,电子平均漂移速度也增大;当外加电场大到足够使主谷的电子能量增加至 0.36 eV 时,部分电子转移到子谷,在那里迁移率低而有效质量较大,其结果是随着外加电压的增大,电子的平均漂移速度反而减小.

　　在耿氏二极管两端加电压,当管内电场 E 略大于 E_T(E_T 为负阻效应起始电场强度)时,由于管内局部电量的不均匀涨落(通常在阴极附近),在阴极端开始生成电荷的偶极畴;偶极畴的形成使畴内电场增大而使畴外电场下降,从而进一步使畴内的电子转入高能谷,直至畴内的电子全部进入高能谷,畴不再长大. 此后,偶极畴在外电场作用下以饱和漂移速度向阳极移动直至消失. 而后整个电场重新上升,再次重复相同的过程,周而复始地产生畴的建立、移动和消失,构成电流的周期性振荡,形成一连串很窄的电流,这就是耿氏二极管的振荡原理.

　　耿氏二极管的工作频率主要有偶极畴的渡越时间决定. 实际应用中,一般将耿氏管装在金属谐振腔中做成振荡器,通过改变腔体内的机械调谐装置可在一定范围内改变耿氏振荡器的工作频率.

参 考 文 献

戴道生等. 1987. 铁磁学. 北京:科学出版社

毛钧杰等. 2004. 电磁场与微波工程基础. 北京:电子工业出版社

吴思诚. 2005. 近代物理实验. 北京:高等教育出版社

杨福家. 2000. 原子物理学. 北京:高等教育出版社

曾谨言. 1998. 量子力学. 北京:北京大学出版社

专题实验 5　磁共振专题

5.1　电子自旋共振

电子自旋的概念首先由泡利(W. Pauli)于 1924 年提出,1928 年狄拉克(P. A. Dirac) 把相对论引入量子力学后,电子自旋便成为狄拉克相对论量子力学的必然结果.电子自旋共振(electron spin resonance,ESR),也称电子顺磁共振(electron paramagnetic resonance, EPR),是利用具有未成对电子的物质在静磁场作用下对电磁波的共振吸收特性,来探测物质中的未成对电子,研究其与周围环境的相互作用,从而获得有关物质微观结构的信息.凡具有未成对电子的物质,如含有奇数个电子的原子、分子,内电子壳层未填满的离子,固体中的杂质与缺陷,化学上的自由基等,都可以作为电子自旋共振的研究对象.

本实验以 DPPH 样品为研究对象,观察 DPPH 分子中未成对电子的自旋共振现象,估算电子的自旋-自旋弛豫时间.

【实验目的】

(1) 学习电子自旋共振的基本原理和实验方法;

(2) 熟悉微波器件在电子自旋共振实验中的应用;

(3) 测量 DPPH 样品中电子的自旋共振现象.

【实验原理】

1. 电子自旋共振与共振条件

原子的磁性来源于电子的轨道磁矩、自旋磁矩和核磁矩三部分.由于核磁矩比电子磁矩小三个量级,其贡献可以忽略不计.轨道磁矩与自旋磁矩合成原子的总磁矩.对于单电子的原子,总磁矩 $\boldsymbol{\mu}_j$ 与总角动量 $\boldsymbol{P}_j$ 之间有

$$|\boldsymbol{\mu}_j| = g\frac{e}{2m_e}|\boldsymbol{P}_j| = g\frac{e}{2m_e}\sqrt{j(j+1)}\hbar = g\mu_B\sqrt{j(j+1)} \tag{5.1.1}$$

其中 g 是朗德因子,$\mu_B = e\hbar/2m_e = 9.274\times10^{-24}\text{J}\cdot\text{T}^{-1}$ 为玻尔磁子,j 为电子的总角动量量子数.按照电子的 LS 耦合结果,朗德因子 g 为

$$g = 1 + \frac{j(j+1) + s(s+1) - l(l+1)}{2j(j+1)} \tag{5.1.2}$$

其中 s 是电子的自旋量子数,l 是电子的轨道量子数.可见,若原子的磁矩完全由电子的自旋磁矩贡献($l = 0,j = s$),则 $g = 2$. 反之,若磁矩完全由电子的轨道磁矩贡献($s = 0,j = l$),则 $g = 1$. 若自旋磁矩和轨道磁矩都有贡献,则 g 值介于 1 和 2 之间.在外磁场中,总角动量 $\boldsymbol{P}_j$ 和总磁矩 $\boldsymbol{\mu}_j$ 的空间取向都是量子化的,它们在外磁场方向(设为 z 方向)上的投影为

$$P_z = mh, \quad \mu_z = -mg\mu_B, \quad m = j, j-1, \cdots, -j \tag{5.1.3}$$

式中的 m 为磁量子数,相应的磁矩与外磁场的相互作用能为

$$E = -\boldsymbol{\mu}_z \cdot \boldsymbol{B}_0 = mg\mu_B B_0 \tag{5.1.4}$$

不同磁量子数 m 所对应的状态具有不同的能量,各能级是等间距分裂的,能级间距为 $\Delta E = g\mu_B B_0$. 如果在垂直于恒定磁场 B_0 的平面上同时存在一个交变磁场 B_1,若其频率 ν 满足条件

$$h\nu = g\mu_B B_0 \tag{5.1.5}$$

则电子在相邻能级之间将发生磁偶极共振跃迁,称为电子顺磁共振.

2. 物质中的电子自旋共振现象及其应用

宏观物质的磁性不一定同原子一致. 在分子和固体中,由于受到近邻原子或离子产生的电场的作用,电子轨道运动的角量子数 l 的平均值为 0,即作一级近似时,可认为电子轨道角动量近似为零,称为轨道角动量淬灭. 所以分子和固体中的磁矩主要是电子自旋磁矩的贡献,故电子顺磁共振又称为电子自旋共振.

根据泡利不相容原理,一个电子轨道至多能容纳两个自旋方向相反的电子. 如果分子中所有电子轨道都已成对地填满了电子,则它们的自旋磁矩完全抵消,没有自旋磁矩,分子呈现出抗磁性,通常所见的化合物大多属于这种情况. ESR 不能研究上述抗磁性的化合物,它只能研究具有未成对电子的化合物,如化学上的自由基(分子中具有一个未成对电子的化合物). 在这些化合物中,未成对电子的自旋磁矩不被抵消,分子呈现顺磁性. 若电子只具有自旋角动量而没有轨道角动量,或者说它的轨道角动量完全淬灭,则电子的 g 值为 2.0023. 本实验采用的顺磁物质为 DPPH (二苯基-苦酸基联氨),其分子式为 $(C_6H_5)_2N\text{-}NC_6H_2(NO_2)_3$, 结构式如图 5.1.1 所示. 在它的一个氮原子上有一个未成对的电子,构成有机自由基. 实验表明,对化学上的自由基,其 g 值十分接近自由电子的 g 值. 本实验观测的就是这个未成对电子的磁共振现象.

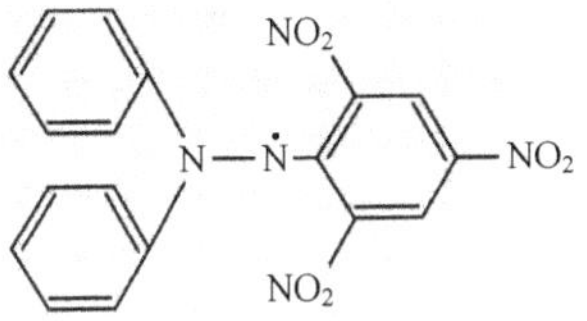

图 5.1.1　DPPH 分子的结构式

实际样品是一个由大量不成对电子组成的自旋体系. 电子的自旋量子数为 $1/2$,故在外磁场中,电子分裂出两条自旋能级. 在热平衡时,分布于各能级上的粒子数服从玻尔兹曼统计规律. 低能级上的粒子数总比高能级上的粒子数多一些,因此电子由低能级向高能级的跃迁胜于高能级向低能级的辐射,从而为观测样品的磁共振吸收信号提供了可能性. 随着高低能级上的粒子差数减小,以至趋于零,则不再有共振吸收,即所谓饱和. 但实际上共振现象仍可继续发生,这是因为存在弛豫进程. 弛豫过程使整个系统恢复到玻尔兹曼分布趋势,两种过程共同作用,使自旋系统达到动态平衡,因此共振现象就能维持下去.

电子自旋共振有两种弛豫过程:一是电子自旋与晶格交换能量,使得处在高能级上的粒子把部分能量传给晶格,从而返回低能级,这种作用称为自旋-晶格弛豫,弛豫时间用 T_1 表征;二是自旋粒子之间相互交换能量,包括未成对电子与相邻原子核自旋之间以及两个未成对电子之间的相互作用,作用的结果使它们旋进的相位趋于随机分布,这种作用称为自旋-自旋弛豫,它是自旋体系内部的相互作用,它阻碍横向磁矩分量跟随横向交变磁场的运动,

弛豫时间用 T_2 表征. 对于大多数自由基来说, 弛豫过程主要是自旋-自旋相互作用, 这个效应使共振谱线展宽为

$$\Delta\nu \approx \frac{1}{\pi T_2} \tag{5.1.6}$$

故测定谱线宽度后便可估算 T_2 的大小.

　　电子自旋共振的特长, 在于它能直接检测物质中的未成对电子, 研究与未成对电子相关的几个原子范围内的局部结构信息. 如晶体中的杂质和缺陷附近往往有未成对的电子, 它们的自旋贡献一定的顺磁性, 根据电子自旋共振信号的强弱, 可以测定杂质与缺陷的浓度. 根据自旋共振频率, 可以确定自旋磁矩, 它有可能与自由电子的自旋磁矩不同, 通常称为 g 因子不同, g 因子的数值在一定程度上能反映自旋-轨道波函数之间的耦合. 即使样品中本来不存在未成对电子, 也可用吸附、电解、热解、高能辐射、氧化-还原反应等人工方法产生顺磁中心, 或将自旋标记物(顺磁报告基团)接到原来不能用 ESR 方法研究的非顺磁物质的分子上或扩散到其内部, 更开辟了 ESR 应用的新领域.

　　与核磁共振相比, 由于电子磁矩较核磁矩大三个数量级, 所以在同样的磁场强度下, 电子塞曼能级之间的间距要大得多, 上下能级间粒子数的差额也大得多, 所以电子自旋共振信号比核磁共振信号大得多, 灵敏度更高.

【实验装置】

　　本实验采用的是 FD-ESR-II 型电子顺磁共振谱仪, 它由谱仪主机、微波源、隔离器、环行器、晶体检波器、阻抗调配器、扭波导、样品谐振腔、短路活塞和电磁铁等组成.

　　以下对实验装置(图 5.1.2)的每一部分分别加以简要介绍.

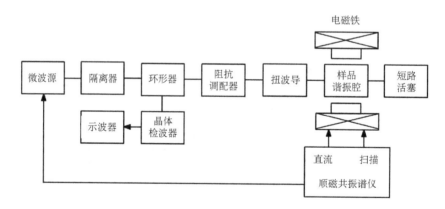

图 5.1.2　实验装置示意图

1. 谱仪主机

　　谱仪的主机如图 5.1.3 所示. 直流输出端提供水平磁场线圈的励磁电流, 通过调节直流调节旋钮来改变输出电流的大小. 扫描输出端提供 50 Hz 的正弦波磁场调制信号(扫场信号), 通过调节扫描调节旋钮来改变交流调制信号的大小. in 与 out 是一组放大器的输入输出端, 放大倍数为 10 倍. X-out 为一正弦波输出端, X 轴幅度为正弦波的幅度调节电位

器,X 轴相位为正弦波的相位调节电位器. 仪器后面板上的五芯航空插头为微波源的输入端.

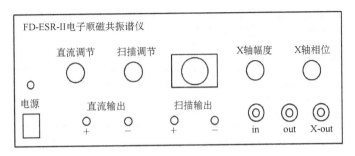

图 5.1.3　FD-ESR-II 型电子顺磁共振谱仪主机

2. 微波源

微波源由体效应管、变容二极管等组成. 体效应管(耿氏二极管)产生微波振荡,并把直流能量转化为微波能量. 为了提高微波振荡的频率稳定性,扩展调频范围,通常将体效应管与谐振电路结合起来,用变容二极管作为电调谐器件. 本实验中微波源发射的微波频率为 9.37 GHz.

3. 隔离器

隔离器具有单向传输特性,即在正向时微波功率可以几乎无衰减的通过,而在反向时微波功率会受到很大衰减而难以通过. 因为大多数微波振荡器的功率输出和频率对负载的变动很敏感,为保证振荡器稳定工作,常在其后接上隔离器,以有效消除来自负载的微波反射.

4. 环行器

环行器是具有环行特性的多臂微波原件,外壳上的箭头方向代表其环行方向. 当各臂匹配时,从臂 1 输入的微波能量,按环行方向只能在相邻的臂 2 输出,其能量的衰减甚小,但在下一个臂 3 则无输出;从臂 2 输入的功率只能在臂 3 输出,而在臂 1 则无输出. 依次类推,相邻两臂之间相当于一个隔离器.

5. 晶体检波器

晶体检波器用于检测微波信号,由前置的三个螺钉调配器、晶体管座和末端的短路活塞三部分组成(图 5.1.4). 其核心部分是跨接于矩形波导宽边中心的点接触微波二极管(也叫晶体管检波器),其管轴沿 TE_{10} 波的最大电场方向,它将拾取到的微波信号整流,输出电压信号,由与二极管相连的同轴导线引出,接到相应的指示器,如示波器、直流电表等. 测量时要调节波导终端短路活塞的位置,以及输入前端三个螺钉的穿深度,使检波输出尽可能达到最大,以获得较高的测量灵敏度.

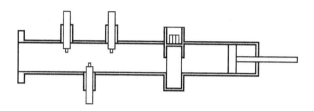

图 5.1.4　晶体检波器的结构图

6. 阻抗调配器

阻抗调配器是双轨臂微波元件,它的主要作用是改变微波系统的负载状态.通过调节短路活塞可把后面的微波元件调成匹配状态,所以也称阻抗匹配器.在微波顺磁共振中的主要作用是调节吸收和色散信号.

7. 扭波导

扭波导用于改变波导中电磁波的偏振方向,对电磁波无衰减作用,主要是便于机械安装.

8. 样品谐振腔

样品谐振腔是 ESR 谱仪的心脏,它既为样品提供集中的线偏振微波磁场,同时又将样品吸收微波磁场的能量信息传递出去.谐振腔本身对微波的损耗越小,腔体内能够储存的微波场的能量密度越大,谱仪的灵敏度越高.当腔内待测物质与腔内微波场发生共振吸收时,腔内微波能量的损耗增加.为了维持谐振腔内的微波振荡,通常在输入端短路面上开孔以从外部耦合输入激励能量.本实验采用腔体长度可调的反射式矩形腔,其输入端金属膜片上开有中心圆孔进行能量耦合.谐振腔中心开有一个放置样品管的孔.谐振腔末端短路面接短路活塞,调节其位置,可以改变谐振腔的长度.

实验时,调节谐振腔末端短路活塞的位置,使腔长等于微波半波长的整数倍($l = n\lambda_g/2$),此时腔谐振,电磁场沿腔长方向出现 n 个长度为 $\lambda_g/2$ 的驻立半波,此即 TE_{10n} 模式. TE_{10n} 模式的电磁场结构为:驻立半波空间内的微波电场垂直于波导宽边,在中部最强,向两侧逐步下降至边沿附近为零,即微波电场在波导的宽边方向为一个驻立半波;驻立半波空间内的闭合磁力线环平行于波导宽边,同一驻立半波空间内磁力线环的方向相同,相邻驻立半波空间内磁力线环的方向相反.如图 5.1.5 所示,在两个相邻驻立半波的空间交界处,微波磁场同向,其强度最大,而微波电场的强度最弱,满足样品磁共振吸收的要求,是安置被测样品最理想的地方.腔体安装时,为了使微波磁场 B_1 与外加恒定磁场 B_0 相垂直,在磁极间

微波 →

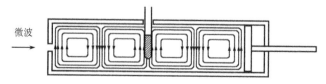

图 5.1.5　样品谐振腔的结构,图中描绘了 4 个驻立半波的磁力线

隙中,应使谐振腔的宽边与磁极平面平行.

9. 短路活塞

短路活塞是接在传输系统终端的单臂微波元件. 它接在终端对入射微波功率几乎全部反射而不吸收,从而在传输系统中形成纯驻波状态. 它是一个可移动金属短路面的矩形波导,也称可变短路器,其短路面的位置可通过螺旋来调节并可直接读数.

本实验采用扫场法,即保持微波频率不变而扫描磁场. 当微波频率 ν 与磁场强度 B_0 之间满足磁共振条件(5.1.5)时,样品吸收微波磁场的能量使谐振腔损耗增加,同时谐振腔前端面上反射的微波功率也会发生相应的变化,由环行器把谐振腔的反射信号传输到晶体检波器测量,将检波器的检波输出输入到示波器上显示磁共振信号. 实验中,由于微波源输出的微波频率是固定的,因此与之对应的共振磁场强度也是确定的. 除高频微波磁场外,样品感受到的外磁场主要包括由直流调节调控的直流磁场和由扫描输出产生的正弦波扫场. 当每次总磁场等于共振磁场强度时,在示波器上就可观察到磁共振的共振峰.

【实验内容】

1. 观察 DPPH 样品的电子自旋共振现象

将微波源与主机相连,将主机上的直流输出连接在磁铁一端,将主机上的交流输出连接在磁铁的另一端,通过同轴电缆将检波器的输出连接到示波器上. 将 DPPH 样品管插在谐振腔中心的小孔中. 打开电源,将示波器的输入通道打在直流(DC)挡. 调节晶体检波器前端的三个螺钉调配器和末端短路活塞的位置,先使检波输出达到最大,此时晶体检波器达到最灵敏状态. 而后调节谐振腔末端短路活塞的位置,再使检波输出最小,此时样品腔谐振. 然后将示波器的输入通道打在交流(AC)挡,观察共振信号.

搜索共振信号时,先将扫描调节旋钮旋到一较大位置,即设置一个较大的扫场范围. 再调节主机上的直流输出旋钮,改变直流磁场的大小. 若总磁场的变化范围已经包括了共振所需的磁场强度,当总磁场每次扫过共振点时,将在示波器上观察到周期出现的共振信号. 但此时的信号不一定最强,调节阻抗调配器上两个短路活塞的位置,尽量使共振信号的幅度达到最大. 分别改变主机上的直流输出和交流输出,观察共振信号的变化.

信号调出后,通过调节阻抗调配器上的短路活塞,就可以分别观察吸收和色散信号. 吸收信号是左右形状对称的共振峰,调节阻抗匹配器上的短路活塞,使整个微波系统的负载状态改变,可观察到又一个吸收信号,但与前一个吸收信号方向相反,而在上述两个吸收信号之间还可观察到一个一边正一边负的信号,此信号即色散信号.

通过调节阻抗调配器能观察到两个方向相反的共振吸收信号,之所以出现这种情况,可以从样品谐振腔耦合系数 β 的变化中得到简单解释. 令 Γ 为样品谐振腔的反射系数,Γ 与 β 的关系为

$$|\Gamma| = \left| \frac{\beta-1}{\beta+1} \right| \tag{5.1.7}$$

分析表明,晶体检波器在线性检波状态下,最佳耦合条件为临界耦合($\beta = 1$),此时谐振腔谐振时的反射系数 Γ 为零. 当发生共振时,样品吸收微波磁场的能量,谐振腔内损耗增加,从

而导致谐振腔固有品质因数的下降,使 $\beta < 1$,样品谐振腔从临界耦合转变为弱耦合,产生部分微波反射,形成一个向上的吸收信号. 而如果样品谐振腔由过耦合($\beta > 1$)因发生共振吸收转变为临界耦合状态,同样也会形成吸收信号,只是信号的方向相反,即形成一个向下的吸收信号. 而在这两种吸收信号之间,也就相应出现了半边向上半边向下的色散信号.

　　吸收信号表征了顺磁物质对微波功率的共振吸收,它导致谐振腔等效电阻(复阻抗的实部)的增加和谐振腔品质因子的降低. 色散信号表示,当顺磁物质对微波功率发生共振吸收时影响了谐振腔的电抗(复阻抗的虚部)分量,导致谐振腔谐振频率的偏移,故名色散. 产生色散信号的原因,主要是样品的磁化强度与样品处的微波磁场间有一定的相位差,它与顺磁物质的自旋-自旋弛豫时间 T_2 有关. 当调节阻抗调配器的短路活塞时,由阻抗调配器反射的微波信号与谐振腔反射的微波信号间相位一般不同步,因此叠加得到的微波信号相对于样品处的微波信号有一个相移,这相当于样品的磁化强度与检测端口处的微波磁场之间产生了一个附加的相位差. 当此相位差为零时,检测到的是纯吸收信号. 当相位差不为零时,检测到的吸收信号变小,色散信号变大. 当相位差为 90° 时,检测到的是纯色散信号. 相位差在 0~90° 时,检波信号为吸收信号和色散信号的叠加.

2. 测量 DPPH 样品中电子的朗德 g 因子

　　调节谱仪主机的直流输出,改变电磁铁的磁场强度 B_0 使示波器上显示的共振吸收信号严格等间距,即共振信号发生在正弦波扫场的中心处,这样就消除了正弦波扫场的影响. 用特斯拉计测量此时的磁场强度,由式(5.1.5)即可计算出 DPPH 样品中电子朗德 g 因子的值.

3. 测量共振谱线的宽度并估算自旋-自旋弛豫时间 T_2

　　测量共振谱线宽度时,用扫场信号作为示波器的 1 通道输入,用吸收信号作为示波器的 2 通道输入,示波器采用 X-Y 显示模式. 设扫场的幅度为 B_S,用扫场信号作示波器的扫描信号时,扫描线的宽度 x 正比于 $2B_S$. 通过直流调节旋钮改变 B_0,使共振信号分别发生在正弦波扫场的波峰处和波谷处,这两种情况下水平直流磁场强度的差即为 $2B_S$. 在示波器的 X-Y 模式下测出吸收信号幅度降到一半处的宽度 Δx,则

$$\Delta B = \frac{\Delta x}{x} \cdot 2B_S, \quad T_2 = \frac{1}{\pi \Delta \nu} = \frac{2\hbar}{g\mu_B \Delta B} \tag{5.1.8}$$

【思考题】

　　(1) 测 g 时,为什么要使共振信号等间距,怎样等间距?

　　(2) 不加扫场电压能否观察到共振信号?

　　(3) 本实验中 DPPH 样品被置于谐振腔中心,这对谐振腔有什么要求?

　　(4) 磁共振信号的强度与上下能级的粒子差数有何关系?

参 考 文 献

戴道宣,戴乐山. 2006. 近代物理实验. 2 版. 北京:高等教育出版社

林木欣. 1999. 近代物理实验教程. 北京:科学出版社
王合英,孙文博,张慧云等. 2007. 电子自旋共振实验 g 因子的准确测量方法. 物理实验,27(10):34-36

5.2　光泵磁共振

　　观测气体原子的磁共振信号是很困难的,因为气态物质比凝聚态物质的磁共振信号微弱得多. 1950 年,法国物理学家卡斯特勒(A. Kastler)发明了光泵磁共振技术,为现代原子物理学的研究提供了新的实验手段,并为激光和原子频标的发展打下了基础,卡斯特勒因而荣获了 1966 年的诺贝尔物理学奖.

　　光泵磁共振(optical pumping magnetic resonance,OPMR),实际上是一个射频信号可以控制一个光频信号的吸收过程. 本实验以铷(Rb)原子气体为样本,观察光磁共振现象,并测量 ^{85}Rb 和 ^{87}Rb 两种同位素原子的朗德因子 g_F.

【实验目的】

　　(1) 掌握光抽运-磁共振-光检测的实验原理及实验方法;
　　(2) 研究铷原子能级的超精细结构;
　　(3) 测定铷同位素 ^{85}Rb 和 ^{87}Rb 的朗德因子 g_F.

【实验原理】

1. 铷原子的基态和最低激发态

　　铷(Rb,$Z=37$)是一价碱金属元素,天然铷有两种稳定的同位素:^{85}Rb(占 72.15%)和 ^{87}Rb(占 27.85%). 它们的基态都是 $5^2S_{1/2}$,即主量子数 $n=5$,轨道量子数 $L=0$,自旋量子数 $S=1/2$,总角动量量子数 $J=1/2$(LS 耦合).

　　在 LS 耦合下,铷原子的最低光激发态仅由价电子的激发所形成,其轨道量子数 $L=1$,自旋量子数 $S=1/2$,电子的总角动量量子数 $J=L+S$ 和 LS,即 $J=3/2$ 和 $1/2$,LS 耦合形成双重态:$5^2P_{1/2}$ 和 $5^2P_{3/2}$. 这两个状态的能量不相等,原子能级产生精细分裂,因此,从 5P 态到 5S 态的跃迁产生双线,分别称为 D_1 和 D_2 线,它们的波长分别是 794.8 nm 和 780.0 nm,其形成过程表示在图 5.2.1 中.

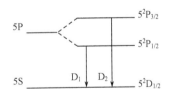

图 5.2.1　Rb 原子光谱的 D 双线结构

　　通过 LS 耦合形成了电子的总角动量 P_J,与此相联系的核外电子的总磁矩 μ_J 为

$$\mu_J = -g_J \frac{e}{2m}P_J \tag{5.2.1}$$

其中

$$g_J = 1 + \frac{J(J+1)-L(L+1)+S(S+1)}{2J(J+1)} \tag{5.2.2}$$

是电子的朗德(Longde)因子,m 是电子质量,e 是电子电荷.

　　原子核也有自旋和磁矩,核自旋量子数用 I 表示. 核角动量 P_I 和核外电子的角动量

P_J 耦合成一个更大的角动量,用符号 P_F 表示,其量子数用 F 表示,则

$$P_F = P_I + P_J \qquad (5.2.3)$$

与此角动量相关的原子的总磁矩 μ_F 为

$$\mu_F = -g_F \frac{e}{2m} P_F \qquad (5.2.4)$$

其中 g_F 为原子的朗德因子,其表达式为

$$g_F = g_J \frac{F(F+1) - I(I+1) + J(J+1)}{2F(F+1)} \qquad (5.2.5)$$

通过原子核角动量-电子总角动量耦合,得到原子的总角动量 P_F,总角动量量子数 $F = I+J, \cdots, |I-J|$. F 不同的原子状态的能量不相等,原子能级产生超精细分裂. 我们来看一下具体的分裂情况. ^{87}Rb 的核自旋 $I = 3/2$, ^{85}Rb 的核自旋 $I = 5/2$,因此,两种原子的超精细分裂将不相同. 我们以 ^{87}Rb 为例,介绍超精细分裂的情况.

对于电子态 $5^2S_{1/2}$,角动量 P_J 与角动量 P_I 耦合成的总角动量 P_F 有两个量子数:$F = I+J$ 和 $I-J$,即 $F = 2$ 和 1. 同样,对于电子态 $5^2P_{1/2}$,耦合成的总角动量 P_F 也有两个量子数:$F = 2$ 和 1. 而对于电子态 $5^2P_{3/2}$,耦合后的总角动量 P_F 有四个量子数:$F = 3, 2, 1, 0$.

在有外静磁场 **B** 的情况下,总磁矩将与外磁场相互作用,使原子产生附加的能量

$$E = -\mu_F \cdot B = g_F \frac{e}{2m} P_z B = g_F \frac{e}{2m} M_F \hbar B = M_F g_F \mu_B B \qquad (5.2.6)$$

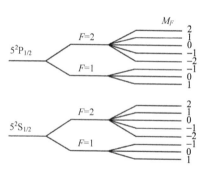

图 5.2.2 ^{87}Rb 原子能级的超精细分裂和塞曼分裂

其中 $\mu_B = e\hbar/2m = 9.274 \times 10^{-24}$ J·T^{-1} 为玻尔磁子,M_F 是 P_z 的第三分量 P_z 的量子数,$M_F = -F, -F+1, \cdots, F-1, F$,共有 $2F+1$ 个值. 我们看到原子在磁场中的附加能量 E 随 M_F 变化,原来对 M_F 简并的能级发生分裂,称为塞曼效应,一个 F 能级分裂成 $2F+1$ 个子能级,相邻子能级间的能量差为

$$\Delta E = g_F \mu_B B \qquad (5.2.7)$$

我们可以画出原子在磁场中的塞曼分裂情况,如图 5.2.2 所示. 实验中 D$_2$ 线被滤掉,所以所涉及的 $5^2P_{3/2}$ 态的分裂也就不用考虑.

2. 光抽运效应

在热平衡状态下,各能级的粒子数分布遵从玻尔兹曼统计规律. 由于超精细塞曼子能级间的能量差很小,可近似的认为由铷原子 $5^2S_{1/2}$ 态分裂出的 8 条子能级上的原子数接近均匀分布;同样,由 $5^2P_{1/2}$ 态分裂出的 8 条子能级上的原子数也接近均匀分布. 但这不利于观测这些子能级间的磁共振现象. 为此,卡斯特勒提出光抽运方法,即用圆偏振光激发原子,使原子能级的粒子数分布产生重大改变.

实验中,我们要对铷光源进行滤光和变换,只让左旋圆偏振($D_1\sigma^+$)光通过并照射到铷原子蒸气上. 处于磁场中的铷原子对左旋圆偏振光的吸收遵守如下的选择定则:$\Delta F = \pm 1, 0$;$\Delta M_F = +1$. 根据这一选择定则可以画出吸收跃迁图,如图 5.2.3 左半部分所示. 我们看

到,5S 能级中的 8 条子能级,除了 $M_F = +2$ 的子能级外,都可以吸收$(D_1\sigma^+)$光而跃迁到 5P 的有关子能级;另一方面,跃迁到 5P 能级的原子通过自发辐射等途径很快又跃迁回 5S 能级,发出自然光,退激跃迁的选择定则是:$\Delta F = \pm 1, 0; \Delta M_F = \pm 1, 0.$ 相应的跃迁见图 5.2.3 的右半部分.我们注意到退激跃迁中有一部分原子的状态变成了 5S 能级中的 $M_F = +2$ 的状态,而这一部分原子是不会吸收光再跃迁到 5P 能级去的,但是那些回到其他 7 个子能级的原子都可以再吸收光重新跃迁到 5P 能级.当光连续照着,跃迁 5S→5P→5S→5P 的过程就会持续下去.这样,5S 态中 $M_F = +2$ 的子能级上的原子数就会越积越多,而其余 7 个子能级上的原子数越来越少,相应地,对$(D_1\sigma^+)$光的吸收越来越弱,透射光强逐渐增强,最后,差不多所有的原子都跃迁到了 5S 态的 $M_F = +2$ 的子能级上,其余 7 个子能级上的原子数少到如此程度,以至于没有几率吸收光,透射光强测量值最大.我们把此时原子的状态称为"偏极化"状态.

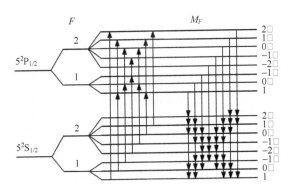

图 5.2.3　^{87}Rb 原子对$(D_1\sigma^+)$光的吸收和退激跃迁

通过以上的讨论可以得出这样的结论:在没有$(D_1\sigma^+)$光照射时,5S 态上的 8 个子能级几乎均匀分布着原子,而当$(D_1\sigma^+)$光持续照着时,较低的 7 个子能级上的原子逐步被"抽运"到 $M_F = +2$ 的子能级上,出现了"粒子数反转"的现象,这就是光抽运效应.对于^{85}Rb,$(D_1\sigma^+)$光是将原子抽运到 $M_F = +3$ 的子能级上.

顺便指出:如果入射光是$(D_1\sigma^-)$(即右旋圆偏振光),处于磁场中的铷原子对右旋圆偏振$(D_1\sigma^-)$光的吸收遵守的选择定则为:$\Delta F = \pm 1, 0; \Delta M_F = -1.$ 跃迁过程与图 5.2.3 所示类似,只是原子被"抽运"到 $M_F = -2$ 的子能级上.如果入射光是 π 光(电矢量方向与磁场方向平行),处于磁场中的铷原子对 π 光的吸收遵守的选择定则为:$\Delta F = \pm 1, 0; \Delta M_F = 0.$ 即每一个子能级上的原子都可以向上或向下跃迁,原子不会在某一个能级上产生积聚,所以铷原子对 π 光有强烈吸收但无光抽运效应.

3. 弛豫过程

光抽运使得原子在能级上的分布趋于偏极化而达到非平衡状态,原子系统将会通过弛豫过程恢复到热平衡状态.弛豫过程的机制比较复杂,但在光抽运情况下,铷原子与容器壁碰撞是失去偏极化的主要原因.通常在铷样品泡内冲入氮、氖等作为缓冲气体,其密度比样品泡内铷蒸气的原子密度约大 6 个数量级,可大大减少铷原子与容器壁碰撞的机会.缓冲气体的分子磁矩非常小,可认为它们与铷原子碰撞时不影响铷原子在能级上的分布,从而保持铷原子系统有较高的偏极化程度.

4. 光磁共振与光检测

在"粒子数反转"后,如果在垂直于静磁场 B 和垂直于光传播方向上加一射频振荡的磁场,并且调整射频量子的频率 ν,使之满足

$$h\nu = \Delta E = g_F \mu_B B \tag{5.2.8}$$

这时将出现"射频受激辐射". 即在射频场的扰动下,处于 $M_F=+2$ 子能级上的原子会放出一个频率为 ν、方向和偏振态与入射射频量子完全一样的量子而跃迁到 $M_F=+1$ 的子能级上,$M_F=+2$ 上的原子数就会减少;同样,$M_F=+1$ 子能级上的原子也会通过"射频受激辐射"跃迁到 $M_F=0$ 的子能级上,即发生了磁共振,式(5.2.8)为共振条件. 如此下去,5S 态的子能级上很快就都有了原子,于是又开始光抽运过程,透射光强测量值降低.

由于在偏极化状态下样品对入射光的吸收很少,透过样品泡的($D_1\sigma^+$)光已达最大;但是一旦发生磁共振跃迁,样品对($D_1\sigma^+$)光的吸收将增大,则透过样品泡的($D_1\sigma^+$)光必然减弱. 即只要测量透射光强度的变化就可实现对磁共振信号的检测. 由此可见,作用在样品上的($D_1\sigma^+$)光,一方面起抽运作用,另一方面可把透过样品的光作为检测光,即一束光同时起到了抽运和检测两重作用.

【实验装置】

本实验使用的是 DH807A 型光磁共振实验仪,它由主体单元、信号源、主电源和辅助电源等部分组成. 其中信号源提供频率和幅度可调的射频功率信号;主电源提供水平磁场线圈和垂直磁场线圈的励磁电流;辅助源提供水平磁场调制信号(10 Hz 方波和 10 Hz 三角波,调制电流的方向可反转)以及对样品室温度的控制.

主体单元是本实验的核心,如图 5.2.4 所示,它由铷光谱灯、准直透镜、偏振片与 1/4 波片、吸收池、聚光透镜、光电探测器以及两组亥姆霍兹线圈组成.

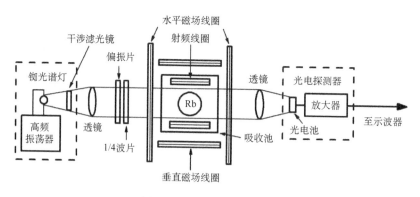

图 5.2.4　主体单元示意图

天然铷和惰性缓冲气体被充在一个直径约 52 mm 的玻璃泡内,玻璃泡的两侧对称放置一对小射频线圈,它为磁共振提供射频磁场. 这个铷吸收泡和射频线圈都置于圆柱形恒温

槽内,称它为"吸收池",槽内温度在 55℃ 左右．吸收池放置在两对亥姆霍兹线圈的中心．垂直磁场线圈产生的磁场用来抵消地磁场的垂直分量．水平磁场线圈有两个绕组,一组为水平直流磁场线圈,它使铷原子的超精细能级产生塞曼分裂．另一组为扫场线圈,它使直流磁场上叠加一个调制磁场．铷光谱灯作为抽运光源．光路上有两个透镜,一个为准直透镜,一个为聚光透镜,两透镜的焦距为 77 mm,它们使铷灯发出的光平行通过吸收泡,然后再汇聚到光电池上．干涉滤光镜(装在铷光谱灯的口上)从铷光谱中选出 D_1 光．偏振片和 1/4 波片(和准直透镜装在一起)使出射光成为左旋圆偏振光．发生磁共振时,透过铷吸收泡的光强由于铷原子的吸收而减弱,经过终端的光电探测器测量并放大,通入示波器进行观察．

由辅助源提供的水平磁场调制信号也称为"扫场信号",扫场信号有两种:方波信号和三角波信号．方波信号用于观察光抽运过程,三角波信号用于观察磁共振现象．在加入了周期性的"扫描场"以后,总水平磁场为

$$B_{\text{total}} = B_{\text{DC}} + B_{\text{S}} + B_{\text{e//}} \tag{5.2.9}$$

其中 B_{DC} 是由通有直流电流的水平磁场线圈所产生的磁场,方向在水平方向,$B_{\text{e//}}$ 是地磁场的水平分量,B_{S} 是周期性的扫描场,也在水平方向．

1. 用方波观测光抽运过程

将水平直流磁场 B_{DC} 调到零,加上方波扫场信号,使扫场方向与地磁场水平分量方向相反,并调节方波扫场信号的幅度使总磁场过零并对称分布(其波形见图 5.2.5).

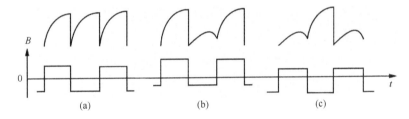

图 5.2.5　方波扫场信号(下)和光抽运信号(上)

在方波刚加上的瞬间,样品泡内铷原子 5S 态的 8 个子能级上的原子数近似相等,即每个子能级上的原子数各占总原子数的 1/8,因此,将有 7/8 的原子能够吸收($D_1\sigma^+$)光,此时对光的吸收最强,探测器上接收的光信号最弱．随着原子逐步被"抽运"到 $M_F = +2$ 的子能级上,能够吸收($D_1\sigma^+$)光的原子数逐渐减少,透过样品泡的光逐渐增强．当抽运到 $M_F = +2$ 子能级上的原子数达到饱和,透过样品泡的光强达到最大而不再发生变化．当扫场过零时,各子能级简并,原来被抽运到 $M_F = +2$ 子能级上的原子,通过碰撞使自旋混杂,各子能级上的原子数又接近相等．当扫场反向以后,各子能级重新分裂,对($D_1\sigma^+$)光的吸收又达到了最大．在示波器上就可以观察到如图 5.2.5 (a) 所示的光抽运信号．

地磁场对光抽运信号有很大的影响,特别是地磁场的垂直分量．当地磁场垂直分量被抵消,即垂直方向总磁场为零时光抽运信号最好;当垂直方向磁场不为零,或扫场方波正反向磁场幅度不同时,都将出现如图 5.2.5 (b)和(c)所示畸变的光抽运信号．

2. 用三角波观察磁共振现象

光泵磁共振的观测方法有调频法和调场法两种,本实验采用调频法,即将水平磁场调到一确定值后,调节射频信号的频率使之产生共振.

调节直流磁场 B_{DC} 至某个值,加上一个小幅度的三角波扫场信号.三角波扫场的作用是使总水平磁场在一定大小范围内变化,从而使光磁共振在一定范围内都可发生而不是只在某一点出现,便于实验中共振信号的观察和测量.通过调节射频信号的频率,当式(5.2.8)成立时就会发生"射频受激辐射",样品对入射光强烈吸收,此时可以观察到磁共振信号.由式(5.2.8)可知:随着射频频率 ν 的增加,发生磁共振所需的磁场 B 也不断增大,所以实验中不断增大射频频率时,共振峰将分别对应于三角波扫场的不同位置.如图 5.2.6 所示:开始时共振峰对应于三角波的波谷位置;随着射频频率的增加,共振峰逐渐向上移动至三角波的中间位置;当射频频率进一步增大,共振峰逐渐移动到三角波的波峰位置;若再增加射频频率,则共振峰迅速消失.

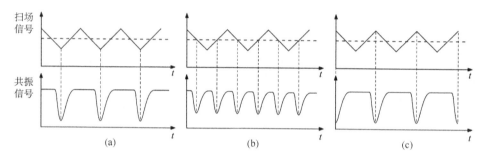

图 5.2.6 随着射频频率的增大,共振峰分别对应于三角波扫场的不同位置

铷元素包含两种同位素 ^{85}Rb 和 ^{87}Rb,^{85}Rb 的 g_F 等于 1/3(其中 $L=0$,$S=1/2$,$J=1/2$,$F=3$,$I=5/2$),^{87}Rb 的 g_F 等于 1/2(其中 $L=0$,$S=1/2$,$J=1/2$,$F=2$,$I=3/2$).在同一磁场强度下,^{87}Rb 共振峰对应的射频频率比 ^{85}Rb 共振峰对应的射频频率大.在三角波扫场的幅度不太大情况下增大射频频率,将先看到 ^{85}Rb 的共振过程,^{85}Rb 的共振过程消失后才出现 ^{87}Rb 的共振过程.若三角波扫场的幅度过大,则在三角波的同一周期内可同时出现 ^{85}Rb 和 ^{87}Rb 的共振峰.因此,实验中为了更好地区分 ^{85}Rb 和 ^{87}Rb 的共振过程,要求三角波扫场的幅度不能太大.

【实验内容】

1. 调光路和系统预热

借助于小磁针,将光具座调至与地磁场水平分量平行.将铷灯、透镜、吸收地、光电探测器等放于光具座上,调节至共轴.将主电源和辅助源上的"垂直场"、"水平场"和"扫场幅度"旋钮调至最小,打开电源开关,打开池温开关.约 20 min 后,灯温和池温指示灯亮,实验装置进入工作状态.

2. 用方波信号观测光抽运过程

　　保持直流磁场的励磁电流为零,扫场方式选择"方波",适当增大方波的幅度,将扫场的方向调至与地球磁场的水平分量方向相反. 预置垂直场的电流为 0.05 A 左右,用来抵消地磁场的垂直分量. 调节方波的幅度,改变垂直场的方向并细调其大小,使光抽运信号等幅且幅度最大. 将光抽运信号的波形画在坐标纸上.

3. 用三角波观察磁共振并测量^{85}Rb 和^{87}Rb 的 g_F 因子以及地磁场的水平分量 $B_{e//}$

　　扫场方式选择"三角波",幅度不要太大. 预置水平场的励磁电流为 0.2 A,使水平磁场方向与地磁场水平分量同向,而使三角波扫场的方向与之反向. 调节射频信号的频率,分别找到^{85}Rb 和^{87}Rb 对应三角波扫场波峰的共振峰,记录此时的射频频率 ν_1 和水平磁场的励磁电流 I. 保持水平磁场的励磁电流不变,改变扫场方向,调节射频频率再次分别找到^{85}Rb 和^{87}Rb 对应三角波扫场波峰的共振峰,记录此时的射频频率 ν_2. 由式(5.2.8),有

$$\begin{cases} h\nu_1 = g_F\mu_B(B_{DC} - B_S + B_{e//}) \\ h\nu_2 = g_F\mu_B(B_{DC} + B_S + B_{e//}) \end{cases} \qquad (5.2.10)$$

将两式相加得

$$\nu = a \cdot B_{DC} + b \qquad (5.2.11)$$

其中 $\nu = (\nu_1 + \nu_2)/2, a = g_F\mu_B/h, b = aB_{e//}$. 水平直流磁场 B_{DC} 可以通过水平场线圈的励磁电流来得到,计算公式为

$$B_{DC} = \frac{16\pi NI}{5^{3/2}r} \times 10^{-7} \, (\text{T}) \qquad (5.2.12)$$

其中 N 是线圈的匝数,r 是线圈的有效半径,I 是通过线圈的励磁电流,N 和 r 的取值如表 5.2.1 所示.

表 5.2.1　亥姆霍兹线圈的参数

	水平场线圈	扫场线圈	垂直场线圈
线圈匝数 N	250	250	100
有效半径 r/m	0.241	0.242	0.153

　　将水平场的电流逐渐增大,每次改变 0.02 A,重复以上测量过程. 对^{85}Rb 和^{87}Rb,分别测得 10 组(ν, I)数据,通过直线拟合求得 a 和 b 的值,而后计算出 g_F 和 $B_{e//}$.

　　计算^{85}Rb 和^{87}Rb 原子 g_F 因子的理论值,将测量值与理论值比较并计算百分误差.

【思考题】

　　(1) 三角波扫场的作用是什么?

　　(2) 磁共振过程会导致原子在超精细塞曼子能级上怎样的分布?

　　(3) 如何区分^{85}Rb 和^{87}Rb 的共振谱线?

参 考 文 献

吴思诚,王祖铨. 2005. 近代物理实验. 3 版. 北京:高等教育出版社
吴先球,熊予莹. 2009. 近代物理实验教程. 2 版. 北京:科学出版社
赵汝光,朱宋,张奋等. 1986. 关于光泵磁共振实验中的几个问题. 物理实验,6(4):147-150,154

5.3　脉冲核磁共振

当磁矩不为零的原子处于恒定磁场中,由射频或微波磁场可引起原子在各塞曼子能级间的共振跃迁,若这种共振跃迁发生在原子核磁矩的塞曼子能级之间,就称为核磁共振. 核磁矩的概念首先由泡利(W. Pauli)于 1924 年提出,1946 年珀塞尔(E. Purcell)和布洛赫(F. Bloch)领导的两个小组各自独立地在宏观物质中观察到核磁共振现象,为此获得了 1952 年诺贝尔物理学奖. 迄今核磁共振的应用已经非常广泛. 例如,由于磁场可以穿过人体,利用核磁共振可以得到人体内各处的核磁共振信号,这些信号经过计算机处理可以用二维或三维的图像显示出来. 将病态的图像和正常的图像进行比较就可以判断人体内的病变.

从实验方法上看,核磁共振可分成稳态和非稳态两大类. 主要区别在于前者所加的交变磁场为连续波,容易观察到共振信号;后者所加的交变磁场为射频脉冲,有利于实验手段的自动化. 上述用于医学检测的核磁共振成像技术就采用脉冲式核磁共振方法. 本实验通过测量样品核磁矩的自旋弛豫时间,来学习脉冲核磁共振的基本实验方法.

【实验目的】

(1) 学习核磁共振的基本原理和实验方法;

(2) 观察核磁共振信号对射频脉冲的响应及自由感应衰减信号;

(3) 学习用基本脉冲序列测量样品核磁矩的自旋弛豫时间.

【实验原理】

1. 核磁共振的基本原理

原子核具有自旋角动量和磁矩,是泡利(W. Pauli)在 1924 年为解释原子光谱的超精细结构而提出的. 1933 年施特恩(O. Stern)等首先用分子束方法测得氢核(质子)的磁矩. 核磁共振现象的经典解释是:在外加恒定磁场的作用下,原子核的核磁矩绕外磁场方向发生拉莫进动,若在垂直于外磁场的平面上施加一个交变磁场,当此交变磁场的频率等于核磁矩绕外场进动的频率时,就发生谐振现象.

将原子核的自旋量子数用 I 表示,I 可以是整数或半整数,原子核角动量 $\boldsymbol{P}_I$ 的大小等于 $\sqrt{I(I+1)}\hbar$. 原子核由于做自旋进动而具有磁矩 $\boldsymbol{\mu}_I$,它与 $\boldsymbol{P}_I$ 的关系为

$$\boldsymbol{\mu}_I = g_N \frac{e}{2m_p} \boldsymbol{P}_I \qquad (5.3.1)$$

其中,g_N 为原子核的朗德因子,对质子 $g_N=5.5857$,对中子 $g_N=-3.8262$,负号表明中子的磁矩与它的自旋角动量方向相反,m_p 是质子的质量. 通常用核磁子 μ_N 作为原子核磁矩的

单位,即

$$\mu_N = \frac{e\hbar}{2m_p} = 5.0508 \times 10^{-27} \, \text{J} \cdot \text{T}^{-1} \tag{5.3.2}$$

这样,原子核磁矩 $\boldsymbol{\mu}_I$ 的大小可以写成

$$|\boldsymbol{\mu}_I| = g_N \frac{\mu_N}{\hbar} |\boldsymbol{P}_I| = g_N \mu_N \sqrt{I(I+1)} = \gamma \hbar \sqrt{I(I+1)} = \gamma |\boldsymbol{P}_I| \tag{5.3.3}$$

式中 $\gamma = g_N \mu_N / \hbar$,称为原子核的回磁比.

　　不同的原子核自旋量子数 I 不同. 例如 $_{6}^{12}\text{C}$、$_{8}^{16}\text{O}$ 和 $_{16}^{32}\text{S}$ 等原子核,质子数和中子数都是偶数. 它们的核自旋量子数 $I = 0$,其自旋角动量 P_I 与磁矩 μ_I 也都为零,没有核磁共振现象. 如 $_{1}^{2}\text{H}$、$_{7}^{14}\text{N}$ 核等,核内质子数和中子数均为奇数,其 I 值为 1. 如 $_{3}^{7}\text{Li}$、$_{1}^{1}\text{H}$、$_{7}^{15}\text{N}$ 核等,质子数为奇数,故 I 为半整数,其中 $_{3}^{7}\text{Li}$ 核 $I = 3/2$,$_{1}^{1}\text{H}$ 核、$_{7}^{15}\text{N}$ 核、$_{15}^{31}\text{P}$ 核 $I = 1/2$. 以上这些 I 不为零的原子核,都能产生核磁共振现象,是核磁共振研究的主要对象.

　　将具有磁矩的原子核置于磁场中(设磁场强度 $\boldsymbol{B}_0$ 的方向为 z 轴方向),原子核的自旋角动量 $\boldsymbol{P}_I$ 的空间取向是量子化的. 一个自旋量子数为 I 的核,它的角动量在外场的投影 P_z 应取如下值:

$$P_z = m\hbar, \quad m = -I, -I+1, \cdots, I-1, I \tag{5.3.4}$$

其中,m 称为磁量子数,相应的原子核磁矩在外场方向的投影为 $\mu_z = \gamma P_z = \gamma m\hbar$. 磁矩与外场相互作用产生分立的能级,其能量为

$$E = -\mu_z B_0 = -\gamma m\hbar B_0 \tag{5.3.5}$$

可见,原子核的能级在磁场中分裂为 $2I+1$ 个等间距的塞曼子能级,两相邻子能级之间的能量差 ΔE 为

$$\Delta E = \gamma \hbar B_0 = g_N \mu_N B_0 \tag{5.3.6}$$

如果在与 $\boldsymbol{B}_0$ 垂直的方向上施加一个射频磁场 $\boldsymbol{B}_1$,当圆频率 ω 满足

$$\hbar\omega = \Delta E = \gamma \hbar B_0 \Leftrightarrow \omega = \gamma B_0 \tag{5.3.7}$$

时,则原子核将从射频场中吸收能量 $\hbar\omega$,从而使它从低能级跃迁到高能级上去,这就是核磁共振现象的实质.

2. 共振吸收与自旋弛豫

　　实验样品中包含大量自旋磁矩相同的原子核,在热平衡时,粒子在能级上的分布遵从玻尔兹曼统计规律. 对某一温度 T,相邻两能级上的原子核数目之比为(设低能级上原子核数为 N_1,高能级上原子核数为 N_2)为

$$\frac{N_2}{N_1} = \exp\left(-\frac{\Delta E}{k_B T}\right) \approx 1 - \frac{\Delta E}{k_B T} \tag{5.3.8}$$

其中 k_B 为玻尔兹曼常量. 由上式可知,磁场越强或温度越低,粒子差数越大,共振信号越强. 共振吸收将会破坏粒子在能级上的热平衡分布,使高低能级上原子核的数目趋于相等. 将共振激发停止,经过一段时间后,原子核在能级上的分布又会恢复到原来的热平衡状态,这个过程就是弛豫过程,所经历的时间叫弛豫时间.

　　在核磁共振中有两种弛豫过程:一种叫自旋-晶格弛豫,是指跃迁到高能级的粒子与晶

格相互作用,将一部分能量变为晶格振动能而经历无辐射跃迁回到低能级,其弛豫时间用 T_1 表示;另外一种是自旋-自旋弛豫,是指自旋磁矩之间交换能量,使它们的旋进相位趋于随机分布,其弛豫时间用 T_2 表示. 共振谱线的宽度近似与 T_2 成反比,T_2 越大则谱线越窄.

微观粒子系统的磁化可用宏观磁化强度 $\boldsymbol{M}$ 来描述,$\boldsymbol{M}$ 在磁场 $\boldsymbol{B}_0$ 中的运动方程为

$$\frac{\mathrm{d}\boldsymbol{M}}{\mathrm{d}t} = \gamma \boldsymbol{M} \times \boldsymbol{B}_0 \tag{5.3.9}$$

可见 $\boldsymbol{M}$ 以角频率 $\omega = \gamma B_0$ 绕 $\boldsymbol{B}_0$ 旋进,在热平衡情况下,各微观磁矩在垂直于 $\boldsymbol{B}_0$ 的平面内旋进的相位是随机分布的,故宏观上 $\boldsymbol{M}$ 在 xy 平面上的投影为零,在 z 轴上的投影等于恒定值. 当辐射场 $\boldsymbol{B}_1$ 作用并引起共振吸收时,$\boldsymbol{M}$ 将偏离 z 轴而在 xy 平面上投影不等于零. 当共振吸收停止后,磁化强度 $\boldsymbol{M}$ 又将恢复到原来的取向. 假设 $\boldsymbol{M}$ 的各个分量 M_x、M_y、M_z 向平衡值恢复的速度,与它们偏离平衡值的大小成正比,则这些分量的变化方程为

$$\begin{cases} \dfrac{\mathrm{d}M_z}{\mathrm{d}t} = -\dfrac{(M_z - M_0)}{T_1} \\[2mm] \dfrac{\mathrm{d}M_{x,y}}{\mathrm{d}t} = -\dfrac{M_{x,y}}{T_2} \end{cases} \tag{5.3.10}$$

T_1 是描述 $\boldsymbol{M}$ 的纵向分量 M_z 恢复过程的时间常量,称为纵向弛豫时间. T_2 是描述 $\boldsymbol{M}$ 的横向分量 M_x 和 M_y 消失过程的时间常量,称为横向弛豫时间. 方程(5.3.10)的解为

$$\begin{cases} M_z = M_0(1 - \mathrm{e}^{-t/T_1}) \\[2mm] M_{x,y} = (M_{x,y})_{\max} \mathrm{e}^{-t/T_2} \end{cases} \tag{5.3.11}$$

通常 T_1 比 T_2 大,特别是固体.

3. 自由感应信号的衰减

处于恒定磁场 $\boldsymbol{B}_0$ 中的核自旋系统,其宏观磁化强度 $\boldsymbol{M}$ 以角频率 $\omega = \gamma B_0$ 绕 $\boldsymbol{B}_0$ 旋进. 现在,在垂直于 $\boldsymbol{B}_0$ 的方向施加一个射频脉冲,且脉冲宽度远远小于 T_1、T_2. 我们可以把它分解为两个转动方向相反的圆偏振脉冲射频场,其中起作用的是与旋进方向同向旋转的圆偏振场,若射频场的频率与 $\boldsymbol{M}$ 转动的角频率相同,则 $\boldsymbol{M}$ 在这个圆偏振射频场中是静止的. 引入一个与旋进同步的旋转坐标系 $x'y'z'$,把同向旋转的圆偏振场看作是施加在 x' 轴上的恒定磁场 $\boldsymbol{B}_1$,作用时间即脉冲宽度 t_p. 在射频脉冲作用前 $\boldsymbol{M} = \boldsymbol{M}_0$,方向与 z' 轴重合. 施加射频脉冲后,$\boldsymbol{M}$ 绕 x' 轴转过一个角度 $\theta = \gamma B_1 t_p$,θ 称为倾倒角,$\theta = 90°$ 和 $\theta = 180°$ 的情况分别称为 90° 和 180° 脉冲(图 5.3.1). 只要射频场 $\boldsymbol{B}_1$ 足够强,脉冲宽度 t_p 足够小,就意味着在射频脉冲作用期间的弛豫作用可忽略不计.

下面讨论 90° 脉冲对核磁矩系统的作用及其弛豫过程. 设在零时刻加上射频场 $\boldsymbol{B}_1$,在 $t = t_p$ 时 $\boldsymbol{M}_0$ 绕 $\boldsymbol{B}_1$ 转过 90° 而倾倒在 y' 轴上,然后射频场 $\boldsymbol{B}_1$ 消失. 根据式(5.3.11),$M_z \to M_0$ 的增长速度取决于 T_1,$M_x \to 0$ 和 $M_y \to 0$ 的衰减速度取决于 T_2. 在旋转坐标系中看,$\boldsymbol{M}$ 如图 5.3.2(a)所示恢复到平衡位置. 而在实验

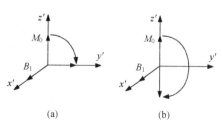

(a)　　　　　　　(b)

图 5.3.1　磁化强度 $\boldsymbol{M}$ 的旋转示意图

室坐标系中看,M 如图 5.3.2 (b)所示绕 z 轴按螺旋形式回到平衡位置.在这个弛豫过程中,若在垂直于 z 轴方向上放置一个接收线圈,M 的旋转在线圈中便可感应出一个射频信号,其频率与旋进频率 ω_0 相同,其幅值按指数衰减,称为自由感应衰减(free inductive decay,FID)信号,如图 5.3.2 (c)所示.FID 信号与 M 在 xy 平面上横向分量的大小有关,故 $90°$ 脉冲的 FID 信号幅值最大,而 $180°$ 脉冲的 FID 信号幅值为零.

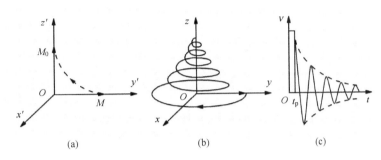

图 5.3.2　$90°$脉冲作用后 M 的弛豫过程以及自由感应衰减信号

　　实验中,由于恒定磁场 B_0 不可能绝对均匀,样品中不同位置的核磁矩所处的外场大小有所不同,其旋进频率各有差异,实际上测到的 FID 信号是各个不同旋进频率的指数衰减信号的叠加.磁场的不均匀性所造成的影响,可以用一个等效的横向弛豫时间 T_2' 来描述,则总的 FID 信号的衰减速度由 T_2 和 T_2' 来决定,等效于一个表观的横向弛豫时间 T_2'',三者的关系为

$$\frac{1}{T_2''} = \frac{1}{T_2} + \frac{1}{T_2'}$$

(5.3.12)

磁场越不均匀,T_2' 越小,T_2''也越小,FID 信号的衰减越快.

4. 用自旋回波法测量横向弛豫时间 T_2

　　在实际应用中,常用两个或多个射频脉冲组成射频脉冲序列,周期性地作用于核磁矩系统.例如,在 $90°$射频脉冲作用后,经过 τ 时间再施加一个 $180°$射频脉冲,便组成一个 $90°$-τ-$180°$ 脉冲序列.这些脉冲序列的脉宽 t_p 和脉冲间距 τ 应满足下列条件:t_p 远小于 T_1、T_2 和 τ,$T_2''<\tau<T_1$,T_2.$90°$-τ-$180°$脉冲序列的作用结果如图 5.3.3 所示,在 $90°$射频脉冲后即可观察到 FID 信号,在 $180°$ 射频脉冲后面对应于初始时刻的 2τ 处会观察到一个回波信号,这个回波信号是在脉冲序列作用下核自旋系统的运动引起的,称为自旋回波(spin echo,SE),SE 信号的产生过程如下:

　　如图 5.3.4 (a),(b) 所示,总磁化强度 M_0 在 $90°$射频脉冲作用下绕 x'轴转到 y'轴上,脉冲消失后,核磁矩自由旋进受到 B_0 不均匀的影响,由于样品中不同部分的核磁矩具有不同的旋进频率,结果使磁矩相位分散并呈扇形展开.为此,可把宏观量 M 看成是许多微观分量 M_i 的和,从旋转坐标系来看,旋进频率等于 ω_0 的分量在坐标系中相对静止,旋进频率大于 ω_0 的分量向前转动,小于 ω_0 的分量向后转动.图 5.3.4 (c) 表示在 $180°$射频脉冲作用下磁化强度的各微观分量 M_i 绕 x' 轴旋转 $180°$,并继续沿它们原来的转动方向运动.图 5.3.4 (d)表示 $t = 2\tau$ 时刻各磁化强度刚好汇聚到一 y'轴上.图 5.3.4 (e) 表示 $t >2\tau$

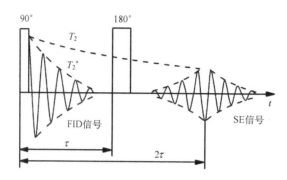

图 5.3.3　90°脉冲和180°脉冲作用下所形成的 FID 信号和 SE 信号

以后,由于磁化强度各分量继续转动而又呈扇形展开. 因此会得到如图 5.3.3 所示的自旋回波信号.

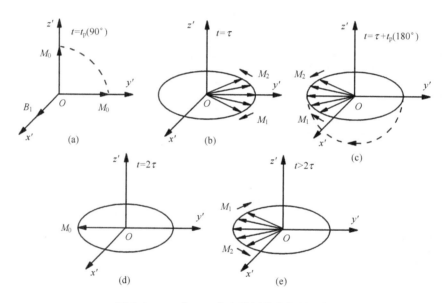

图 5.3.4　$90°\text{-}\tau\text{-}180°$ 自旋回波的矢量图解

　　如果不存在横向弛豫,则自旋回波幅值应与初始时刻的 FID 信号一样,但在 2τ 时间内横向弛豫作用不能忽略,磁化强度横向分量相应减小,使得自旋回波幅值随着脉冲间距 τ 的增大而衰减. 根据式(5.3.11),磁化强度横向分量 $M_{x,y}$ 呈指数衰减而自旋回波的幅值 A 与 $M_{x,y}$ 成正比,因此 A 随时间的变化为 $A = A_0 \mathrm{e}^{-t/T_2}$,其中 $t = 2\tau$,A_0 是 90°射频脉冲刚结束时 FID 信号的幅值. 实验中改变脉冲间距 τ,则回波的峰值就相应地改变,依次增大 τ 值并测出若干个相应的回波峰值,对自旋回波幅值 A 取对数,可得到直线方程

$$\ln A = \ln A_0 - 2\tau/T_2 \tag{5.3.13}$$

在式中把 2τ 作为自变量,则直线斜率的倒数便是 T_2.

5. 用饱和恢复法测量纵向弛豫时间 T_1

　　这里采用 $90°$-τ-$90°$脉冲序列作用于核磁矩系统.如图 5.3.5 所示,首先 $90°$射频脉冲把磁化强度 $\boldsymbol{M}$ 从 z' 轴翻转到 y' 轴,这时 $M_z = 0$,$\boldsymbol{M}$ 没有垂直分量 M_z 只有横向分量 M_y,FID信号最强.纵向弛豫过程使 M_z 由零值向平衡值 M_0 恢复.若在恢复过程的 τ 时刻施加第二个 $90°$射频脉冲,则已逐渐恢复的 M_z 便翻转到 y' 轴上,这时接收线圈将会感应得到 FID信号,该信号的幅值正比于 τ 时刻 M_z 的大小.M_z 的变化规律可由式(5.3.11)描述,将在不同 τ 值下测得的感应信号幅度代入公式进行拟合,就可得到纵向弛豫时间 T_1.

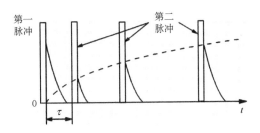

图 5.3.5　$90°$-τ-$90°$脉冲序列的作用及其 FID 信号

6. 用反转恢复法测量纵向弛豫时间 T_1

　　这里采用 $180°$-τ-$90°$脉冲序列作用于核磁矩系统.如图 5.3.6 所示,首先 $180°$射频脉冲把磁化强度 $\boldsymbol{M}$ 从 z' 轴翻转到 $-z'$ 轴,这时 $M_z = -M_0$,$\boldsymbol{M}$ 没有横向分量,也就没有 FID 信号.但纵向弛豫过程使 M_z 由 $-M_0$ 经过零值向平衡值 M_0 恢复.若在恢复过程的 τ 时刻施加 $90°$射频脉冲,则 $\boldsymbol{M}$ 便翻转到 $-y'$ 轴上,这时接收线圈将会感应得到 FID 信号.该信号的幅值正比于 τ 时刻 M_z 的大小.M_z 的变化规律可由方程(5.3.10)描述,由初始条件 $t = 0$ 时 $M_z = -M_0$,得到

$$M_z = M_0(1 - 2\mathrm{e}^{-t/T_1}) \tag{5.3.14}$$

可见,若选择到合适的 τ 值,使 $t = \tau$ 时 M_z 恰好为零,由式(5.3.14)得到 $\tau = T_1\ln2$,即 $T_1 = \tau/\ln2$.这种求 T_1 的方法称为反转恢复法,只要改变 τ 的大小使 FID 信号刚好等于零便可.

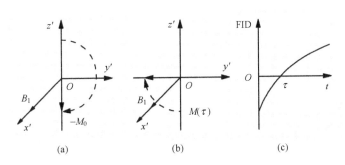

图 5.3.6　$180°$-τ-$90°$脉冲序列的作用及其 FID 信号

【实验装置】

本实验采用 FD-PNMR-II 型脉冲核磁共振实验系统,它由射频脉冲发生器、射频开关放大器、射频相位检波器、探头、磁铁与励磁电源组成,FID 信号在示波器上显示,各仪器如图 5.3.7 所示连接.

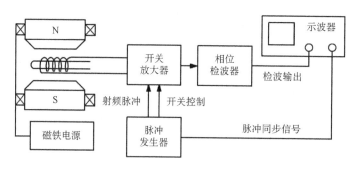

图 5.3.7　脉冲核磁共振实验系统示意图

各实验装置的功能如下:射频脉冲发生器可产生 20 MHz 的射频脉冲序列,其中脉冲宽度、脉冲间距和重复周期均连续可调. 开关放大器可将大功率射频脉冲加载到探头上,当脉冲结束后关闭脉冲通道并将来自探头的自由衰减信号放大 300 倍. 相位检波器可通过混频将射频信号频率降低至 20~100 Hz,以便于用示波器观察. 励磁电源可改变磁场强度至共振条件.

各实验装置的信号传递及连线方式如下:

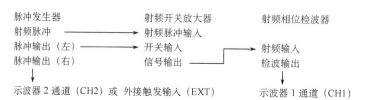

为观察核磁共振信号,应使磁场强度和射频频率满足共振条件 $\omega = \gamma B_0$. 本实验采用固定射频频率,通过调节匀场电源中的"I_0 调节"来改变磁场并满足共振条件. 另外,应使射频脉冲以最大功率加载到探头上,同时探头探测的信号以最大功率输入到放大器上. 开关放大器后面板的可变电容可调节探头与放大器之间的匹配程度,一般已经调好,不要随意调动.

【实验内容】

1. 初步调试

按前述的连线方式将各实验装置正确连接. 将脉冲发生器的第一、第二脉冲宽度打至 10 ms 挡,重复时间打至 1 s 挡. 将相位检波器的增益波段打至 5 mV 挡. 将射频发生器背后的 L 16 座连接至匀场板. 匀场板横放在磁铁电极中间,样品管置于匀场板中心小孔内. 将相位检波器的检波输出接示波器 1 通道(或 2 通道),将脉冲发生器的脉冲输出(右)接示波器的同步端口(即 EXT 端),同步方式选择常态(NORM 挡).磁铁上的 I_0 连接匀场线圈电源后面板的 I_0,Z_0 连接方式相同.调节 I_0 时由零调到最大,若未发现共振信号则改变电流方向(改变匀场线圈电源上的电流换向开关),再调节 I_0 便可得到共振信号.匀场线圈的作用是为了使磁场强度均匀,从而提高测量精度.实验前将脉冲旋至最大,调节 Z、X、Y 使自由感应衰减时间大于 20 ms(约 2 ppm 的精度).

2. 观察核磁矩对射频脉冲的响应

　　调节磁场强度满足共振条件,观察 FID 信号.调节脉冲宽度,观察 FID 信号的变化,根据这个变化关系,测定 90°脉冲(自由衰减幅度最大)的宽度 t_p 等于多少(以 ms 为单位),180°脉冲(自由衰减幅度最小)的宽度 t_p 又等于多少.测量 FID 信号的表观横向弛豫时间 T_2''.

3. 用自旋回波法测量弛豫时间 T_2

　　采用 90°-τ-180°脉冲序列观察自旋回波.将第一脉冲调至 90°脉冲,第二脉冲调至 180°脉冲,调节磁场至共振频率与射频频率相等就可以观察到自旋回波.仔细调节磁场强度、第一脉冲宽度、第二脉冲宽度至自旋回波最大.改变脉冲间隔重复测量,选择不同的 τ 值,由小到大,要求测量点不少于 10 个,最后由实验程序拟合得到弛豫时间 T_2.

4. 用饱和恢复法测量弛豫时间 T_1

　　采用 90°-τ-90°脉冲序列,定性观察脉冲间隔 τ 由小到大变化时 FID 信号的变化规律,定量测出不同 τ 值下 FID 信号的幅值.选择不同的 τ 值重复测量,由小到大,要求测量点不少于 10 个,最后由实验程序拟合得到弛豫时间 T_1.

5. 用反转恢复法测量弛豫时间 T_1(选做)

　　采用 180°-τ-90°脉冲序列.定性观察脉冲间隔由小到大变化时 FID 信号的变化规律,然后定量测出 FID 信号为零时对应的 τ 值.反复进行多次测量,把数据代入公式计算 T_1.

【思考题】

　　(1) 弛豫过程如何影响宏观磁化强度 **M** 在磁场中的运动?
　　(2) 如何将射频脉冲调整到 90°脉冲或 180°脉冲?

参 考 文 献

戴道宣,戴乐山. 2006. 近代物理实验. 2 版. 北京:高等教育出版社
高铁军,孟祥省,王书运. 2009. 近代物理实验. 北京:科学出版社
杨桂林,江兴方,柯善哲. 2004. 近代物理. 北京:科学出版社

专题实验 6 原子与原子核物理

6.1 弗兰克-赫兹实验

近代物理的标志是量子理论的建立,而量子理论的实验基础是原子光谱和各类碰撞研究.

1913 年,丹麦物理学家玻尔(N. Bohr)在卢瑟福原子核模型的基础上,结合普朗克的量子理论,成功地解释了原子的稳定性和原子的线性光谱.玻尔原子结构理论发表的第二年,即 1914 年,弗兰克(J. Frank)和赫兹(G. Hertz)用慢电子与稀薄气体原子碰撞的方法,使原子从低能级激发到较高能级,通过测量电子和原子碰撞时交换某一定值的能量,直接证明了原子内部量子化能级的存在. 同时,也证明了原子发生跃迁时吸收和发射的能量是完全确定的、不连续的,给玻尔的原子理论提供了直接而独立于光谱研究方法的实验证据. 由于此项卓越的成就,两人于 1925 年获得诺贝尔物理学奖.

【实验目的】

(1) 通过测定氩原子的第一激电势,证明原子能级的存在;
(2) 分析温度、灯丝电流等因素对 F-H 实验曲线的影响;
(3) 了解计算机实时测控系统的一般原理和使用方法.

【实验原理】

依据玻尔理论,原子只能较长久地停留在一些稳定状态(即定态),其中每一状态对应于一定的能量值,各定态的能量是分立的,原子只能吸收和辐射相当于两定态间能量差的能量.

如果处于基态的原子要跃迁到第一激发态,就需要一定的能量. 弗兰克-赫兹实验通过具有一定能量的电子与原子碰撞,进行能量交换而实现原子从基态到高能态的跃迁.

设氩原子的基态能量为 E_1,第一激发态的能量为 E_2,初速度为零的电子在电势差为 V_0 的加速电场的作用下,获得能量为 eV_0,具有这种能量的电子和氩原子发生碰撞,当电子能量 $eV_0 < E_2 - E_1$ 时,电子与氩原子只能发生弹性碰撞,由于电子的质量比氩原子质量小得多,电子能量损失很少. 如果 $eV_0 \geqslant E_2 - E_1 = \Delta E$,则电子与氩原子会发生非弹性碰撞. 氩原子从电子中取得能量 ΔE,而从基态跃迁到第一激发态,$eV_0 = \Delta E$,相应的电势差 V_0 即为氩原子的第一激发电位. 弗兰克-赫兹实验原理如图 6.1.1 所示.

在充氩的弗兰克-赫兹管中,电子由热阴极发出,阴极 K 和栅极 G 之间的加速电压 V_{GK} 使电子加速. 在板极 A 和栅极 G 之间加有减速电压 V_{AG},管内电势分布如图 6.1.2 所示,当电子通过 KG 进入 GA 空间时,如果能量大于 eV_{AG} 就能到达板极形成板极电流. 电子在 KG 空间与氩原子发生非弹性碰撞后,电子本身剩余的能量小于 eV_{AG},则电子不能到达板极,板极电流将会随栅极电压增加而减少. 实验时使 V_{GK} 逐渐增加,仔细观察板极电压的变化我们将观察到如图 6.1.3 所示的 I_A-V_{GK} 曲线.

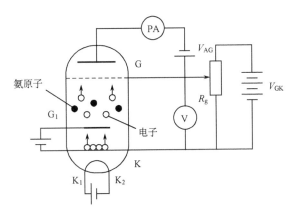

图 6.1.1　弗兰克-赫兹实验原理图

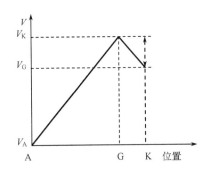

图 6.1.2　弗兰克-赫兹管管内电位分布

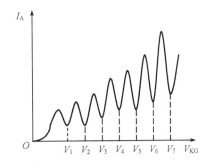

图 6.1.3　弗兰克-赫兹管 I_A-V_{GK} 曲线

　　随着 V_{GK} 的增加,电子能量增加,当电子与氩原子碰撞后还留下足够的能量,可以克服 GA 空间的减速场而到达板极 A 时,板极电流又开始上升. 如果电子在 KG 空间得到的能量 $eV_0 = 2\Delta E$ 时,电子在 KG 空间会因二次弹性碰撞而失去能量,而造成第二次板极电流下降.

　　在 V_{GK} 较高的情况下,电子在跑向栅极的过程中,将与氩原子发生多次非弹性碰撞. 只要 $V_{GK} = nV_0(n = 1, 2, \cdots)$,就发生这种碰撞. 在 I_A-V_{AG} 曲线上将出现多次下降. 对于氩,曲线上相邻两峰(或谷)对应的 V_{GK} 之差,即为原子的第一激发电势.

　　如果氩原子从第一激发态又跃迁到基态,这就应当有相同的能量以光的形式放出,其波长可以计算出来:$h\nu = eV_0$,实验中确实能观察到这些波长的谱线.

【实验装置】

1. FHZ 智能弗兰克-赫兹实验仪简介

　　一般的弗兰克-赫兹管是在圆柱状玻璃管壳中沿径向和轴向依次安装加热灯丝,阴极 K,网状栅极 A;有的在阴极 K 和栅极 G 之间还安装有第一阳极 G_1. 将管内抽取则至高真空后,充入高纯氩或其他元素. 这里以 XD-FHZ 智能弗兰克-赫兹实验仪为例进行说明.

　　XD-FHZ 智能弗兰克-赫兹实验仪基本结构如图 6.1.4 所示.

　　弗兰克-赫兹管的灯丝电压、第一栅极电压、拒斥电压、第二栅极电压等由程控直流稳压

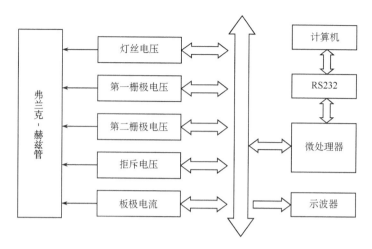

图 6.1.4　弗兰克-赫兹实验仪基本结构图

电源提供,即可由实验仪面板手动设定,也可由计算机控制.

　　程控直流微电流表测量板极电流,测量范围为 $1~\mu A \sim 1~mA$,共有四挡,测量数据可以从实验仪面板读出,同时可以自动传送给计算机.

2. XD-FHZ 智能弗兰克-赫兹实验仪前面板功能说明(图 6.1.5)

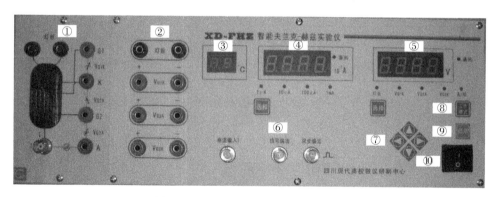

图 6.1.5　弗兰克-赫兹实验仪前面板

　　① 是弗兰克-赫兹管各输入电压连接插孔和板极电流输出插座.

　　② 是弗兰克-赫兹管所需激励电的输出连接插孔,其中左侧输出为正极,右侧为负极.

　　③ 是温度显示.

　　④ 是测试电流指示区:四位七段数码管指示电流值;用一个[选择]键,选择不同的电流量程档. 按一次[选择]键,变换电流量程档一次,设有指示灯指示当前选择的电流量程档位,同时对应的电流指示的小数点位置随之改变,表明量程已变换.

　　⑤ 测试电压指示区:四位七段数码管指示当前选择电压源的电压值;用一个[选择]键,选择不同的电压源. 按一次[选择]键,变换电压源一次,设有指示灯指示当前选择的电压源,同时对应的电压源指示灯随之点亮,表明电压源变换选择已完成,可对选择的电压源进行电压设定和修改.

⑥ 是测试信号输入输出区：

电流输入插座输入弗兰克-赫兹管板极电流；

信号输出插座输出被放大后的弗兰克-赫兹管板极电流 $V_{\mathrm{PP}} \leqslant 4$ V；

同步输出插座输出正脉冲同步信号．

⑦ 是设置电压值按键区，用于：

（1）改变当前电压源电压设定值；

（2）自动测试完成后，设置查询电压点．

按下左/右键，循环移动当前电压值的设置位，选取的位闪烁，提示目前在设置的电压位置．按下增/减键，电压值在当前设置位递增/减一个增量单位(图 6.1.6)．

注意：

丝电压 V_{F}、V_{GIK}、V_{GZA} 的电压值的最小值是 0.1 V；电压源 V_{GZK} 的电压值的最小变化值是 0.5 V，自动测试查询时是 0.2 V．

如果当前电压值加上一个单位电压值后的和值超过了允许输出的最大电压值，再按下↑键，电压值只能设置为该电压的最大允许电压值．

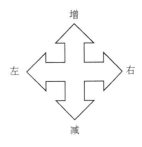

图 6.1.6　电压值按键图

如果当前电压值减去一个单位电压值后的差值小于零，再按下↓键，电压值只能设置为零．

⑧ 是工作状态指示键：左边红灯亮，表示自动扫描；左边绿灯亮，表示手动扫描．

⑨ 启动键：

通信指示灯指示实验仪与计算机的通信状态；

启动按键与工作方式按键共同完成多种操作，见相关说明；

⑩ 电源开关．

3. XD-FHZ 智能弗兰克-赫兹实验仪后面板功能说明

智能弗兰克-赫兹实验仪后面板上有交流电源插座，插座上自带有保险管座；如果实验仪已升级为微机型，则通信插座可连计算机，否则该插座不可使用．

4. XD-FHZ 智能弗兰克-赫兹实验仪连线说明(图 6.1.7)

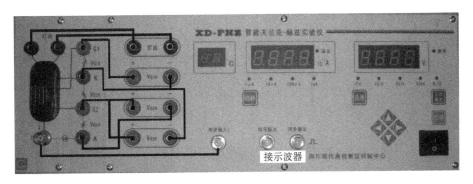

图 6.1.7　弗兰克-赫兹实验仪连线示意图

5. XD-FHZ 智能弗兰克–赫兹实验仪基本操作

1）开机后的初始状态

开机后,实验仪面板状态显示如下:

(1) 实验仪的"10 μA"电流挡位指示灯亮,表明此时电流的量程为 10 μA 挡;电流显示值为 00.00;

(2) 实验仪"灯丝电压"挡位指示灯亮,表明此时修改的电压为灯丝电压;电压显示值为 000.0 V;最后一位在闪动,表明现在修改位为最后一位;

(3) "手动"绿指示灯亮,表明此时实验操作方式为手动操作.

2）手动测试

(1) 认真阅读实验教程,理解实验内容.

(2) 正确连接区①、区②及区⑥之间的连线.

(3) 检查连线连接,确认无误后按下电源开关,开启实验仪.

(4) 检查开机状态.

(5) 设定电流量程.

用区④选择键设定适当电流挡(一般设 10 μA 或 100 μA 挡).

(6) 设定电压源电压值.

利用区⑤选择灯丝电压,利用区⑦按键设定灯丝电压为 2V,预热两分钟. 需设定的电压源有:灯丝电压 V_F、V_{G1K}、V_{G2A},设定状态参见建议的工作状态范围和随机提供的工作条件.

(7) 设定工作状态:手动状态(绿灯亮).

(8) 测试操作与数据记录.

测试操作过程中每改变一次电压源 V_{G2K} 的电压值,F-H 管的板极电流值随之改变,扫描电压可增至 100 V. 此时记录下区④显示的电流值和区⑤显示的电压值数据,以及环境条件,待实验完成后,进行实验数据分析.

(9) 示波器显示输出.

测试电流可通过示波器进行显示观测. 将⑥的"信号输出"和"同步输出"分别连接的示波器的信号通道和外信号通道,调节好示波器的同步状态和显示幅度,在示波器上即可看到 F-H 管板极电流的即时变化.

(10) 重新启动.

在手动测试的过程中,按下⑨启动按键,V_{G2A} 的电压值将被设置为零,内部存储的测试数据被清除,示波器上显示的波形被清除,但 V_F、V_{G1K}、V_{G2A}、电流挡位等的状态不发生改变. 这时,操作者可在该状态下重新进行测试,或修改后再进行测试.

3）自动测试

自动测试时,实验仪将自动产生 V_{G2K} 扫描电压,完成整个测试过程;将示波器与实验仪相连接,在示波器上可看到 F-H 管板极电流随 V_{G2K} 的电压变化的波形.

(1) 自动测试状态设置.

设定工作状态:自动状态(红灯亮)

自动测试时 V_F、V_{G1K}、V_{G2A} 及电流挡位等状态设置的操作过程;F-H 管的连线操作过程与手动测试操作过程一样.

如要通过示波器观察自动测试过程,可将⑥的"信号输出"和"同步输出"分别连接到示波器的信号通道和外同步通道,调节好示波器的同步状态和显示幅度.

建议工作状态和手动测试情况下相同.

(2) V_{G2K} 扫描终止电压设定.

进行自动测试时,实验仪将自动产生 V_{G2K} 扫描电压. 实验仪默认 V_{G2K} 扫描电压的初始值为零,V_{G2K} 扫描电压大约每 0.4 s 递增 0.2 V,直到扫描终止电压.

在自动测试状态下,当前设置的 V_{G2K} 电压值即是扫描终止电压. 要进行自动测试,必须设置电压 V_{G2K} 的扫描终止电压. V_{G2K} 设定终止值建议不超过 80 V 为好.

(3) 自动测试启动.

自动测试状态设置完成后,在启动自动测试过程前应检查 V_F、V_{G1K}、V_{G2A}、V_{G2K} 的电压设定值是否正确,电流量程选择是否合理,自动测试指示灯是否正确指示. 如果有不正确的项目,请重新设置正确.

如果所有设置都是正确、合理的,将④的电压源选择选为 V_{G2K},再按面板上⑦的"启动"键自动测试开始.

在自动测试过程中,可通过面板的电压指示区⑤,测试电流指示区⑥,观察扫描电压 V_{G2K} 与 F-H 管板极电流的相关变化情况.

如果连接了示波器,可通过示波器观察扫描电压 V_{G2K} 与 F-H 管板极电流的相关变化的输出波形.

在自动测试过程中,为了避免面板按键误操作,导致自动测试失败,面板上除"手动/自动"按键外的所有按键都被屏蔽禁止.

(4) 中断自动测试过程.

在自动测试过程中,只要按下"手动/自动"键,手动测试指示灯亮,实验仪就中断了自动测试过程,回复到手动状态. 所有按键都被再次开启. 这时可进行下次的测试准备工作.

本次测试的数据依然被保留在实验仪主机的存储器中,直到下次测试开始时才被清除. 所以,示波器仍可观测到部分波形.

(5) 自动测试过程正常结束.

当扫描电压 V_{G2K} 的电压值到达设定的测试终止电压值后,实验仪自动结束本次自动测试过程,进入数据查询工作状态.

测试数据保留在实验仪主机的存储器中,供数据查询过程使用,所以,示波器仍可观测到本次测试数据所形成的波形. 直到下次测试开始时才刷新存储器的内容.

(6) 自动测试后的数据查询.

自动测试过程正常结束后,实验仪进入数据查询工作状态. 这时面板按键除④部分还被禁止外,其他都已开启. ⑤的各电压源选择键可选择各电压源的电压值指示,其中,V_F、V_{G1K}、V_{G2A} 三电压源只能显示原设定的电压值,不能通过⑦的按键改变相应的电压值. 改变电压源 V_{G2K} 的指示值,就可查阅到在本次测试过程中,电压源 V_{G2K} 的扫描电压值为当前显示值时,对应的 F-H 管板极电流值的大小,该数值显示于④的电流指示表上.

(7) 结束查询过程,回复初始状态.

当需要结束查询过程时,只要按下⑦的"手动/自动"键,⑦的手动测试指示灯亮,查询过程结束,面板按键再次全部开启. 原设置的电压状态被清除,实验仪存储的测试数据被清除,实验仪回复到初始状态.

(8) 继续自动测试.

自动测试过程正常结束进入数据查询工作状态后. 在不改变 V_F、V_{G1K}、V_{G2A} 及电流挡位等状态设置的情况下,重新设置电压的扫描终止电压后,执行步骤③以后的操作可进行下一次自动测试过程.

4) 示波器显示输出

(1) 示波器显示输出.

测试电流可通过示波器进行显示观测. 将"信号输出"和"同步输出"分别连接到示波器的相关信号输入通道,用"同步输出"信号作为示波器的扫描同步信号,调节好示波器的同步状态和显示幅度. 可同步观察到弗兰克-赫兹管的伏-安特性曲线.

(2) 计算弗兰克曲线能级电压.

使用示波器计算弗兰克曲线能级电压的公式

$$V_{PP} = \frac{T_s}{3.617} \times \Delta V$$

式中 V_{PP} 为弗兰克的能级电压,在示波器上弗兰克曲线相邻峰与峰之间的电压称为弗兰克能级电压;T_S 为示波器读出弗兰克曲线的相邻峰与峰之间的时间,单位使用 μs 表示;3.617 为仪器扫描读出每一个地址的时间、单位为 μs,$T_S/3.167$ 为弗兰克曲线(相邻峰与峰)之间的地址数;ΔV 为测量时 V_{G2K} 每步的电压增量,单位 V,自动测量 ΔV 固定为 0.2 V.

例如,示波器读出的相邻峰峰之间的时间 $T_S = 204.36\ \mu s$,ΔV 选自动 0.2 V 的电压增量,根据公式

$$V_{PP} = \frac{204.36}{3.617} \times 0.2 = 11.299$$

即从示波器读出并计算出弗兰克曲线的能级电压为 11.2999 V.

5) 建议工作状态范围

警告:F-H 管很容易因电压设置不合适而遭到损害,所以,一定要按照规定的实验步骤和适当的状态进行实验.

电流量程:1 μA 挡或 10 μA 挡

灯丝电源电压:3~4.5 V

V_{G1K} 电压:1~3 V

V_{G2A} 电压:5~7 V

V_{G2K} 电压:$\leqslant$ 80.0 V

由于 F-H 管的离散性以及使用中的衰老过程,一只 F-H 管的最佳工作状态是不同的,具体的 F-H 管应在上述范围内调整到其较理想的工作状态.

【思考题】

对 XD-FHZ 智能弗兰克-赫兹实验仪手动测试时在示波器上也会出现板极电流图形,与自动测试的图形有什么区别?

参 考 文 献

陈廷侠,冯绍亮,刘保福. 2004. 温度对弗兰克-赫兹实验的影响,河南师范大学学报自然科学版,32(3):127-130
宋文福,冯正南,朱力. 2004. 弗兰克-赫兹实验的研究,大学物理实验,17(2):34-38
张明长,刘冬梅,吴静芝. 2003. 弗兰克-赫兹实验的演示教学,物理实验,23(11):3-5, 16

6.2　法拉第-塞曼效应

　　1985 年,法拉第(M. Faraday)在实验中发现,当一束偏振光通过非旋光性介质时,如果在介质中沿光传播方向加一外磁场,则光通过介质后,光振动(指电矢量)的振动面转过两个角度 θ,这种磁场使介质产生旋光性的现象称为法拉第效应或者磁致旋光效应.

　　1896 年,塞曼(Peter Zeeman 荷兰物理学家)发现,把光源置于足够强的磁场中,辐射跃迁发出的每条谱线分裂成若干条偏振化谱线,分裂的条数随能级的类别不同而不同,这种现象称为塞曼效应. 将一条光谱线在磁场中分裂为 3 条的现象称为正常塞曼效应,而分裂为多条的现象称为反常塞曼效应. 塞曼效应是继法拉第效应和克尔效应之后发现的第三个磁光效应,是物理学的重要发现之一.

【实验目的】

　　(1) 观察光的偏振现象,研究光的波动性. 了解调节光学元件接近严格平行的方法,理解法布里-珀罗标准具的干涉原理并掌握其调整方法;

　　(2) 观察并理解法拉第磁光现象,研究偏转角度与磁感应强度、介质厚度以及材料本身特性之间的关系,计算材料的韦尔代常数,深层次理解光的电磁波特性;

　　(3) 研究汞光谱的塞曼分裂现象,计算汞光谱的塞曼分裂裂距以及电子的荷质比,证实原子具有磁矩与空间取向量子化,进一步理解光的电磁理论.

【实验原理】

　　自从法拉第效应被发现以后,人们在许多固体、液体和气体中观察到磁致旋光现象. 对于顺磁介质和抗磁介质,光偏振面的法拉第旋转角 θ 与光在介质中通过的路程 L 以及外加磁场磁感应强度在光传播方向上的从分量成正比,即有

$$\theta = VBL \qquad\qquad (6.2.1)$$

其中 V 为韦尔代(Verdet)常数. 对于不同介质,偏振面旋转方向不同,习惯上规定,偏振面旋转绕向与磁场方向满足右手螺旋关系的称为"右旋"介质,其韦尔代常数 $V > 0$;反向旋转的称为"左旋"介质,韦尔代常数 $V < 0$.

　　塞曼效应证实了原子具有磁矩,而且其空间取向是量子化的. 在磁场中,原子磁矩受到磁场作用,使原子在原来能级获得附加能量. 由于原子磁矩在磁场中的不同取向而获得的不同附加能量,使得原来一个能级分裂成能量不同的几个子能级. 同样,由光源发出的一条谱线也会分裂成若干成分.

　　由汞光源发出的 546.1nm 光谱线在外磁场作用下产生跃迁,如图 6.2.1 所示,汞绿线

是汞原子的 6s7s2s 能级到 6s6p3p^2 能级跃迁产生的谱线(图 6.2.1). 上能级 6s7s3s^1 分裂
为 3 个子能级,下能级分裂为 5 个能级,选择定则允许的跃迁有 9 种,原来的一条谱线分裂
为 9 条,分裂后的 9 条谱线等间距,间距都为 $(1/2)L_0$ 的洛伦兹单位,$L_0 = eB/(4\pi mC)$,所以
九条谱线光谱范围为 $4L_0$. 而原子发光必须遵从 $\Delta M = 0$ 或 $\Delta M = 1$ 的跃迁定则(ΔM 表示光
谱线由于能级跃迁而产生的磁量子数的差值),而且选择定则与光的偏振有关,光的偏振状
态又与观察角度有关,垂直于磁场时为线偏振光,而平行于磁场时则是圆偏振光. 当 $\Delta M = 0$ 时,产生 π 线,沿垂直于磁场方向观察时 π 线为光振动方向平行于磁场的线偏振光,沿平
行于磁场方向观察时光强为零,所以观察不到. 当 $\Delta M = \pm 1$ 时产生 σ 线,迎着磁场方向观
察时,σ 线为圆偏振光,$\Delta M = +1$ 时为左旋偏振光,$\Delta M = -1$ 时为右旋偏振光.

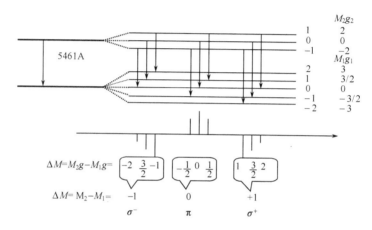

图 6.2.1   汞光源发出的 546.1 nm 光谱线在外磁场作用下产生跃迁

分裂后的谱线与原谱线的频率差为

$$\Delta \nu = \nu' - \nu = (M_2 g_2 - M_1 g_1)\frac{eB}{4\pi m} \qquad (6.2.2)$$

变换到波数差后为

$$\Delta \bar{\nu} = (M_2 g_2 - M_1 g_1)\frac{eB}{4\pi mc} = (M_2 g_2 - M_1 g_1)L_0 \qquad (6.2.3)$$

对同一级次有微小波长差的不同波长 $\lambda_a, \lambda_b, \lambda_c$ 而言,可以证明在相邻干涉级次 k 级和
$(k-1)$ 级下有

$$\Delta \bar{\nu}_{ab} = \tilde{\nu}_b - \tilde{\nu}_a = \frac{1}{2d}\frac{D_b^2 - D_a^2}{D_{K-1}^2 - D_K^2} = \frac{1}{2d}\frac{\Delta D_{ba}^2}{\Delta D^2} \qquad (6.2.4)$$

$$\Delta \bar{\nu}_{cb} = \tilde{\nu}_b - \tilde{\nu}_c = \frac{1}{2d}\frac{D_c^2 - D_a^2}{D_{K-1}^2 - D_K^2} = \frac{1}{2d}\frac{\Delta D_{cb}^2}{\Delta D^2} \qquad (6.2.5)$$

其中 d 为标准具常数.

【实验装置】

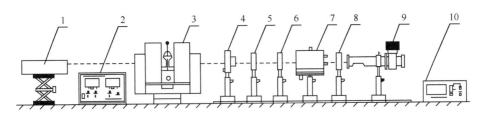

图 6.2.2　法拉第-塞曼效应综合实验仪装置图

1. 氦氖激光器；2. 控制主机；3. 电磁铁；4. 偏振检测；5. 会聚透镜；6. 干涉滤光片；7. 法布里-珀罗标准具；
8. 成像透镜；9. 读数显微镜；10. 光功率计

【实验内容】

1. 实验前仪器连接及调整

（1）氦-氖激光器通过底部四个定位孔和调节架相配合，旋动调节架上的调节旋钮，可以使激光器的高度平稳调节；

（2）电磁铁放在转台上，通过限位槽和基准线来定位，以使电磁铁的转动中心正好和磁间隙中心重合；

（3）导轨置于电磁铁横向放置时磁芯中心孔的延长线上，注意应离开转台一段距离，以使电磁铁转动时不碰到导轨；调节滑块后部制动旋钮，使滑动均匀、顺利；利用激光的准直性调节各光学元件，使之同轴. 本实验讲义推荐光学元件安置顺序：刻度盘—聚光盘—5461Å 干涉滤光片—法布里-珀罗标准具—成像透镜—读数显微镜；

（4）按照面板提示连接好主机各线，光度计上通过一话筒线和刻度盘上的光电转换盒相连，接通电源，分别调节磁感应强度测量和光度计至零点. 注意，调节时应使输入信号为零，即磁感应强度测量应使探头远离磁场，光度计应使光电转换盒通光量为零.

2. 法拉第效应实验

（1）调节氦-氖激光器底部的调节架，使激光器发出的准直光完全通过电磁铁中心的小孔（完成法拉第效应实验，电磁铁纵向放置）.

（2）调节刻度盘的高度，使激光器光斑正好打在光电转换盒的通光孔上，此时旋动刻度盘上的旋钮，可以发现光度计读数发生变化.

（3）调节样品测试台，并旋动测试台上的调节旋钮，使冕玻璃样品缓慢转动升起，此时光应完全通过样品.

（4）旋动刻度盘上的旋钮，使刻度盘内偏振片的检偏方向发生变化，因氦-氖激光器激光管内已经装有布儒斯特窗，故不加起偏器，氦-氖激光器出射的光已经是线偏振光，所以转动刻度盘，必定存在一个角度，使光度计示小（光度计可以调节量和，以使测量更加精确），即此时激光器发出的线偏振光的偏振方向与检偏方向垂直，通过游标盘读取此时的角度 θ.

（5）开启励磁电源，给样品加稳定磁场，此时可以看到光度计读数增大，这是法拉第效应作用的结果．再次转动刻度盘，使光度计数到最小，读取此时的角度值．

（6）闭氦-氖激光器电源，旋下玻璃样品，移动样品测试台，使磁场测量探头正好位于磁隙中心，读取此时的磁感应强度测量值 B；用游标卡尺测量样品厚度（冕玻璃样品厚度参考值 5 nm），根据式(6.2.1)，可以求出该样品的韦尔代常数．当然，教师可以根据实际需要，合理安排实验过程，比如可以采用改变电流方向求平均值的方法来测量偏转角；也可以通过改变励磁电流而改变中心磁场的场强，测量不同场强下的偏转角，以研究磁光特性．

3. 塞曼效应实验

（1）转动电磁铁，使之横向放置，调节测量台，使笔型汞灯竖直放置在磁隙正中，接通汞灯电源．

（2）光学导轨上依次安放聚光透镜、5461 Å 干涉滤光片、法布里-珀罗标准具、刻度盘（取下后部光电转换盒，做偏振片用）、成像透镜、读数显微镜、调节平行、同轴．

（3）亮笔型汞灯，暂时取下 5461 Å 滤光片和刻度盘，调节各滑块位置，通过显微镜目镜观察同心环形干涉条纹，此时再调节法布里-珀罗标准具下的仰角调节旋钮，使干涉环正好成像在目镜正中，再调节法布里-珀罗标准具上的三个压脚螺丝，使标准具严格平行，此时干涉环应均匀、同心．

（4）加上 5461 Å 滤光片，关掉实验室内的电源（以下实验在暗室内完成，具体细节操作可以借助小电筒照明，但通光时间不宜过长），然后可以在目镜视界内看到锐细的汞光谱干涉条纹．

（5）打开励磁电源，加上磁场，可以看到锐细干涉圆环变粗，仔细调节读数显微镜位置，并慢慢增加磁场，可以看到干涉圆环逐渐清晰，仔细观察可以看出变粗的条纹是由九条细线组成的．

（6）偏振片，旋动调节旋钮，仔细观察圆环的变化，调节至适当的位置，可以发现先前的每个锐细环分裂成三个亮环，借助小电筒，通过读数显微镜上的鼓轮测量圆环的直径，求出汞 5461 Å 的塞曼分裂波数值，然后可以计算出电子荷质比，与理论值比较，计算测量误差．

4. 实验结果处理与分析

这一实验的数据处理依照多次测量取平均值的原则进行．有些数据，例如磁场强度的不确定度的测量，需要同学自己参考已学知识进行测量与计算．

（1）韦尔代常数计算出来之后，分析研究偏转角度与磁感应强度、介质厚度以及材料本身特性之间的关系．

（2）求出汞 5461 Å 的塞曼分裂波数值，然后可以计算出电子荷质比，与理论值比较，计算测量误差（谱线间隔为一个洛伦兹单位）．

【思考题】

（1）如何调节聚光镜 L1 与成像透镜 L2 光源共轴？L1 在光具座上的位置对于干涉圆环的亮度有无影响？如果有影响那么 L1 应置于何处？

（2）试对汞绿线 5461 Å 分裂后的 9 个干涉圆环标明对应谱线的名称（σ 线或 π 线）．

（3）当汞绿线原来 k 级干涉圆环分裂后的最外侧的一条干涉圆环与 $k-1$ 级干涉圆环

分裂后的最内侧一条干涉圆环重叠时,重叠在一起的这两个干涉圆环对应谱线的波长差为多少?

（4）法拉第-塞曼效应实验中测量韦尔代常数时,假如我们没有把测磁计的探头放在磁场中心,我们测得韦尔代常数值偏大还是偏小?

（5）法拉第-塞曼效应实验中,法布里-珀罗标准具的作用是什么?

参 考 文 献

褚圣麟. 1979. 原子物理学. 北京：高等教育出版社

戴乐山,戴道宣. 1995. 近代物理实验. 上海：复旦大学出版社

张孔时,丁慎训. 1991. 物理实验教程. 北京：清华大学出版社

郑广垣. 1991. 近代物理学. 上册. 上海：复旦大学出版社

6.3　γ射线能谱测量

核反应及核衰变生成的原子核常处于激发态,处于激发态核由高能级向低能级跃迁时会放射出γ射线,即γ射线是原子核从激发态跃迁到较低能态或基态时所发出的一种辐射,辐射的能量由原子核跃迁前后两能级的能量差决定. γ射线的能量与原子核激发态的能级密切相关,测量γ射线能量可确定原子核激发态能级,这对确定原子核衰变纲图,放射性分析、同位素应用等方面有重要意义,也是了解原子核的结构、获得原子核内部信息的重要途径. γ射线能量测量是利用γ线与探测器相互作用产生次生电子,测得次生电子能量并绘出次生电子按能量分布的谱,即所谓γ射线"能谱",求得该γ射线能量.

【实验目的】

（1）了解闪烁探测器的结构、原理;

（2）掌握 NaI(Tl)单晶γ闪烁谱仪的几个性能指标和测试方法;

（3）了解核电子学仪器的数据采集、记录方法和数据处理原理.

【实验原理】

1. NaI(Tl)闪烁探测器概述

核辐射与某些物质相互作用会使其电离、激发而发射荧光,闪烁探测器就是利用这一特性来工作的. 图 6.3.1 是闪烁探测器组成的示意图.

首先简要介绍一下闪烁探测器的基本组成部分和工作过程.

闪烁探测器由闪烁体、光电倍增管和相应的电子仪器三个主要部分组成. 上图中探测器最前端是一个对射线灵敏并能产生闪烁光的闪烁体,当射线(如γ、β)进入闪烁体时,在某一地点产生次级电子,它使闪烁体分子电离和激发,退激时发出大量光子(一般光谱范围从可见光到紫外光,并且光子向四面八方发射出去). 在闪烁体周围包以反射物质,使光子集中向光电倍增管方向射出去. 光电倍增管是一个电真空器件,由光阴极、若干个打拿极和阳极组成;通过高压电源和分压电阻使阳极、各打拿极和阴极间建立从高到低的电势分布. 当

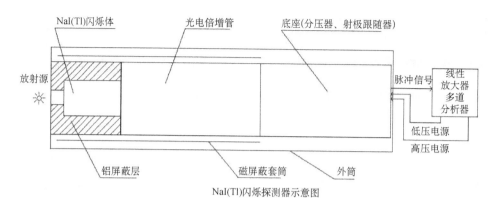

NaI(Tl)闪烁探测器示意图

图 6.3.1 闪烁探测器的装置示意图

闪烁光子入射到光阴极上,由于光电效应就会产生光电子,这些光电子受极间电场加速和聚焦,在各级打拿极上发生倍增(一个光电子最终可产生 $10^4 \sim 10^9$ 个电子),最后被阳极收集. 大量电子会在阳极负载上建立起电信号,通常为电流脉冲或电压脉冲,然后通过起阻抗匹配作用的射极跟随器,由电缆将信号传输到电子学仪器中去.

实用时常将闪烁体、光电倍增管、分压器及射极跟随器都安装在一个暗盒中,统称探头;有时在光电倍增管周围包以起磁屏蔽作用的坡莫合金(如本实验装置),以减弱环境中磁场的影响;电子仪器的组成单元则根据闪烁探测器的用途而异,常用的有高、低压电源,线性放大器,单道或多道脉冲分析器等.

归结起来,闪烁探测器的工作可分为五个相互联系的过程:

(1)射线进入闪烁体,与之发生相互作用,闪烁体吸收带电粒子能量而使原子、分子电离和激发;

(2)受激原子、分子退激时发射荧光光子;

(3)利用反射物和光导将闪烁光子尽可能多地收集到光电倍增管的光阴极上,由于光电效应,光子在光阴极上击出光电子;

(4)光电子在光电倍增管中倍增,数量由一个增加到 $10^4 \sim 10^9$ 个,电子流在阳极负载上产生电信号;

(5)此信号由电子仪器记录和分析.

2. NaI(Tl)单晶 γ 闪烁谱仪的主要指标

1)能量分辨率

由于单能带电粒子在闪烁体内损失能量引起的闪烁发光所放出的荧光光子数有统计涨落;一定数量的荧光光子打在光电倍增管光阴极上产生的光电子数目有统计涨落. 这就使同一能量的粒子产生的脉冲幅度不是同一大小而近似为高斯分布. 能量分辨率的定义为

$$\eta = \frac{\Delta E}{E} \times 100\% \qquad (6.3.1)$$

由于脉冲幅度与能量有线性关系,并且脉冲幅度与多道道数成正比,故又可以写为

$$\eta = \frac{\Delta \mathrm{CH}}{\mathrm{CH}} \times 100\% \qquad (6.3.2)$$

ΔCH 为记数率极大值一半处的宽度(或称半宽度),记作 FWHM(full width at half maximum). CH 为记数率极大处的脉冲幅度.

显然谱仪能量分辨率的数值越小,仪器分辨不同能量的本领就越高. 而且可以证明能量分辨率和入射粒子能量有关

$$\eta = \frac{1}{\sqrt{E}} \times 100\% \tag{6.3.3}$$

通常 NaI(Tl)单晶 γ 闪烁谱仪的能量分辨率以^{137}Cs 的 0.661MeV 单能 γ 射线为标准,它的值一般是 10% 左右,最好可达 6%～7%.

2) 线性

能量的线性就是指输出的脉冲幅度与带电粒子的能量是否有线性关系,以及线性范围的大小.

NaI(Tl)单晶的荧光输出在 150 keV< E_γ< 6 MeV 的范围内和射线能量是成正比的. 但是 NaI(Tl)单晶 γ 闪烁谱仪的线性好坏还取决于闪烁谱仪的工作状况. 例如,当射线能量较高时,由于光电倍增管后几个联极的空间电荷影响,会使线性变坏. 又如脉冲放大器线性不好等. 为了检查谱仪的线性,必须用一组已知能量的 γ 射线,在相同的实验条件下,分别测出它们的光电峰位,作出能量-幅度曲线,称为能量刻度曲线(或能量校正曲线),如图6.3.2 所示. 用最小二乘法进行线性回归,线性度一般在 0.99 以上. 对于未知能量的放射源,由谱仪测出脉冲幅度后,利用这种曲线就可以求出射线的能量.

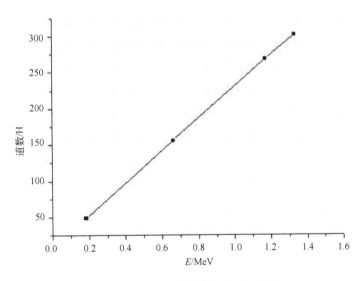

图 6.3.2 闪烁探测器的能量刻度曲线

3) 谱仪的稳定性

谱仪的能量分辨率,线性的正常与否与谱仪的稳定性有关. 因此在测量过程中,要求谱仪始终能正常工作,如高压电源,放大器的放大倍数,和单道脉冲分析器的甄别阈和道宽. 如果谱仪不稳定则会使光电峰的位置变化或峰形畸变. 在测量过程中经常要对 137Cs 的峰位,以验证测量数据的可靠性. 为避免电子仪器随温度变化的影响,在测量前仪器必须预热半小时.

3. 单道脉冲幅度分析器和多道脉冲幅度分析器的工作原理

单道脉冲幅度分析器(简称"单道")是分析射线能谱的一种仪器.

所谓射线的能谱,是指各种不同能量粒子的相对强度分布;把它画到以能量 E 为横坐标,单位时间内测到的射线粒子数为纵坐标的图上是一条曲线. 根据这条曲线,我们可以清楚地看到此种射线中各种能量的粒子所占的百分比. 这一任务可以用单道或多道脉冲幅度分析器来完成.

那么,单道是如何测出能谱的?

我们知道闪烁探测器可以将入射粒子的能量转换为电压脉冲信号,而信号幅度的大小与入射粒子的能量成正比. 因此只要测到不同幅度的脉冲数目,也就相应得到了不同能量的粒子数目. 由于 γ 射线与物质相互作用的机制有所差异,从探测器出来的脉冲幅度有大有小,单道就起到从中"数出"某一幅度脉冲数目的作用.

单道里有一个甄别电压 V_0(此电压可以连续调节),它就像一道屏障一样,将所有低于 V_0 的信号都挡住了,只有大于 V_0 的信号才能通过. 但这样只解决了一半问题,因为在通过的信号中实验者只知道它们都比 V_0 高,具体的幅度还是不能确定. 因此在单道中还有一个阈(或称窗宽)ΔV,使幅度大于 $V_0+\Delta V$ 的脉冲亦被挡住,只让幅度为 $V_0 \sim V_0+\Delta V$ 的信号通过(有的单道是 $V_0-\Delta V/2 \sim V_0+\Delta V/2$);当我们把 ΔV 取得很小时,所通过的脉冲数目就可以看成是幅度为 V_0 的脉冲数目.

简单地说,单道脉冲分析器的功能是把线性脉冲放大器的输出脉冲按高度分类:若线性脉冲放大器的输出是 $0 \sim 10$ V,如果把它按脉冲高度分成 500 级,或称为 500 道,则每道宽度为 0.02 V,也就是输出脉冲的高度按 0.02 V 的级差来分类. 在实际测量能谱时,我们保持道宽 ΔV 不变(道宽的选择必须恰当,过大会使谱畸变,分辨率变坏,能谱曲线上实验点过少;道宽过小则使每道的计数减小,统计涨落增大,或者使测量时间相应增加),逐点增加 V_0,这样就可以测出整个谱形.

上面所描述的情况可以称其为单道工作在微分状态下;当单道工作在积分状态下时,只要脉冲高度大于阈值电压单道就输出一个脉冲,即记录大于某一高度的所有脉冲数目.

单道是逐点改变甄别电压进行计数,测量不太方便而且费时,因而在本实验装置中采用了多道脉冲分析器. 多道脉冲分析器的作用相当于数百个单道分析器与定标器,它主要由 $0 \sim 10$ V 的 A/D 转换器和存储器组成,脉冲经过 A/D 转换器后即按高度大小转换成与脉高成正比的数字输出,因此可以同时对不同幅度的脉冲进行计数,一次测量可得到整个能谱曲线,既可靠方便又省时.

4. γ 全能谱图分析

当核辐射的能量全部耗尽在闪烁体内时,探测器输出脉冲幅度与入射粒子能量成正比,因此可以根据对脉冲幅度谱的分析来测定核粒子的能谱. 在工业、医学的应用领域及核物理实验中,NaI(Tl)单晶 γ 能谱仪有相当广泛的用途.

NaI(Tl)单晶 γ 能谱仪由以下单元组成:闪烁探头(包括 NaI(Tl)晶体和光电倍增管),高压电源,线性放大器,脉冲幅度分析器(分为单道分析器和多道分析器).

1) 响应问题

下面介绍 NaI(Tl)闪烁 γ 射线能谱仪对^{137}Cs 的单能 γ 射线($E_\gamma = 0.6616$ MeV)的响应问题,即对测得的脉冲幅度谱的形状进行分析.

γ 射线与物质相互作用时可能产生三种效应:光电效应、康普顿效应和电子对效应,这三种效应产生的次级电子在 NaI(Tl)晶体中产生闪烁发光(图 6.3.3).

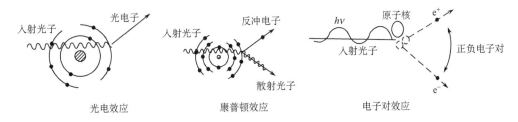

图 6.3.3　γ 射线与物质相互作用时可能产生的三种效应

(1) 低能时以光电效应为主. 一个光子把它所有的能量给一个束缚电子;核电子用其能量的一部分来克服原子对它的束缚,其余的能量则作为动能;

(2) 光子可以被原子或单个电子散射到另一方向,其能量可损失也可不损失. 当光子的能量大大超过电子的结合能时,光子与核外电子发生非弹性碰撞,光子的一部分能量转移给电子,使它反冲出来,而散射光子的能量和运动方向都发生了变化,即所谓的康普顿效应,光子能量在 1 MeV 左右时,这是主要的相互作用方式;

(3) 若入射光子的能量超过 1.02 MeV,则电子对的生成成为可能. 在带电粒子的库仑场中,产生的电子对总动能等于光子能量减去这两个电子的静止质量能量($2mc^2 = 1.022$ MeV).

由于单能 γ 射线所产生的这三种次级电子能量各不相同,甚至对康普顿效应是连续的,因此相应一种单能 γ 射线,闪烁探头输出的脉冲幅度谱也是连续的.

γ 射线与闪烁体发生光电效应时,γ 射线产生的光电子动能为

$$E_e = E_\gamma - B_i \tag{6.3.4}$$

其中 B_i 为 K、L、M 等壳层中电子的结合能. 在 γ 射线能区,光电效应主要发生在 K 壳层,此时 K 壳层留下的空穴将为外层电子所填补,跃迁时将放出 X 光子,其能量为 E_X. 这种 X 光子在闪烁晶体内很容易再产生一次新的光电效应,将能量又转移给光电子. 因此闪烁体得到的能量将是两次光电效应产生的光电子能量和

$$E = (E_\gamma - B_i) + E_X = E_\gamma \tag{6.3.5}$$

所以,由光电效应形成的脉冲幅度就直接代表了 γ 射线的能量.

在康普顿效应中,γ 光子把部分能量传递给次级电子,而自身则被散射. 反冲电子动能为

$$E_e \approx \frac{E_\gamma}{1 + \dfrac{1}{2E_\gamma(1-\cos\theta)}} \tag{6.3.6}$$

散射光子能量可近似写成

$$E'_\gamma \approx \frac{E_\gamma}{1 + 2E_\gamma(1 - \cos\theta)} \quad\quad (6.3.7)$$

当 $\theta = 180°$ 时,即光子向后散射,称为反散射光子;此时

$$E_{emax} \approx \frac{E_\gamma}{1 + \dfrac{1}{4E_\gamma}} \quad\quad (6.3.8)$$

$$E'_\gamma(\theta = 180°) \approx \frac{E_\gamma}{1 + 4E_\gamma} \quad\quad (6.3.9)$$

2) 一个典型的 γ 能谱

用 NaI(Tl) 谱仪测得的 ^{137}Cs 的 γ 能谱如图 6.3.4 所示,有三个峰和一个平台. 最右边的峰 A 称为全能峰,这一脉冲幅度直接反映 γ 射线的能量即 0.6616 MeV;上面已经分析过,这个峰中包含光电效应及多次效应的贡献,本实验装置的闪烁探测器对 0.6616 MeV 的 γ 射线能量分辨率为 7.5%.

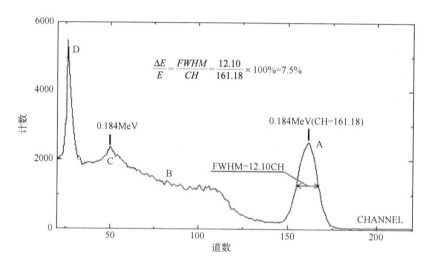

图 6.3.4 NaI(Tl) 闪烁谱仪测得到 ^{137}Cs γ 能谱

平台状曲线 B 是康普顿效应的贡献,其特征是散射光子逃逸后留下一个能量从 0 到 $E_\gamma/(1 + 1/4E_\gamma)$ 的连续的电子谱.

峰 C 是反散射峰. 当 γ 射线射向闪烁体时,总有一部分 γ 射线没有被闪烁体吸收而逸出,当它与闪烁体周围的物质发生康普顿效应时,反散射光子返回闪烁体,通过光电效应被记录,这就构成反散射峰. 可以根据式(6.3.9)算出

$$E'_\gamma(\theta = 180°) \approx E_\gamma/(1 + 4E_\gamma) = 0.6616/(1 + 4 \times 0.6616) = 0.184(\text{MeV})$$

峰 D 是 X 射线峰,它是由 ^{137}Ba 的 K 层特征 X 射线贡献的. ^{137}Cs 的 β 衰变体 ^{137}Ba 的 0.6616 MeV 激发态在放出内转换电子后造成 K 空位,外层电子跃迁后产生此 X 光子.

【实验装置】

NaI(Tl) 单晶 γ 闪烁谱仪由闪烁探头(包括 NaI(Tl)晶体和光电倍增管)、高压电源、线性放大器和脉冲幅度分析器等几个单元组成. 由于它既能对辐射强度进行测量,又可作辐

射能量分析,同时还具有对 γ 射线探测效率高和分辨时间短的优点,是目前广泛使用的一种辐射探测装置.

实验器材包括:

(1) γ 放射源 ^{137}Cs 和 ^{60}Co,强度 ≈1.5 μCi;

(2) 200 μm Al 窗 NaI(Tl)闪烁探头;

(3) 高压电源、放大器、多道脉冲幅度分析器.

【实验内容】

(1) 连接好实验仪器线路,经教师检查同意后接通电源.

(2) 开机预热后,选择合适的工作电压使探头的分辨率和线性都较好.

(3) 把 γ 放射源 ^{137}Cs 或 ^{60}Co 放在探测器前,调节高压和放大倍数,使 ^{60}Co 能谱的最大脉冲幅度尽量大而又不超过多道脉冲分析器的分析范围.

(4) 分别测 ^{137}Cs 和 ^{60}Co 的全能谱并分析谱形,指明光电峰、康普顿平台和反散射峰.

(5) 利用多道数据处理软件对所测得的谱形进行数据处理,分别进行光滑化、寻峰、半宽度记录、峰面积计算、能量刻度、感兴趣区处理等工作并求出各光电峰的能量分辨率.

(6) 根据实验测得的相对于 0.6616 MeV、1.173 MeV、1.332 MeV 的光电峰位置,作 E-CH 能量刻度曲线.

(7) 对上一步骤所得结果进行最小二乘拟合,求出回归系数,并判断闪烁探测器的线性.

(8) 选取 ^{137}Cs 的 0.6616 MeV 光电峰的一段谱形,试根据光滑化和寻峰的基本原理编制程序进行数据处理,对该段谱形光滑若干次后计算峰位. (选做)

(9) 数据处理:

求定标曲线方程 $E=a+b×$CH;根据最小二乘原理用线性拟合的方法可以得出

$$a = \frac{1}{\Delta}\Big[\sum_i CH_i^2 \cdot \sum_i E_i - \sum_i CH_i \cdot \sum_i (CH_i \cdot E_i)\Big],$$

$$b = \frac{1}{\Delta}\Big[n\sum_i (CH_i \cdot E_i) - \sum_i CH_i \cdot \sum_i E_i\Big],$$

$$\Delta = n\sum_i CH_i^2 - \Big(\sum_i CH_i\Big)^2$$

【思考题】

(1) 简单描述 NaI(Tl)闪烁探测器的工作原理.

(2) 反散射峰是如何形成的?

(3) 若只有 ^{137}Cs 源,能否对闪烁探测器进行大致的能量刻度?

参 考 文 献

复旦大学,北京大学,清华大学. 1997. 原子核物理实验方法. 北京:原子能出版社

王祝翔. 1961. 核物理探测器及其应用. 北京:科学出版社

6.4 电 子 衍 射

电子衍射可以用来分析研究各种固体薄膜和表面晶体结构. 在电子技术中,常需获取薄膜材料的晶体结构、晶粒尺寸、晶体取向、薄膜与基体间的相互关系等数据,电子衍射是有效的测定手段之一.

1924 年法国理论物理学家德布罗意(Louis Victorprince de Broglie)把光的波粒二象性推广到实物粒子,特别是电子,用 $\lambda = h/mv$ 表示物质波的波长,并指出可以用晶体对电子的衍射实验证明. 1927 年美国物理学家戴维孙(C. T. Daivison)和革末(L. Gemer)以及英国物理学家汤姆孙(G. P. Thomson)分别在实验上发现电子衍射,证明了物质波的存在. 后来德国物理学家施特恩发现原子、分子也具有波动性,进一步证明了德布罗意物质波假设的正确性. 1929 年德布罗意因发现实物粒子的波动性而获得诺贝尔物理学奖.

【实验目的】

(1)掌握电子衍射仪结构原理及产生电子衍射现象的机制.

(2)观察真空状态下高速电子穿过晶体薄膜时的衍射现象,获取对微观粒子波粒二象性的感性认识.

(3)验证德布罗意公式,证明电子波的存在.

【实验原理】

1. 电子波

按照德布罗意的假设,以速度 v 匀速运动的微观粒子应具有波长 λ 和频率 ν. 其波动性和粒子性的关系为

$$E = h\nu, \quad p = mv = h/\lambda$$

其中,m 为粒子质量,根据狭义相对论,其与静止质量 m_0 的关系为 $m = \dfrac{m_0}{\sqrt{1-(v^2/c^2)}}$,$c$ 为真空中的光速. 于是

$$\lambda = \frac{h}{m_0 v}\sqrt{1-\frac{v^2}{c^2}} \tag{6.4.1}$$

在实验中,电子是因电压 V 而获得加速,按照相对论能量表达式,电子从电场获得的能量 $eV = m_0 c^2\left(\dfrac{1}{\sqrt{1-v^2/c^2}}-1\right)$,即

$$v = \sqrt{\frac{2eV}{m_0}\cdot\frac{1+\dfrac{eV}{2m_0 c^2}}{\left(1+\dfrac{eV}{m_0 c^2}\right)^2}}$$

代入式(6.4.1)得

$$\lambda = \frac{h}{\sqrt{2m_0 eV + \dfrac{e^2 V^2}{c^2}}} \qquad (6.4.2)$$

将 $e = 1.602 \times 10^{-19}$ C$,h = 6.626 \times 10^{-34}$ J $\cdot$ s$,m_0 = 9.107 \times 10^{-31}$ kg$,c = 2.998 \times 10^8$ m $\cdot$ s^{-1},代入式(6.4.2),并取 V 为加速电压的单位,则

$$\lambda = \frac{1.226}{\sqrt{V(1 + 0.978 \times 10^{-6} V)}} \ (\text{nm}) \qquad (6.4.3)$$

当加速电压很低时,即 $\dfrac{eV}{m_0 c^2} \ll 1$ 时,得到电子速度和波长的经典近似公式

$$\lambda' = \frac{h}{\sqrt{2m_0 eV}} \quad \text{或} \quad \lambda' = \frac{1.226}{\sqrt{V}} (\text{nm})$$

表 6.4.1 是根据式(6.4.3)算得的各种加速电压下的电子波长. 当电压达到 30～50 kV时,其数值与硬 X 射线相近,因此其晶体衍射现象和 X 射线的晶体衍射也十分相似.

表 6.4.1　电子加速电压与电子波长关系表

加速电压/kV	0.1	0.15	10	20	25	30	40	50	60	70
电子波长/nm	0.1226	0.1	0.0123	0.00886	0.00766	0.00698	0.006	0.00535	0.00487	0.00448

2. 晶体衍射

由晶体衍射原理(参看 X 射线晶体结构分析基础知识)可知,高速电子穿过晶体薄膜所产生的衍射,实际上是由晶体原子对电子波的"散射"产生,而在确定衍射方向时,可借用晶面族的"反射"这样一个模型加以处理,即反射波极大值方向 θ 应满足布拉格方程,$2d\sin\theta = n\lambda$ 式中 d 为相邻晶面间距,n 为衍射级.

当电子来投射到多晶薄膜上时,由于多晶薄膜是由众多的任意取向的小晶体组成,在薄膜内部各个方向上均有与电子入射线夹角为 θ 并符合布拉格方程的反射晶面,因此反射束是一个以入射电子束为轴线,顶角为 4θ 的衍射圆锥面,当此衍射锥面与垂直于入射电子束的照相底片或荧光屏相遇时,即得到衍射圆环图像,如图

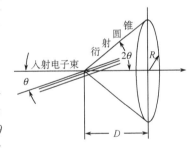

图 6.4.1　电子衍射示意图

6.4.1 所示,对于间距为 $d_1, d_2, d_3 \cdots$ 的各族晶面,按照布拉格方程. 应有 $\theta_1 、 \theta_2 、 \theta_3 \cdots$一系列衍射角,从而构成一组呈同心圆环的衍射图像.

根据晶体结构基本知识可知,对于立方晶系的晶体(如金,银,铜,铝等)来说,以密勒指数 h, k, l 表示的平行晶面族的面间距 d 与晶格常数 a 的关系为

$$d = \frac{a}{\sqrt{h^2 + k^2 + l^2}}$$

或者写成晶面指数的形式

$$d = \frac{na}{\sqrt{H^2 + K^2 + L^2}}$$

于是布拉格公式可写成

$$\lambda = \frac{2a}{\sqrt{H^2 + K^2 + L^2}} \sin\theta \tag{6.4.4}$$

由于角度 θ 很小,根据图 6.4.1 可近似得到

$$\sin\theta = \frac{1}{2}\tan 2\theta = \frac{R}{2D}$$

式(6.4.4)变为

$$\lambda = \frac{R_i}{D} \cdot \frac{a}{\sqrt{H_i^2 + K_i^2 + L_i^2}} \tag{6.4.5}$$

显然,在相同的电子波长 λ,衍射距离 D 和晶格常数 a 的条件下所获得的一组衍射环,其环半径与面指数的对应关系为

$$R_1^2 : R_2^2 : R_3^2 : \cdots : R_n^2 = (H_1^2 + K_1^2 + L_1^2) : (H_2^2 + K_2^2 + L_2^2) :$$
$$(H_3^2 + K_3^2 + L_3^2) : \cdots : (H_N^2 + K_N^2 + L_N^2)$$

令 $H_i^2 + K_i^2 + L_i^2 = m_i$,于是

$$1 : \frac{R_2^2}{R_1^2} : \frac{R_3^2}{R_1^2} : \cdots : \frac{R_n^2}{R_1^2} = 1 : \frac{m_2}{m_1} : \frac{m_3}{m_1} : \cdots : \frac{m_1}{m_1} \tag{6.4.6}$$

由此可知,尽管采取不同的 λ 和 D 可以获得若干幅大小不同的衍射图像,但对于相同的晶体来说每一幅衍射图像中各衍射环半径平方之比存在着一个确定的关系,它们的比值与所对应的晶面指数的平方和的比值相等.

然而,除了简单立方结构的晶体能够产生所有 H_i、K_i、L_i 晶面的衍射环以外,由于散射波有相干的关系,对体心和面心立方结构的晶体来说,按照"系统消光规律"有的晶面中虽能满足布拉格公式,却没有对应的衍射环出现. 根据晶体衍射理论,晶面衍射波的强弱与该晶体的几何结构因子 F_{HKL} 有关,对于面心立方晶体有

$$F_{HKL} = f \cdot [1 + e^{i\pi(H+K)} + e^{i\pi(H+L)} + e^{i\pi(K+L)} f]$$

为原子的散射因子. 衍射波强度

$$I_{HKL} \infty |F_{HKL}|^2 = f^2 \cdot [1 + \cos\pi(H+K) + \cos\pi(H+L) + \cos\pi(K+L)]^2$$

所以只有 H、K、L 皆为奇数或皆为偶数的那些晶面才会产生衍射波($I_{HKL} \neq 0$).

对于体心立方晶体,几何结构因子

$$F_{HKL} = f \cdot [1 + e^{2\pi(H+K+L)}]$$

$$I_{HKL} \infty |F_{HKL}|^2 = f^2 \cdot [1 + \cos\pi(H+K+L)]^2$$

产生衍射的晶面应满足

$$H + K + L = 偶数$$

表 6.4.2 给出面心立方和体心立方晶体的衍射环序号(环半径从小到大)相对应的晶体晶面指数.

表 6.4.2　面心立方晶体和体心立方晶体衍射环序号相对应的晶体晶面指数

衍射环号	面 心 立 方			体 心 立 方		
	$H_iK_iL_i$	$H_i^2+K_i^2+L_i^2$	m_i/m_1	$H_iK_iL_i$	$H_i^2+K_i^2+L_i^2$	m_i/m_1
1	111	3	1	110	2	1
2	200	4	1.33	200	4	2
3	220	8	2.67	211	6	3
4	311	11	3.67	220	8	4
5	222	12	4	310	10	5
6	400	16	5.33	222	12	6
7	331	19	6.33	321	14	7
8	420	20	6.67	400	16	8

从式(6.4.6)可以看出,只要测得一组同心衍射环的半径 R_i,便可根据一组(m_i/m)的值从表 6.4.2 确定晶体相应的晶面指数 H_i,K_i,L_i,然后连同给定的 D,a 值代入式(6.4.5),求得电子波长. 并以此值与式(6.4.3)算得的值相比较. 以验证电子的波动性.

【实验装置】

WDY-V 型电子衍射仪

用以观察电子衍射现象以及拍摄衍射图片. 仪器由衍射管、高真空系统和电源三部分组成.

(1) 衍射管:包括电子枪、光阑、样品、快门和荧光屏等部分,如图 6.4.2 所示.

电子枪由阴极、栅极和阳极组成,阴极是呈 V 形的钨丝;通电加热即发射电子,电子经栅极和阳极聚焦准直后被加速. 聚焦原理如图 6.4.3 所示,阴极和样品均可以更换和调整位置.

(2) 真空系统:为了防止阴极与阳极之间的高压击穿,减少气体分子对电子束的散射,保证衍射管中的电子束直接行进并具有一定能量,衍射管内必须处于高真空状态. 本衍射仪还带有镀膜装置,用以

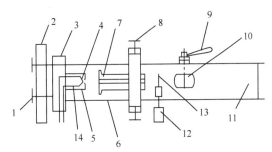

图 6.4.2　WDY-V 型电子衍射仪

1.阴极固定螺钉;2.定位盘;3.负高压固定盘;4.灯丝;5.栅极;6.密封罩;7.阳极;8.阳极调整螺钉;9.快门手柄;10.快门;11.荧光屏;12.样品调整手柄;13.样品薄膜;14.阴极

蒸镀样品薄膜,亦需要高真空条件,要求的真空度是 7×10^{-3} Pa. 高真空系统由机械泵,金属油扩散泵,蝶阀,三通阀,真空计等组成,见图 6.4.4.

(3) 电源:由灯丝加热电源和直流高压电源组成. 加在阳极与阴极之间的高压由一次升压三次倍压供电,最高可达 50 kV. 为安全起见,采用阴极负高压,阳极接地方式. 灯丝加热电源由一个变压器提供,为了保证绝缘良好,灯丝变压器及高压变压器全部浸泡在耐高压的变压器油中.

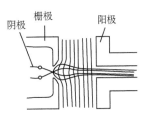

图 6.4.3　电子枪

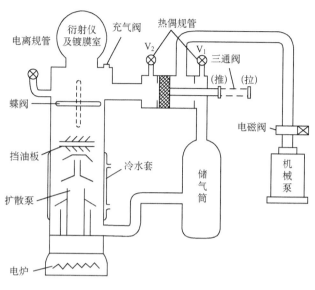

图 6.4.4 真空系统

【实验内容】

1. 真空操作

三通阀置于推位,开机械泵,开热偶计 1,待真空度达 5 Pa,开冷却水,接通扩散泵热电源. 半小时后,将三通阀置拉位,开热偶计 2 待达到 5 Pa,三通阀置推拉,开蝶阀,10 min 后开电离计电源,待达到 7×10^{-3} Pa 可进行蒸镀或衍射操作. 注意:打开蒸镀室或衍射管取样品以前,应先关闭蝶阀,装取完毕以后,应先利用三通阀抽出大气,达到低真空后方可开启蝶阀,以免扩散泵油被氧化,仪器用完毕按程序关机(详见仪器使用说明书).

2. 样品制备

要求在有机薄膜上蒸镀 10～100 nm 厚度的样品晶体薄膜,做法如下:

(1) 将样品支架用无水乙醇和无水乙醚的混合溶液清洗干净.

(2) 在洁净的培养皿(或小烧杯)内注入蒸馏水,水面上滴一滴已配制好的有机溶液(乙酸正戊加 1% 火棉胶). 待溶剂蒸发后,即在水面形成一层有机薄膜. 将样品支架(小孔朝上)从无膜处插入水中从有膜处提起,把周边刮净,放在红外灯下烘干即可.

(3) 将带有底膜的样品架装入专用镀膜架上,将一小片银粒放入钼舟中,镀膜架安放于镀膜室相应位置,盖上镀膜室盖子,将镀膜室抽至 7×10^{-3} Pa 以后,即可进行蒸镀. 加热电流为 30 A,时间 4 s(观察到镀膜室透明盖呈棕黑色即可).

3. 观察衍射环

(1) 将制备好的样品装在衍射管内推拉及旋转调节的装置上并封闭好. 检查仪器电源

及接地是否完好,全部开关位置是否正确.

(2) 在 7×10^{-3} Pa 真空条件下,样品架调至衍射管观察窗中心并与电子束相垂直方向(粗调),灯丝电压调至 120 V,缓慢增加高压(电子加速电压)至 15 kV,打开快门,观察荧光屏是否出现亮点或衍射环,向前(后)微调样品支架调节机构(细调)直至在荧光屏观察到亮度、对比度适中的衍射图像为止. 增高电压至 20 kV、25 kV、30 kV,观察衍射环直径与电压的关系.

4. 图像记录

本实验使用奥林巴斯数码照相机,通过外拍照方法拍摄电子衍射花样. 需要通过联机方式将相机的数字输出口与计算机 USB 接口相连,启动计算机,在 Windows 下使用图片编辑器,如微软 Office 的照片编辑器,将相片中暂存的照片读入计算机,并在显示器上显示,使用鼠标和照片编辑器显示的光标坐标可测定数码照片上衍射环的直径 D_i,见图 6.4.5.

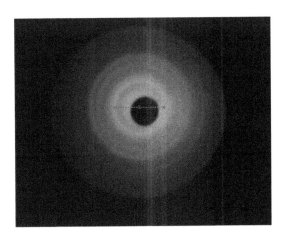

图 6.4.5 电子衍射花样

5. 衍射花样分析与计算

若已知荧光屏中心黑斑的物理直径 $d_0 = 9.00$ mm,又测得数码照片上中心黑斑直径 D_0,则可算出数码照片上单位长度对应的实际物理长度 d_0/D_0 因子,以此因子乘数码照片上测得的衍射环直径 D_i 再除以 2,就得到荧光屏上衍射环半径 R_i,即

$$R_i = \frac{d_0}{D_0} \cdot \frac{D_i}{2}$$

将各衍射环的序号 i 和半径 R_i 以及半径的平方比列入表 6.4.3,将半径的平方比与表 6.4.2 比较,若能与表 6.4.2 中的半径的平方比吻合,则确定样品的晶体结构属立方晶系,同时也确定了衍射环对应的晶面指数 hkl(本实验的多晶样品为银,属面心立方晶体).

表 6.4.3　实验原始数据表格

i					
D_i					
R_i / mm					
R_i^2 / R_1^2					
$\bar{\lambda}$					
测量条件	($a_{\mathrm{Ag}} = 0.40856\ \mathrm{nm}$)		$D = 315\ \mathrm{mm}$(样品到荧光屏之距离)		

计算结果与 6.4.3 德布罗意电子波长公式进行比较,分析误差产生的原因并得出验证结论.

【思考题】

（1）为什么电子衍射需要在高真空下进行?

（2）欲观察电子衍射现象,在技术上需要什么条件? 请予以总结.

（3）真空系统中的电磁阀,三通阀,蝶阀各起什么作用?

（4）仪器采用负高压,阳极接地方式,为什么比较安全?

（5）比较电子波与 X 射线波的性质.

参 考 文 献

褚圣麟. 1979. 原子物理学. 北京:人民教育出版社

方俊鑫,陆栋. 1983. 固体物理学. 上海:上海科学出版社

张三慧,史田兰. 1998. 大学物理学. 四册. 北京:清华大学出版社

【附录】

电子衍射应用基础知识

电子衍射和 X 射线衍射一样,可以用来作物相鉴定、测定晶体取向和原子位置. 由于电子衍射强度远强于 X 射线,电子又极易为物体所吸收,因而电子衍射适合于研究薄膜、大块物体的表面以及小颗粒的单晶. 此外,在研究由原子序数相差悬殊的原子构成的晶体时,电子衍射较 X 射线衍射更优越些. 会聚束电子衍射的特点是可以用来测定晶体的空间群.

采用波长小于或接近于其点阵常数的电子束照射晶体样品,由于入射电子与晶体内周期地规则排列的原子的交互作用,晶体将作为二维或三维光栅产生衍射效应,根据由此获得的衍射花样研究晶体结构的技术,称为电子衍射. 这是 1927 年分别由戴维孙(C. T. Davison)和革末(L. H. Germer),以及汤姆孙(G. P. Thomson)独立完成的著名实验. 和 X 射线衍射一样,电子衍射也遵循劳厄(M. vonLaue)方程或布拉格(W. L. Bragg)方程. 由于电子与物质的交互,电子衍射作用远比 X 射线与物质的交互作用强烈,因而在金属和合金的微观分析中特别适用于对含少量原子的样品,如薄膜、微粒、表面等进行结构分析.

一束低能量(能量为 5～500 eV)范围电子平行地入射样品表面,在全部背向散射的电子中,约有 1% 为弹性背向散射电子(能量与入射电子相同). 由于表面原子排列的点阵特

性,这种电子的弹性相干散射将在接收阳极的荧光屏上显示规则的斑点花样. 为了检测低能电子的微弱信号,通常采用所谓后加速(post-acceleration)技术,由样品表面背向散射的电子在穿过和样品同电势的栅极以后,才受到处于高电位的接收阳极的加速,并撞击到荧光屏上产生可供观察或记录的衍射斑点. 另一栅极比电子枪灯丝稍负,用以阻挡非弹性散射电子通过,降低花样的背景.

近年来,随着表面科学的发展,低能电子衍射在研究表面结构、表面缺陷、气相沉积表面膜的生成(如外延生长)、氧化膜的结构、气体的吸附和催化过程等方面,得到了广泛的应用. 目前,低能电子衍射常与俄歇电子谱仪(AES)、电子能谱化学分析仪(ESCA)等组合成多功能表面分析仪,因为它们在超高真空要求和被检测电子信息的能量范围等方面都比较接近.

6.5　快速电子的动量与动能的相对论关系

经典力学总结了低速物理的运动规律,它反映了牛顿的绝对时空观:认为时间和空间是两个独立的概念,彼此之间没有联系;同一物体在不同惯性参考系中观察到的运动学量(如坐标、速度)可通过伽利略变换而互相联系. 这就是力学相对性原理:一切力学规律在伽利略变换下是不变的.

19 世纪末至 20 世纪初,人们试图将伽利略变换和力学相对性原理推广到电磁学和光学时遇到了困难;实验证明对高速运动的物体伽利略变换是不正确的,实验还证明在所有惯性参考系中,光在真空中的传播速度为同一常数. 在此基础上,爱因斯坦于 1905 年提出了狭义相对论;并据此导出从一个惯性系到另一惯性系的变换方程即"洛伦兹变换".

【实验目的】

(1) 本实验通过对快速电子的动量值及动能的同时测定来验证动量和动能之间的相对论关系.

(2) 实验者学习到 β 磁谱仪测量原理、闪烁计数器的使用方法及一些实验数据处理的思想方法.

【实验原理】

洛伦兹变换下,静止质量为 m_0,速度为 v 的物体,狭义相对论定义的动量 p 为

$$p = \frac{m_0}{\sqrt{1-\beta^2}}v = mv \tag{6.5.1}$$

式中 $m = m_0/\sqrt{1-\beta^2}$,$\beta = v/c$. 相对论的能量 E 为

$$E = mc^2 \tag{6.5.2}$$

这就是著名的质能关系. mc^2 是运动物体的总能量,当物体静止时 $v = 0$,物体的能量为 $E_0 = m_0c^2$ 称为静止能量;两者之差为物体的动能 E_k,即

$$E_k = mc^2 - m_0c^2 = m_0c^2\left(\frac{1}{\sqrt{1-\beta^2}} - 1\right) \tag{6.5.3}$$

当 $\beta \ll 1$ 时,式(6.5.3)可展开为

$$E_k = m_0 c^2 \left(1 + \frac{1}{2} \frac{v^2}{c^2} + \cdots\right) - m_0 c^2 \approx \frac{1}{2} m_0 v^2 = \frac{1}{2} \frac{p^2}{m_0} \tag{6.5.4}$$

即得经典力学中的动量-能量关系.

由式(6.5.1)和式(6.5.2)可得

$$E^2 - c^2 p^2 = E_0^2 \tag{6.5.5}$$

这就是狭义相对论的动量与能量关系. 而动能与动量的关系为

$$E_k = E - E_0 = \sqrt{c^2 p^2 + m_0^2 c^4} - m_0 c^2 \tag{6.5.6}$$

这就是我们要验证的狭义相对论的动量与动能的关系. 对高速电子其关系如图 6.5.1 所示,图中 pc 用 MeV 作单位,电子的 $m_0 c^2 = 0.511$ MeV. 式(6.5.4)可化为

$$E_k = \frac{1}{2} \frac{p^2 c^2}{m_0 c^2} = \frac{p^2 c^2}{2 \times 0.511}$$

以利于计算.

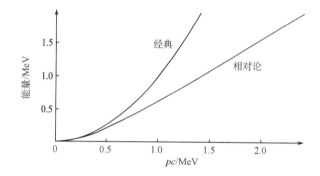

图 6.5.1　经典和相对论下的动量与能量关系

【实验装置及方法】

实验装置(图 6.5.2)主要由以下部分组成:①真空、非真空半圆聚焦 β 磁谱仪;②β 放射源 ^{90}Sr-^{90}Y(强度≈1 μCi),定标用 γ 放射源 ^{137}Cs 和 ^{60}Co(强度 ≈ 2 μCi);③200 μm Al 窗 NaI(Tl)闪烁探头;④数据处理计算软件;⑤高压电源、放大器、多道脉冲幅度分析器.

β 源射出的高速 β 粒子经准直后垂直射入一均匀磁场中($v \perp B$),粒子因受到与运动方向垂直的洛伦兹力的作用而做圆周运动. 如果不考虑其在空气中的能量损失(一般情况下为小量),则粒子具有恒定的动量数值而仅仅是方向不断变化. 粒子做圆周运动的方程为

$$\frac{\mathrm{d}p}{\mathrm{d}t} = -ev \times B \tag{6.5.7}$$

式中,e 为电子电荷,v 为粒子速度,B 为磁场强度. 由式(6.5.1)可知 $p = mv$,对某一确定的动量数值 p,其运动速率为一常数,所以质量 m 是不变的,故

$$\frac{\mathrm{d}p}{\mathrm{d}t} = m \frac{\mathrm{d}v}{\mathrm{d}t}, \quad \left|\frac{\mathrm{d}v}{\mathrm{d}t}\right| = \frac{v^2}{R}$$

所以

$$p = eBR \tag{6.5.8}$$

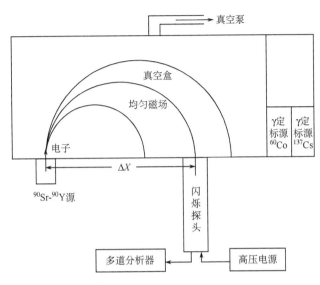

图 6.5.2　相对论相应实验装置图

式中 R 为 β 粒子轨道的半径,为源与探测器间距的一半.

　　在磁场外距 β 源 x 处放置一个 β 能量探测器来接收从该处出射的 β 粒子,则这些粒子的能量(即动能)即可由探测器直接测出,而粒子的动量值即为:$p=eBR=eB\Delta x/2$. 由于 β 源 $^{90}_{38}\mathrm{Sr}$-$^{90}_{39}\mathrm{Y}$(0~2.27 MeV)射出的 β 粒子具有连续的能量分布(0~2.27 MeV),因此探测器在不同位置(不同 Δx)就可测得一系列不同的能量与对应的动量值. 这样就可以用实验方法确定测量范围内动能与动量的对应关系,进而验证相对论给出的这一关系的理论公式的正确性.

【实验步骤】

　　(1) 检查仪器线路连接是否正确,然后开启高压电源,开始工作;

　　(2) 打开 ^{60}Co γ 定标源的盖子,移动闪烁探测器使其狭缝对准 ^{60}Co 源的出射孔并开始记数测量;

　　(3) 调整加到闪烁探测器上的高压和放大数值,使测得的 ^{60}Co 的 1.33 MeV 峰位道数在一个比较合理的位置(建议:在多道脉冲分析器总道数的 50%~70%,这样既可以保证测量高能 β 粒子(1.8~1.9 MeV)时不越出量程范围,又能充分利用多道分析器的有效探测范围);

　　(4) 选择好高压和放大数值后,稳定 10~20 min;

　　(5) 正式开始对 NaI(Tl)闪烁探测器进行能量定标,首先测量 ^{60}Co 的 γ 能谱,等 1.332 MeV 光电峰的峰顶记数达到 1000 以上后(尽量减少统计涨落带来的误差),对能谱进行数据分析,记录下 1.173 MeV 和 1.332 MeV 两个光电峰在多道能谱分析器上对应的道数;

　　(6) 移开探测器,关上 ^{60}Co γ 定标源的盖子,然后打开 ^{137}Cs γ 定标源的盖子并移动闪烁探测器使其狭缝对准 ^{137}Cs 源的出射孔并开始记数测量,等 0.6616 MeV 光电峰的峰顶记数达到 1000 后对能谱进行数据分析,记录下 0.6616 MeV 光电峰在多道能谱分析器上对应的道数；

(7) 关上^{137}Cs γ 定标源，打开机械泵抽真空（机械泵正常运转 2～3 min 即可停止工作）；

(8) 盖上有机玻璃罩，打开 β 源的盖子开始测量快速电子的动量和动能，探测器与 β 源的距离 Δx 最近要小于 9 cm、最远要大于 24 cm，保证获得动能 0.4～1.8 MeV 的电子；

(9) 选定探测器位置后开始逐个测量单能电子能峰，记下峰位道数 CH 和相应的位置坐标 x；

(10) 全部数据测量完毕后关闭 β 源及仪器电源，进行数据处理和计算.

【数据处理】

1. β 粒子动能的测量

β 粒子与物质相互作用是一个很复杂的问题，如何对其损失的能量进行必要的修正十分重要.

(1) β 粒子在 Al 膜中的能量损失修正.

在计算 β 粒子动能时还需要对粒子穿过 Al 膜（220 μm：200 μm 为 NaI(Tl) 晶体的铝膜密封层厚度，20 μm 为反射层的铝膜厚度）时的动能予以修正，计算方法如下：

设 β 粒子在 Al 膜中穿越 Δx 的动能损失为 ΔE，则

$$\Delta E = \frac{\mathrm{d}E}{\mathrm{d}x\rho}\rho\Delta x \tag{6.5.9}$$

其中 $\frac{\mathrm{d}E}{\mathrm{d}x\rho}\left(\frac{\mathrm{d}E}{\mathrm{d}x\rho}<0\right)$ 是 Al 对 β 粒子的能量吸收系数，ρ 是 Al 的密度，$\frac{\mathrm{d}E}{\mathrm{d}x\rho}$ 是关于 E 的函数，不同 E 情况下 $\frac{\mathrm{d}E}{\mathrm{d}x\rho}$ 的取值可以通过计算得到. 可设 $\frac{\mathrm{d}E}{\mathrm{d}x\rho}\rho=K(E)$，则 $\Delta E = K(E)\Delta x$；取 $\Delta x\rightarrow 0$，则 β 粒子穿过整个 Al 膜的能量损失为

$$E_2 - E_1 = \int_x^{x+d} K(E)\mathrm{d}x \tag{6.5.10}$$

即

$$E_1 = E_2 - \int_x^{x+d} K(E)\mathrm{d}x \tag{6.5.11}$$

其中 d 为薄膜的厚度，E_2 为出射后的动能，E_1 为入射前的动能. 由于实验探测到的是经 Al 膜衰减后的动能，所以可计算出修正后的动能（即入射前的动能）. 表 6.5.1 列出了根据本计算程序求出的入射动能 E_1 和出射动能 E_2 之间的对应关系.

(2) β 粒子在有机塑料薄膜中的能量损失修正.

此外，实验表明封装真空室的有机塑料薄膜对 β 存在一定的能量吸收，尤其对小于 0.4 MeV 的 β 粒子吸收近 0.02 MeV. 由于塑料薄膜的厚度及物质成分难以测量，可采用实验的方法进行修正. 实验测量了不同能量下入射动能 E_k 和出射动能 E_0（单位均为 MeV）的关系，采用分段插值的方法进行计算. 具体数据见表 6.5.2.

表 6.5.1　E_1 和 E_2 的对应关系

E_1/MeV	E_2/MeV	E_1/MeV	E_2/MeV	E_1/MeV	E_2/MeV
0.317	0.200	0.887	0.800	1.489	1.400
0.360	0.250	0.937	0.850	1.536	1.450
0.404	0.300	0.988	0.900	1.583	1.500
0.451	0.350	1.039	0.950	1.638	1.550
0.497	0.400	1.090	1.000	1.685	1.600
0.545	0.450	1.137	1.050	1.740	1.650
0.595	0.500	1.184	1.100	1.787	1.700
0.640	0.550	1.239	1.150	1.834	1.750
0.690	0.600	1.286	1.200	1.889	1.800
0.740	0.650	1.333	1.250	1.936	1.850
0.790	0.700	1.388	1.300	1.991	1.900
0.840	0.750	1.435	1.350	2.038	1.950

表 6.5.2　E_k 和 E_0 的关系

E_k/MeV	0.382	0.581	0.777	0.973	1.173	1.367	1.567	1.752
E_0/MeV	0.365	0.571	0.770	0.966	1.166	1.360	1.557	1.747

2. 数据处理的计算方法和步骤

(1) 设对探测器进行能量定标(操作步骤中的第 5、6 步)的数据如表 6.5.3.

表 6.5.3　探测器能量定标数据

能量/MeV	0.184	0.662	1.17	1.33
道数/CH	48	152	262	296

实验测得当探测器位于 21 cm 时的单能电子能峰道数为 204,求该点所得 β 粒子的动能、动量及误差,已知 β 源位置坐标为 6 cm,该点的等效磁场强度为 620 Gs.

根据能量定标数据求定标曲线:

已知 $E_1 = 0.184\text{MeV}$,$\text{CH}_1 = 48$;$E_2 = 0.662\text{MeV}$,$\text{CH}_2 = 152$;$E_3 = 1.17\text{MeV}$,$\text{CH}_3 = 262$;$E_4 = 1.33\text{MeV}$,$\text{CH}_4 = 296$;根据最小二乘原理用线性拟合的方法求能量 E 和道数 CH 之间的关系

$$E = a + b \times \text{CH}$$

其中

$$a = \frac{1}{\Delta}\left[\sum_i \text{CH}_i^2 \cdot \sum_i E_i - \sum_i \text{CH}_i \cdot \sum_i (\text{CH}_i \cdot E_i)\right]$$

$$b = \frac{1}{\Delta}\left[n \sum_i (\text{CH}_i \cdot E_i) - \sum_i \text{CH}_i \cdot \sum_i E_i\right]$$

$$\Delta = n\sum_i \mathrm{CH}_i^2 - \Big(\sum_i \mathrm{CH}_i\Big)^2$$

代入上述公式计算可得

$$E = -0.038613 + 0.0046 \times \mathrm{CH}$$

（2）求 β 粒子动能.

对于 $x = 21$ cm 处的 β 粒子：

将其道数 204 代入求得的定标曲线,得动能 $E_2 = 0.8998$ MeV,注意:此为 β 粒子穿过总计 220 μm 厚铝膜后的出射动能,需要进行能量修正.

在前面所给出的穿过铝膜前后的入射动能 E_1 和出射动能 E_2 之间的对应关系数据表中取 $E_2 = 0.8998$ MeV 前后两点作线形插值,求出对应于出射动能 $E_2 = 0.8998$ MeV 的入射动能 $E = 0.9486$ MeV.

E_1/MeV	E_2/MeV
0.937	0.850
0.988	0.900

上一步求得的 E_1 为 β 粒子穿过封装真空室的有机塑料薄膜后的出射动能 E_0,需要再次进行能量修正求出之前的入射动能 E_k,同上面一步,取 $E_0 = 0.9486$ MeV 前后两点作线形插值,求出对应于出射动能 $E_0 = 0.9486$ MeV 的入射动能 $E_k = 0.9556$ MeV.

E_k/MeV	0.777	0.973
E_0/MeV	0.770	0.966

$E_k = 0.9556$ MeV 才是最后求得的 β 粒子动能.

（3）由 $p = eBR$ 求 pc 的实验值.

β 源位置坐标为 6 cm,所以 $x = 21$ cm 处所得的 β 粒子的曲率半径为 $R = (21-6)/2 = 7.5$ cm. 电子电量 $e = 1.60219 \times 10^{-19}$ C,磁场强度 $B = 620$ Gs $= 0.062$ T,光速 $c = 2.998 \times 10^8$ m·s^{-1}. 所以

$$pc = eBRc = 1.60219 \times 10^{-19} \times 0.062 \times 0.075 \times 2.99 \times 10^8 \mathrm{J}$$

因为 $1\mathrm{eV} = 1.60219 \times 10^{-19}$ J,所以

$$pc = BRc(\mathrm{eV}) = 0.062 \times 0.075 \times 2.99 \times 10^8 \mathrm{eV} = 1390350\mathrm{eV} \approx 1.39\mathrm{MeV}$$

【思考题】

（1）用 γ 放射源进行能量定标时,为什么不需要对 γ 射线穿过 220 μm 厚的铝膜时进行"能量损失的修正"?

（2）为什么用 γ 放射源进行能量定标的闪烁探测器可以直接用来测量 β 粒子的能量?

专题实验 7　固 体 物 理

7.1　振动样品磁强计测量内禀磁特性

磁性是自然界任何物质均具有的基本物理性质,通过磁矩 m 表现出来,m 与样品的体积和每个磁性负载者的玻尔磁子数有关. 单位体积内的磁矩称为磁化强度(M,也称为体积磁化强度),用来表征材料的"内禀"磁特性. 有些情况下,体积难于测量,就用单位质量的磁矩来代替(σ,称为质量磁化强度). 测量物质的磁性,无论是用什么设备,本质上都是通过测量磁矩、磁通量或磁场强度来实现的. 如果被测样品的体积很小(比如直径为 1 mm 的小球),被磁化后,在远处可将其视为磁偶极子. 样品按一定方式振动,就等同于磁偶极场在振动. 于是,放置在样品附近的检测线圈内就有磁通量的变化,从而产生感应电压. 将此电压放大并加以记录,再根据电压-磁矩的对应关系,即可得知被测样品的 m. 1959 年美国的弗尼尔(S. Foner)在前人的研究基础上制成实用的振动样品磁强计(Vibrating Sample Megnetometer, VSM),受到磁学研究者们的欢迎. 经许多人的改进,VSM 已经成为检测物质内禀磁特性的标准通用设备.

【实验目的】

(1) 学习 VSM 的工作原理;

(2) 练习操作 VSM,测量实际材料的 M 或 σ.

【实验原理】

如图 7.1.1 所示,体积为 V、磁化强度为 M 的样品 S 沿 Z 轴方向振动. 在其附近放一个轴线和 Z 轴平行的多匝线圈 L,在 L 内的第 n 匝内取面积元 ds_n,其相对于坐标原点的矢径大小为 r_n,磁场沿着 X 方向施加. 由于 S 的尺度与 r_n 相比非常小,故 S 在空间产生的磁场可用偶极场形式来表示

$$\boldsymbol{H}(r_n) = \frac{V}{4\pi}\left[\frac{\boldsymbol{M}}{r_n^3} + \frac{3(\boldsymbol{M}\cdot\boldsymbol{r}_n)\boldsymbol{r}_n}{r_n^5}\right] \quad (7.1.1)$$

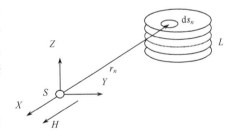

图 7.1.1　振动样品磁强计磁性检测原理

注意到 $\boldsymbol{M}$ 值有 X 分量,则可得到检测线圈 L 内第 n 匝中 ds_n 面积元的磁通为

$$d\varPhi_n = \mu_0 H_z ds_n = \frac{3\mu_0 M x_n z_n V}{4\pi r_n^5}ds_n \tag{7.1.2}$$

其中 μ_0 为真空磁导率. 而第 n 匝内的总磁通则为

$$\varPhi_n = \int d\varPhi_n = \int \frac{3\mu_0 M x_n z_n V}{4\pi r_n^5}ds_n \tag{7.1.3}$$

整个 L 的总磁通则为

$$\Phi = \sum_n \int \frac{3\mu_0 M x_n z_n V}{4\pi r_n^5} \mathrm{d}s_n \tag{7.1.4}$$

其中, x_n 为 r_n 的 X 轴分量, 不随时间而变化; z_n 为 r_n 的 Z 轴分量, 是时间的函数. 为方便计算, 现认为 S 不动而 L 以 S 原有的方式振动, 有 $z_n = z_n^0 + a\sin\omega t$, z_n^0 为第 n 匝的坐标, a 为 L 的振幅. 由此可得到检测线圈内的感应电压为

$$\varepsilon(t) = -\frac{\mathrm{d}\Phi}{\mathrm{d}t} = \left[-\frac{3\mu_0}{4\pi} MVa\omega \sum_n \int \frac{x_n(r_n^2 - 5z_n^2)}{r_n^7} \mathrm{d}s_n \right] \cos\omega t$$

$$= KMV\cos\omega t = KJ\cos\omega t$$

其中

$$K = -\frac{3\mu_0}{4\pi} a\omega \sum_n \int \frac{x_n(r_n^2 - 5z_n^2)}{r_n^7} \mathrm{d}s_n \tag{7.1.5}$$

显然, 精确求解上式是困难的, 但从该方程却能得到一些有意义的定性结论, 那就是: 检测线圈中的感应电压幅值正比于被测样品的总磁矩 $J = MV$ (或 $J = \sigma m$, 其中 m 表示质量), 且和被测线圈的结构、振动频率和振幅有关. 如果式 (7.1.5) 中的 K 保持不变, 则感应信号仅和样品的总磁矩成正比. 预先标定感应信号与磁矩的关系, 就可根据测定的感应信号大小推知被测磁矩值, 这就是 VSM 测量样品磁矩的原理. 通常, 测量样品的质量比测量样品的体积更容易, 尤其粉末样品更是如此. 因此, 用振动样品磁强计测量物质的磁性时, 一般是测量比磁化强度 (单位质量的磁矩) σ, 然后再根据样品的密度 ρ 计算出被测样品的磁化强度 (单位体积的磁矩)

$$M = \rho\sigma \tag{7.1.6}$$

【实验装置】

图 7.1.2 是振动样品磁强计的结构图. 信号发生器产生的功率信号加到振动子上, 使振动子驱动振动杆上下作周期性运动, 从而带动黏附在振动杆下端的样品做同频同相位振动. 扫描电源给电磁铁供电产生可变化的外磁场 H 使样品磁化, 从而在检测线圈中产生感应信号. 此信号经锁相放大器检测并放大后, 馈给 X-Y 记录仪的 Y 轴. 霍尔探头受电磁铁的磁场作用产生能够反映磁场大小的霍尔电压, 此电压信号经特斯拉计的输出馈给 X-Y 记录仪的 X 轴. 这样, 扫描电源缓慢变化一个周期后, 记录仪将描出 J-H 回线. J-H 回线称为磁化曲线或者磁滞回线. J 的实际大小通过对比标准样品的磁化曲线求得. 标准样品简称标样, 一般用不易氧化的 Ni 做成. 通常要针对设备的不同量程准备几个磁矩不同的标样, 每一个标样都标有其质量 m_0、比磁化强度 σ_0 和总磁矩 J_0. 先对一个已知总磁矩为 J_0 的 Ni 标样进行测量, 假设使 Ni 标样达到饱和磁化后 Y 轴的偏转量为 Y_0, 则单位 Y 轴偏转量所对应的磁矩变化为 $k = J_0 / Y_0$, 这个过程称为定标. 定标后, 用被测样品取代 Ni 标样, 在完全相同的条件下加磁场获得样品的 J-H 回线, 如果作用于样品的磁场为 H 时 Y 轴的高度 Y_H, 则此时被测样品的磁化强度是

$$M_H = \frac{kY_H}{V} = \frac{J_0}{Y_0} \frac{\rho}{m} Y_H \tag{7.1.7}$$

质量磁化强度是

$$\sigma_H = \frac{kY_H}{m} = \frac{Y_H}{Y_0}\frac{m_0}{m}\sigma_0 \tag{7.1.8}$$

以上两式中，ρ 为被测样品的密度，m 为被测样品的质量.

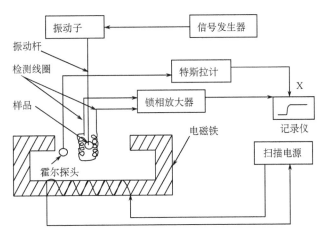

图 7.1.2　振动样品磁强计结构原理图

　　这样，根据 J-H 回线就可以推算出被测样品材料的 M-H 回线. 应该注意，测量得到的 H 为外加的磁场强度(测量磁场的探头位于磁极附近，不可能深入到样品内部). 实际上，样品被磁化后，样品表面出现的"磁荷"总会在样品内部产生与磁化强度方向相反的附加磁场，称为退磁场. 因此样品实际承受的磁场强度应该是外加磁场与退磁场的叠加强度. 也就是说，只有在可以忽略样品的退磁场情况下，VSM 测得的回线方能代表材料的真实特征. 否则，必须对磁场进行修正.

　　退磁场取决于样品的磁化强度和几何形状. 如图 7.1.3所示，类似于电介质在电场中的极化，样品被磁化后产生宏观磁矩等价于在样品两端产生"磁荷"，"磁荷"会产生磁场 H_d，磁力线的方向是从"正磁荷"出发，中止于"负磁荷". 在样品内部，H_d 与外加磁化场 H 是方向相反的，起到削弱外加磁场的作用，故称为退磁场. 退磁场可表示为

图 7.1.3　"退磁场"的产生

$$H_d = -NM \tag{7.1.9}$$

N 称为退磁因子，取决于样品的形状. 退磁因子是张量，表达式比较复杂，只有旋转椭圆球体才能准确计算沿三个主轴方向磁化的退磁因子的具体数值. 磁性测量中，样品的形状通常为旋转椭圆球体的几种退化形:球形、细线或薄膜. 对于球形，沿任意方向都有 $N = 1/3$（cmgs 制中为 $4\pi/3$）;对细线，沿轴向 $N = 0$;对薄膜，沿膜面方向 $N = 0$，沿垂直于膜面的方向 $N = 1$（cmgs 制中为 4π）. 通常，检测线圈都经过仔细调整，成对地配置在样品两侧，并按一定的绕向和连接方式组成线圈对，尽可能使外界的杂散信号相互抵消，而被测样品产生的信号则得到加强，从而提高灵敏度和信噪比.

　　宏观磁矩是样品内所有磁矩在外磁场方向分量的代数和. 如果外加磁场低于饱和场，

沿磁场方向的磁矩将小于饱和磁矩. 但这并不意味着磁矩是随磁场的改变而改变的,而是混乱分布的磁矩沿磁场方向分量的平均值在改变. 饱和磁化后,样品的总磁矩应该为 $m = M_s V$, M_s 为样品的饱和磁化强度,V 为样品的体积. 但实际上,M-H 曲线的高磁场段中 M 常常是随着磁场的增加而缓慢增加的,很难直接确定饱和磁化强度的值. 因而在实际工作中往往根据测得的磁化曲线用外推法来确定饱和磁化强度. 在高磁场下,磁化强度 M 趋近饱和,一般可表示为

$$M(H) = M_s(1 - a/H) \tag{7.1.10}$$

a 是与温度有关的常数. 从式(7.1.10)可知,在高磁场下,M 关于 H^{-1} 的曲线应该是线性的,且斜率为负. 因此,通过有限实验数据做高磁场下的 M-$1/H$ 曲线,外推至 $1/H = 0$,由 M 轴的截距得到样品的饱和磁化强度 M_s.

用振动样品磁强计测量物质的磁特性,样品的质量较少(10 mg 量级,过多会增加振动机构的驱动负载,或者尺寸过大超出磁场的均匀区),产生的磁场信号非常弱. 因此,在振动样品磁强计里采用了一种对交变信号进行相敏检波的放大器——锁相放大器(lock-in amplifier,LIA). 1962 年,美国的 EG&PARC 公司(Signal recovery 公司的前身)发明了第一台 LIA,使微弱信号检测技术取得了标志性的突破. LIA 以与被测信号有相同频率和相同相位关系的参考信号作为比较基准,只对与参考信号同频(或者倍频)同相的信号成分有响应. 因此,锁相放大器能大幅度抑制无用噪声,提高了检测的信噪比. LIA 有很高的灵敏度,信号处理也比较简单,主要用于检测信噪比很低的微弱信号. 即使有用的信号被淹没在噪声信号里(噪声信号比有用信号的幅值大很多),只要知道有用信号的频率值,就能准确地检测出此信号的实际幅值.

【实验内容】

(1) 练习使用振动样品磁强计测量几种材料的质量磁化曲线(σ-H 曲线). 标准样品为 Ni.

(2) 根据样品的密度 ρ 及质量磁化曲线作出体积磁化曲线(M-H 曲线).

(3) 用外推法求出样品的饱和磁化强度 M_s.

【思考题】

(1) 物质的磁性有哪几种?

(2) 试从式(7.1.4)分析一下如何才能更准确地测出样品的磁化强度值.

(3) 什么条件下才能用外推法确定样品的饱和磁化强度?

参 考 文 献

沙振舜,黄润生. 2002. 新编近代物理实验. 南京:南京大学出版社

Foner S. 1959. Review of Scientific Instruments,30(7):548.

O' Haley R C. 2002. 现代磁性材料原理和应用. 周永洽等译. 北京:化学工业出版社

7.2　磁电阻效应

　　材料的电阻随外加磁场变化而变化的现象称为磁电阻效应,它普遍存在于磁性和非磁性导体材料中. 利用磁电阻效应制成的各类磁传感器,在汽车工业、国防、航天等方面创造出巨大的社会财富,计算机上使用硬盘作为外存储器,其读出磁头就是利用了巨磁电阻(GMR)效应.

　　人们对于物质磁电阻特性的研究由来已久. 电子受到磁场的洛伦兹力作用,可以引起导电物质的电阻发生不大的变化,而且是各向同性的. 1856 年英国物理学家汤姆孙发现铁磁多晶体的各向异性磁电阻效应,但是由于科学发展水平及技术条件的局限,数值不大的各向异性磁电阻效应($[\rho(H)-\rho(0)]/\rho(H)$ 最高 3% 左右)并未引起人们太多关注. 1988 年法国的科学家阿尔伯特·费尔(Albert Fert)和德国的科学家彼得·格鲁伯格(Peter Gruenberg) 领导的研究小组,分别独立地发现了铁磁/非磁导电多层膜的巨磁电阻效应,即外加磁场引起电阻改变的相对变化率成倍地急剧增加(>20%). 随后非连续多层膜、钙钛矿型稀土-锰氧化物、颗粒膜等具有很大磁阻效应的材料相继得以发现.

【实验目的】

　　(1) 了解磁电阻材料的分类及其随温度变化的规律及原因;
　　(2) 了解和掌握磁电阻材料的电阻率及磁电阻的测量方法.

【实验原理】

1. 磁电阻的定义

　　材料的电阻随外加磁场变化而变化的现象称为磁电阻效应,它属于电流磁效应的一种. 材料磁电阻效应的大小用不同磁场下电阻率的变化率 MR 来表示. 通常,MR 有以下两种定义:

$$MR = [\rho(H)-\rho(0)]/\rho(0)　　或　　MR = [\rho(H)-\rho(0)]/\rho(H)　　(7.2.1)$$

式中,$\rho(H)$ 和 $\rho(0)$ 分别是材料在磁场强度为 H 和为零时的电阻率. 根据第一种定义,MR 的最大值为百分之百;根据第二种定义,MR 值可大于百分之百.

　　根据电场和磁场方向,磁电阻效应可以分为横向效应和纵向效应两种. 当磁场方向垂直于测量电阻的方向时,为横向磁电阻效应;当磁场方向与测量方向平行时,称为纵向磁电阻效应. 根据磁电阻效应的起源机制可分为正常磁电阻效应和反常磁电阻效应. 前者电阻率随着外磁场强度的增加而变化,其大小还与温度有关,温度越低电阻率越大. 后者是具有自发磁化强度的铁磁体所特有的现象,是一种负的磁电阻效应,其起因主要是电子自旋-轨道相互作用引起的与磁化强度有关的电阻率变化.

2. 磁电阻的分类

　　根据其物理机制的不同,磁电阻效应大致可以分为正常磁电阻效应,各向异性磁电阻效应,巨磁电阻效应,隧道磁电阻效应和庞磁电阻效应等.

(1) 正常磁电阻效应(OMR). 普遍存在于金属材料中. 在一般的非磁性金属材料中,由于电子在磁场中运动时受到洛伦兹力的作用,产生回旋运动,增加了电子的散射几率,从而引起材料的电阻率的升高,形成了正常磁电阻效应.

(2) 各向异性磁电阻效应(AMR). 是指一些磁性金属和合金在磁场和电流的同时作用下,随着磁场强度的增大,磁场平行于电流方向的电阻率大于磁场垂直于电流方向时的电阻率,具有这种特点的磁电阻效应称为各向异性磁电阻效应,它强烈地依赖于自发磁化的方向.

(3) 巨磁电阻效应(GMR). 是指当磁铁性材料和非磁性金属层交替组合成的多层薄膜材料在磁场中电阻大幅下降的现象. 如果相邻铁磁层中的磁化方向平行的时候,电阻就会变的很低;而当磁化方向相反的时候电阻就会变得很大. 电阻值的这种变化是不同自旋电子在单层磁化材料中散射性质不同而造成的. GMR 器件称为自旋阀.

(4) 隧道磁电阻效应(TMR). 一般是指由"铁磁金属/非磁绝缘体/铁磁金属"构成的多层膜的隧道磁电阻效应. 同巨磁电阻效应一样,可以预期隧道磁电阻效应在磁存储、磁传感器等方面有着非常广泛的应用前景,并且比巨磁电阻效应具有更加优越的性能. TMR 器件称为磁性隧道结.

(5) 庞磁电阻效应(CMR). 主要是指类钙钛矿锰氧化物材料中的磁电阻效应. 庞磁电阻效应的发现使得这类钙钛矿锰氧化物材料引起人们的广泛关注.

【实验装置】

本实验设备主要由电磁铁、稳压稳流电源、恒流源、微伏表、加热装置、温差电偶等部分组成,如图 7.2.1 所示. 磁电阻样品安装在电磁铁磁极间的石英管内,紧贴样品安装有陶瓷加热器和温差电偶. 在样品两侧有两条并联电路,一路连接恒流源,另外一路连接到微伏表用于测量样品两端的电压. 利用计算机控制电磁铁励磁电流的变化,可控制加热电源的电

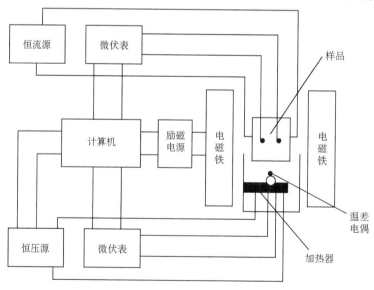

图 7.2.1 磁电阻效应实验装置示意图

压,同时还可以记录样品电压随温度的变化关系.

【实验内容】

（1）准备工作. 接通稳压稳流电源、恒流源、微伏表电源开关,调整恒流源电流到规定值.

（2）测量室温下样品电阻随电磁铁励磁电流的变化.

（3）测量样品电阻随温度的变化. 调节加热电源电压到规定值,测量样品电阻随温度的变化,直至样品温度基本恒定.

（4）测量样品电阻随电磁铁励磁电流的变化. 测量在此温度下样品电阻随电磁铁励磁电流的变化.

（5）更换样品,重复上述实验步骤.

（6）关机,实验结束,关闭各个仪器电源.

（7）数据处理,计算出样品磁电阻随磁场变化关系,画出各样品的电阻和磁电阻随磁场的变化关系曲线,以及样品电阻随温度的变化曲线.

注意事项

对于电磁铁的励磁电流,需要时按规定调节,用完后随即降至为零,以节约用电,防止电磁铁励磁线圈被烧坏.

【思考题】

（1）什么是磁电阻效应?

（2）主要的磁电阻效应有几种? 分别说明其特点.

参 考 文 献

蔡建旺,赵见高等. 1997. 磁电子学中的若干问题,物理学进展,17(2):119-142

都有为. 2000. 磁性材料进展. 物理,29(6):323-332

侯登录,郭革新. 2010. 近代物理实验. 北京:科学出版社

张朝明. 2009. 巨磁电阻效应及在物理实验中的应用. 实验室研究与探索,28(1):52-55

7.3 超导体临界温度的测量

1911 年荷兰的昂内斯(K. Onnes)发现超导电性现象. 经过一个世纪的发展,高温超导技术逐渐走进了人们的生活:例如超导量子干涉仪(SQUID)、超导磁铁等低温超导材料、Bi 系银包套高 T_c 超导线材等都已经商品化. 超导材料已经应用在高能物理、电子工程、生物磁学、航空航天、医疗诊断等科学研究领域. 在超导体研究中尤以超导体转变温度的提高作为最前沿的课题.

20 世纪 50 年代,巴丁(J. Bardeen)、库珀(L. N. Cooper)和施里弗(J. R. Schrieffer)共同发展的 BSC 低温超导理论,提出了库珀电子对概念作为产生超导电性的基础,是人类对超导电性的基本探索和初级认识阶段. 从 1958 年到 1985 年,强磁场超导材料的研制成

功和约瑟夫森效应的发现,使得超导技术在强场、超导电子学等实际应用中得以迅速发展,是人类开展超导技术应用的准备阶段. 1986 年,米勒(Muller)等创造性地提出了在 Ba-La-Cu-O 系化合物中存在高温超导的可能性. 1987 年初,中国科学家赵忠贤等在这类氧化物中发现了 $T_c = 48$ K 的超导电性. 同年 2 月份,美籍华裔科学家朱经武在 Y-Ba-Cu-O 系中发现了 $T_c = 90$ K 的超导电性. 超导研究领域的一系列进展,为超导技术在各方面的应用开辟了广阔的前景.

【实验目的】

(1) 了解超导材料的一些实际应用;

(2) 了解实验室常用冷源以及低温容器的使用;

(3) 掌握高临界温度超导材料的基本特性及其测量方法.

【实验原理】

1. 零电阻现象

当把某种金属或合金的温度冷却到某一确定值(临界温度 T_c)以下,该物质的直流电阻由有限值变为零的现象称为零电阻现象,这种在低温下发生的零电阻现象称为物质的超导电性,具有超导电性的材料称为超导体. 电阻突然消失的某一确定温度叫做超导体的临界温度 T_c,它是一个由物质本身的内部性质确定的、局域的内秉参量. 超导体由正常态向超导体的过渡是在一个有限的温度间隔内完成的.

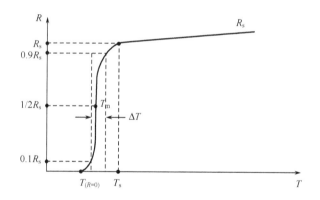

图 7.3.1 超导材料的电阻-温度曲线

如图 7.3.1 所示,其中起始温度 T_s 是电阻温度 R-T 曲线开始偏离线性所对应的温度;中点温度 T_m 是电阻下降到起始温度电阻 R_s 的一半时的温度,零电阻温度 $T_{(R=0)}$ 是电阻降为零时的温度,而转变宽度 ΔT 定义为 R_s 下降到 90% 及 10% 所对应的温度间隔.

2. 迈斯纳效应

1937 年德国科学家迈斯纳(W. Meissner)和奥克森菲尔德(R. Ocsenfeld)发现,不论是在有没有外加磁场的情况下,要使样品变为超导态,只要 $T < T_c$,在超导体内部总有磁感应强度 $B = 0$. 当把超导体置于外加磁场时,磁通不能穿透超导体,而使超导体内的磁感

应强度始终保持为零,超导体的这个特性又称为迈斯纳效应.

迈斯纳效应可以通过磁悬浮实验直观演示:将一个永久磁体放置在超导样品下表面附近,由于永久磁体的磁感线不能进入超导体,在永久磁体和超导体之间存在的排斥力可以克服超导体的重力,而使得小超导体悬浮在永久磁体表面一定的高度,这个实验可以直观形象地描述超导体的这种抗磁性.

超导体的零电阻现象和完全抗磁性既相互独立又有紧密的联系. 完全抗磁性不能由零电阻特性派生出来,但零电阻特性却是迈斯纳效应的必要条件;完全抗磁性是独立于零电阻特性的另一个基本属性. 超导体的磁状态是热力学状态,即在给定的条件下,它的状态是唯一确定的,而与到达这一状态的具体过程无关.

3. 超导临界参数

温度不是唯一约束超导现象的因素,实验表明,即使在临界温度以下,如果改变流过超导体的直流电流,或者对超导体施加磁场,当电流或磁场强度达到某个值的时候,超导体的超导态也会受到破坏而回复到常导态. 破坏超导体样品的超导电性所需的最小电流和磁场值,分别称为临界电流 I_c 和临界磁场 H_c. 临界温度 T_c、临界电流密度 I_c、临界磁场 H_c 是超导体的三个临界参数,它们与物质内部微观结构有关. 要是超导样品处于超导态,必须将其置于这三个临界值以内,只要其中任意一个条件破坏,样品的超导态都会被破坏.

4. 临界温度 T_c 的测量

由于超导体既是完全导体又是完全抗磁体,因此当超导样品发生正常态到超导态转变时,电阻消失并且磁通量从体内排出,这种电磁性质的显著变化是测量超导材料临界温度的基本依据. 测量 T_c 通常分为电测量(电阻法)和磁测量(电磁感应法)两种方法.

1) 电阻法

此方法是根据超导体零电阻现象而设计的,它是通过测量超导样品的直流电阻来确定超导材料的临界温度 T_c. 通常是将样品的电阻降至正常态电阻值 R_n 的 50% 时的温度作为超导体的临界温度(也称为中点温度). 把 R_n 刚好降到零时所对应的温度称为零电阻温度. 电阻法测量临界温度多采用四引线电阻测量的方式,如图 7.3.2 所示,两条电源引线与恒流源相连,两条电压引线连着数字电压表,用来检测样品的电压. 根据欧姆定律,即可得样品的电阻,由样品尺寸可算出电阻率,从测得的 温度电阻 R-T 曲线可以定出临界温度 T_c.

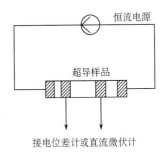

图 7.3.2   四引线法测量电阻示意图

2) 电磁感应法

此方法是根据超导体完全抗磁性而设计,它是由超导体在正常态向超导态转变中其磁化率的不连续变化来确定超导材料的转变温度. 利用电感法测量超导体 T_c 有多种方法:利用交流电桥测量放有超导样品的检测线圈的电感变化方法;用线圈组成振荡电路构成谐振回路测量其谐振频率的方法;采用锁相放大器测量互感线圈电感变化的方法等.

【实验装置】

　　本实验采用南京大学恒通电子仪器厂研制的 HT288 型高温超导体电阻-温度特性测量仪,主要用于高温超导材料的电阻-温度特性测量与处理,亦可用于其他样品电阻-温度特性测量. 它由安装了样品的低温恒温器,测温、控温仪器,数据采集、传输和处理系统以及计算机组成,既可进行动态法实时测量,也可进行稳态法测量.

　　图 7.3.3 是本机工作的原理示意图. 低温恒温器利用导热性能良好的紫铜制成,样品及温度传感器安置于其上,并形成良好的热接触. 加热丝是为稳态法测量而设置的,当低温恒温器处于液氮中或液氮面以上不同位置时,低温恒温器的温度将有相应的变化,当温度变化较缓慢,而且样品及温度传感器与紫铜均温块热接触良好时,可以认为温度传感器测得的温度即样品的温度. 样品及温度传感器的电极按典型的四端子法分别连接至恒流电源及放大器,经数据采集、处理传输系统送入计算机运行并在显示器上显示,当进行稳态测量时,改变均温块上的加热器电流使得加热电功率与均温块漏走的热量流率相等,则均温块恒定于某一温度. 仪器内安装,自动控温系统,它由温度传感器、放大器、温度设定器、PID 及功率放大器等部分组成,设定所需的温度后计算机显示屏上会出现显示值,此时加热功率自动调整,经约几分钟时间自动达到平衡.

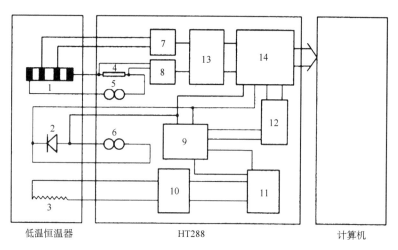

图 7.3.3　HT288 型高 T_c 超导体电阻-温度特性测量仪原理示意图

1. 超导样品;2. 半导体温度传感器;3. 加热器;4. 标准电阻;5、6. 恒流源;7、8、9. 放大器;10. 比较器;11. 温度设定器;12. PID 控制器;13. 加热功率控制器;14. 微处理器

　　本实验所用的恒温器如图 7.3.4 所示,均温块 1 是一块经过加工的紫铜块,利用其良好的导热性能来取得较好的温度均匀区,使固定在均温块上的样品和温度计的温度趋于一致. 铜套 2 的作用是使样品与外部环境隔离,减小样品温度波动. 提拉杆 3 采用低热导的不锈钢管以减少对均温块的漏热,经过定标的铂电阻温度计 4 及加热器 5 与均温块之间既保持良好的热接触又保持可靠的电绝缘. 测试用的液氮杜瓦瓶宜采用漏热小,损耗率低的产品,其温度梯度场的稳定性较好,有利于样品温度的稳定. 为便于样品在液氮容器内的上下移动,附设相应的提拉装置.

【实验内容】

利用动态法在电脑 X-Y 记录仪上分别画出样品在升温和降温过程中的电阻-温度曲线;利用稳态法,在样品的零电阻温度与 0℃之间画出样品的 R-T 分布;最后对实验数据进行处理、分析,对实验结果进行讨论. 具体的实验操作步骤如下:

1. 准备工作

将液氮注入液氮杜瓦瓶,再将装有测量样品的低温恒温器浸入液氮,固定于支架上,并用电缆连接好低温恒温器与 HT288 测量仪.

2. 开启仪器

开启测量仪器电源,根据实验需要选择"自动"或"手动"工作方式. 开启电脑电源,待系统启动完成后,用鼠标点击电脑屏幕上的"HT288 数据采集"图标,进入数据采集工作程序,显示器提示"HT288 型超导体电阻-温度特性测量仪",屏幕右下角"接口工作状态"栏出现闪烁的"接收"字样,表示仪器与电脑工作正常.

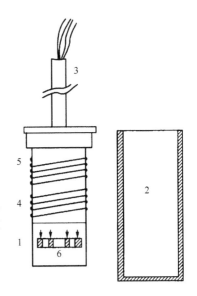

图 7.3.4　低温恒温器示意图
1. 柴铜块;2. 铜套;3. 提拉杆;4. 铂电阻温度计;5. 加热器;6. 超导样品

3. 动态测量

(1) 打开仪器和超导测量软件.

(2) 仪器面板上测量方式选择"动态",样品电流换向方式选择"自动",分别测出正温度设定,逆时针旋转到底.

(3) 在计算机界面启动"数据采集".

(4) 调节"样品电流"至 80 mA.

(5) 将恒温器放入装有液氮的杜瓦瓶内,降温速率由恒温器的位置决定. 直至泡在液氮中.

(6) 仪器自动采集数据,画出正反向电流所测电压随温度的变化曲线,最低温度到77 K.

(7) 点击"停止采集",点击"保存数据",给出文件名保存,降温方式测量结束.

(8) 重新点击"数据采集"将样品杆拿出杜瓦瓶,作升温测量,画出升温曲线.

(9) 根据软件界面进行数据处理.

4. 稳态测量

(1) 将样品杆放入装有液氮的杜瓦瓶中,当温度降为 77.4 K 时,仪器面板上"测量方式"选择"稳态","样品电流换向方式"选择"手动",分别测出正反向电流时的电压值.

(2) 调节"温度设定"旋钮,设定温度为 80 K,加热器对样品加热,温度控制器工作,加热指示灯亮,直到指示灯闪亮时,温度稳定在一数值,(此值与设定温度值不一定相等)记下实际温度值,测量正反向电流对应的电压值.

(3) 将样品杠往上提一些,重复步骤(2),设定温度为 82 K 进行测量.

(4) 在 110 K 以下每 2~3 K 测一点,在 110 K 以上每 5~10 K 测一点,直至室温.

(5) 算出不同温度对应的电阻值,画出电阻随温度的变化曲线.

注意事项

(1) 所有测量必须在同一次降温过程中完成,应避免恒温块的温度上下波动.

(2) 使用液氮时要格外小心,实验过程中要防止人体接触液氮,否则会造成冻伤. 低温下塑料套管又硬又脆,极易折断,实验结束后要避免触碰冷却的塑料套管,让其自然升温.

【思考题】

(1) 超导体分几类? 什么是高温超导材料?

(2) 超导态的物质有哪两种特性? 什么是迈斯纳效应?

(3) 试比较理想导体与超导体的区别.

参 考 文 献

甘子钊,韩汝珊,张瑞明. 1988. 氧化物超导材料物性专题报告文集. 北京:北京大学出版社

何元金,马兴坤. 2005. 近代物理实验. 北京:清华大学出版社

邬鸿彦,朱明刚. 1998. 近代物理实验. 北京:科学出版社

熊俊. 2007. 近代物理实验. 北京:北京师范大学出版社

张礼. 1997. 近代物理学进展. 北京:清华大学出版社

专题实验 8　扫描探针显微技术

8.1　扫描隧道显微镜

人们早就知道物质由分子和原子组成,但长期以来只能通过间接的方法(例如 X 射线衍射技术)来进行验证. 1982 年,格尔德·宾尼(Gerd Binnig)和海因里希·罗雷尔(Heinrich Rohrer)在瑞士发明扫描隧道显微镜(scanning tunneling microscope,STM),使人类第一次可以实时观察单个原子在物质表面的排列状态. 根据量子隧道效应,用极细的针尖(称为探针)靠近导电材料的表面,会有微弱的电流(隧道电流)通过针尖. STM 根据隧道电流的变化来获得与表面相关的信息(包括表面的形貌起伏和表面的电子行为). 1986 年,此项发明获得诺贝尔物理学奖. 高分辨透射电子显微镜虽然也能够达到分辨原子的水平,可是制样异常麻烦,必须破坏样品,还需要超高真空环境,适合于观察材料内部原子. STM 在真空和大气环境中都可以使用,要方便得多,适合于观察材料表面原子. 但 STM 要求被观察样品必须具有一定的导电性,因此只能用来观察导体和半导体的表面结构. 对于非导电材料,必须在其表面覆盖一层导电膜,而导电膜本身的粒度和不均匀性会降低图像的真实性. 于是,基于使探针靠近被观察物质表面进行微观扫描这一基本原理,又陆续发明了一系列用于探测表面性质的新型扫描显微技术,包括原子力显微镜(atomic force microscope,AFM)、磁力显微镜(magnetic force microscope,MFM)、近场光学显微镜(NSOM)、横向力显微镜(LFM)、极化力显微镜(SPFM)等,已有二十多个品种,统称为扫描探针显微镜(scanning probe microscope,SPM). 这些新型显微镜的发明为探索物质的表面或界面特性提供了有力的工具,使人们对物质结构的了解延伸到纳米层次,促进了纳米科技的形成.

【实验目的】

(1) 学习了解扫描隧道显微镜的工作原理和主要结构;

(2) 观测验证量子力学中的隧道效应;

(3) 调试操作扫描隧道显微镜,观察样品的表面形貌.

【实验原理】

在经典物理学中,当一个粒子的动能 E 低于前方势垒的高度 V_0 时,它不可能越过此势垒,即透射系数等于零,粒子将被弹回. 而按照量子力学,其透射系数却可以不等于零,就是说,粒子有机会穿过比它能量更高的势垒(图 8.1.1),这个现象称为隧道效应. 隧道效应的起因是粒子的波动性,只有在一定的条件下,隧道效应才会显著. 量子力学的透射系数 T 为

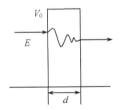

图 8.1.1　量子隧道效应

$$T \approx \frac{16E(V_0 - E)}{V_0^2} e^{\frac{2d}{\hbar}\sqrt{2m(V_0 - E)}} \tag{8.1.1}$$

由式(8.1.1)可知,T 对势垒宽度 d,能量差(V_0-E)以及粒子的质量 m 都敏感. 势垒宽度 d 增加,T 将按指数衰减,因此,在一般的宏观实验中,d 或 m 很大,很难观察到粒子穿过势垒的现象.

STM 将尖端为原子线度的极细探针和被研究物质分别作为电极,探针一般采用尖端直径小于 1 nm 的细金属丝(钨丝、铂-铱丝等),被观测样品应具有一定的导电性(图 8.1.2). 在两个电极间施加偏置电压,当针尖非常接近样品的表面时（通常小于 1 nm），一部分电子会在电场的作用下穿过两个电极之间的大气或真空绝缘势垒,流向另一电极,形成隧道电流 I. I 反映了电极间电子波函数的重叠程度,对针尖和样品之间的距离 d 非常敏感,关系式为

$$I \propto V e^{-Ad} \tag{8.1.2}$$

式中 V 是加在两极之间的偏置电压,常数 A 与针尖和样品的功函数有关.

由式(8.1.2)可知,d 在 1 nm 以内范围每减小 0.1 nm,I 就会增加若干倍. 因此,I 的变化灵敏地反应了样品表面与针尖间距离的微小变化. 使针尖相对于样品的表面进行逐行扫描,通过隧道电流获取信息,再经计算机处理绘成图像,就可以得到样品表面的三维形貌图. 这就是 STM 的基本工作原理,其横向和纵向分辨率分别可以达到 0.1 nm 和 0.01 nm.

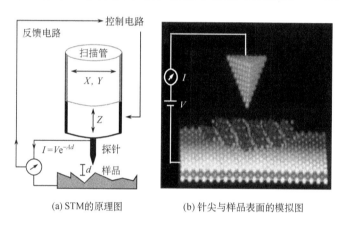

(a) STM的原理图　　　(b) 针尖与样品表面的模拟图

图 8.1.2　STM 的基本原理示意图

STM 主要有两种扫描模式:恒电流模式和恒高度模式.

1. 恒电流模式

如图 8.1.3(a)所示,x,y 方向进行扫描,在 z 方向加上电子反馈系统,初始隧道电流为一恒定值,针尖遇到样品表面凸起处,隧道电流变大,设备就自动控制针尖向后退,以保持隧道电流的恒定;反之,针尖遇到样品表面凹下处,针尖就向前进,也保持隧道电流的恒定. 将针尖相对于样品表面的进退运动轨迹记录并显示出来,就得到样品表面起伏的图像. 此模式通过加在 z 方向上驱动针尖进退的电压值推算出表面起伏高度的数值,可用来观察表面起伏较大的样品.

2. 恒高度模式

如图 8.1.3(b)所示,在 x, y 方向进行扫描的过程中针尖的高度保持不变,通过记录隧道电流的变化得到样品表面起伏的图像. 这种模式只能用来测量表面起伏不大的样品,否则容易撞坏针尖及划伤样品.

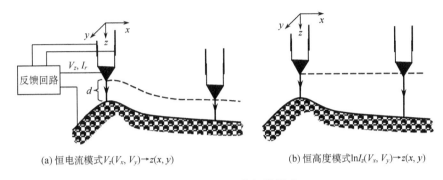

(a) 恒电流模式 $V_z(V_x, V_y) \rightarrow z(x, y)$ (b) 恒高度模式 $\ln I_z(V_x, V_y) \rightarrow z(x, y)$

图 8.1.3 STM 的扫描模式

【实验装置】

图 8.1.4 是本实验所用 STM 的基本结构图. 探针固定不动,样品放在扫描器的平台上. 扫描器通过逼近螺杆与步进电机相连,从而可以控制样品的升降,用于进针和退针(即针尖相对于样品表面的远近运动). 扫描观察过程的 x、y、z 改变是通过压电陶瓷材料实现的,因为要控制针尖在样品表面进行高精度的扫描,普通的机械控制很难达到这一要求.

压电现象是指某些材料在受到机械外力发生形变时会产生电场,反过来给这种材料施加外电场时材料也会产生物理形变的现象. 石英单晶就具有压电性质. 目前广泛采用的是多晶陶瓷材料,例如钛酸锆酸铅[$Pb(Ti,Zr)O_3$](简称 PZT)和钛酸钡等,能以简单的方式将 1 mV~1 kV 的外加电压信号与产生的十几分之一纳米到几微米位移相对应.

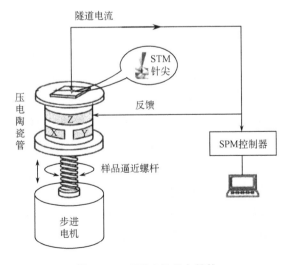

图 8.1.4 STM 的基本结构

1. 三维扫描控制器

用压电陶瓷材料制成的三维扫描控制器主要有三脚架型、十字架配合单管型和单管型等几种.

(1) 三脚架型(图 8.1.5(a)):由三根独立的长棱柱型压电陶瓷材料以相互正交的方向结合在一起,针尖放在三脚架的顶端,三条棱柱独立地伸展与收缩,使针尖沿 x-y-z 三个方向运动.

(2) 十字架配合单管型(图 8.1.5(b)):z 方向的运动由处在"十"字形中心的一个压电陶瓷管完成,x 和 y 扫描电压以大小相同、符号相反的方式分别加在一对 x、$-x$ 和 y、$-y$ 上. 这种结构的 x-y 扫描单元是一种互补结构,可以在一定程度上补偿热漂移的影响.

(3) 单管型(图 8.1.5(c)):陶瓷管的外部电极分成面积相等的四份,内壁为一整体电极,在其中一块电极上施加电压,管子的这一部分就会伸展或收缩(由电压的正负和压电陶瓷的极化方向决定),导致陶瓷管弯曲. 通过在相邻的两个电极上按一定顺序施加电压就可以实现 x-y 方向的移动. z 方向的运动是通过在管子内壁电极施加电压使管子整体伸缩实现的. 管子外壁的另外两个电极可同时施加相反符号的电压,使管子一侧膨胀,相对的另一侧收缩,增加扫描范围,也可以加上直流偏置电压,用于调节扫描区域.

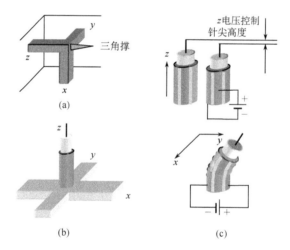

图 8.1.5　三脚架型(a),十字架配合单管型(b)
和单管型(c)压电三维扫描控制器

2. 针尖

针尖的好坏直接关系到 STM 能够观察的细节及真实性. 探针尖端的尺寸、形状和化学同一性不仅影响 STM 的分辨率和图像的形状,也影响测定的电子态. 针尖的宏观结构需要具有高的弯曲共振频率,从而减少相位滞后,提高采集速度. 最理想的针尖是尖端只有一个稳定的原子,隧道电流会很稳定,能够获得原子级分辨率的图像. 如果有多重针尖,就会出现多个像重叠在一起的现象. 针尖的化学纯度高,就不会涉及系列势垒. 如果针尖表面有氧化层,则其电阻可能会高于隧道间隙的阻值,从而导致针尖和样品间不能产生隧道电流,二者就会在进针过程中发生碰撞.

　　制备针尖的材料主要有金属钨丝、铂-铱合金丝等. 针尖需要用这些丝状物自行进行加工,方法主要有电化学腐蚀法、机械成型法等. 制备钨针尖常用电化学腐蚀法. 而制备铂-铱合金针尖则多用机械成型法,一般直接用剪刀斜向剪切而成. 针尖表面覆盖有氧化层或吸附有杂质,就会造成隧道电流不稳、噪声大以及图像的不可预期性. 因此,每次实验前,都要对针尖进行处理,一般用化学法清洗,去除表面的氧化层及杂质,保证针尖具有良好的导电性.

　　用电化学腐蚀法制备的针尖(图 8.1.6 左),前端一般为圆锥状. 用这种针尖得到的图像与真实的表面形貌比较接近,一般不需要进行软件矫正. 但这种方法制备针尖的花费较大,并且,用此方法制成的钨针尖容易氧化,针尖的利用率低.

　　用机械成型法制备的针尖(图 8.1.6 右),前端一般为斜锥状,具有一定的宽度. 用这种针尖获得的图像会发生畸变,需要用软件对图像进行矫正,图像处理难度加大. 但这种制备针尖的方法简单易行,制备得较好的针尖也能够满足测量精度的要求.

3. 减震系统

　　由于仪器工作时针尖与样品的间距一般小于 1 nm,同时隧道电流与隧道间隙成指数关系,因此任何微小的震动都会对信号的稳定性产生影响. 隔绝震动主要从考虑外界震动的频率与仪器的固有频率

图 8.1.6　STM 针尖

入手. 外界震动包括建筑物的震动,通风管道、变压器和马达的震动、工作人员走动和晃动等,其频率一般在 1~100 Hz,因此隔绝震动主要依靠提高仪器的固有频率和增加震动阻尼系统.

　　底座采用金属板(或大理石)和橡胶垫叠加的方式,可以降低大幅度冲击和震动的影响,其固有阻尼一般是临界阻尼的十分之几甚至是百分之几. 将探测部分用弹簧悬吊起来,也可以减震. 金属弹簧的劲度系数小,所以共振频率较低(约为 0.5 Hz),但其阻尼小,常常要附加其他减震措施. 还可以配合诸如磁性涡流阻尼等其他减震措施. 最普遍的是使用压缩空气悬浮平台. 另外,探测部分(探针和样品)通常要罩在可以屏蔽外界电磁扰动和空气震动等干扰信号的金属罩内.

4. 电气控制系统

　　扫描隧道显微镜是一个纳米级的随动系统,用计算机驱动步进电机,使探针逼近样品表面进入隧道区,而后不断采集隧道电流,在恒电流模式中还要将隧道电流与设定值相比较,再通过反馈系统控制探针的进与退,从而保持隧道电流稳定. 所有这些功能,都是通过电气控制系统来实现的. 图 8.1.7 给出了扫描隧道显微镜电气控制系统的框图.

　　电气控制系统最主要的是反馈功能. 计算机数模转换通道(位于 AD/DA 多功能卡内)给出针尖与样品之间的偏压,用于产生隧道电流;给出 X、Y、Z 偏压,用于控制压电陶瓷三个方向的伸缩,从而实现针尖的扫描. 电气控制系统中的一些参数,如隧道电流、针尖偏压、反馈速度等,要因不同样品而异,在实际测量过程中,根据样品状况进行设定. 一般在计算

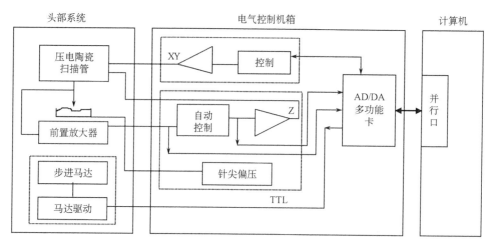

图 8.1.7　STM 的电气系统工作原理图

机软件中可以设置这些数值,也可以直接通过电气控制机箱上的旋钮进行调节. TTL 是晶体管-晶体管逻辑电平.

5. 在线扫描控制和离线数据处理软件

　　扫描隧道显微镜的软件系统都包含扫描控制和数据分析两部分功能. 本实验所用设备是按照互联网协议设计的远程控制结构,电气控制箱和计算机之间通过网线传达指令,因此扫描控制需要在线实现,而数据分析则可以在离线状态进行.

　　1) 在线扫描控制

　　在线扫描是控制设备工作,获得原始图像数据的过程,需要设定扫描参数和控制步进马达的运动.

　　(1) 参数设置. 在线扫描需要对一些基本参数进行设定,计算机通过接口实现与电子设备间的协调工作. 在线扫描控制主要参数的设置和功能如下:

　　电流设定:用于设定恒电流模式中要保持的恒定电流值,也代表着恒电流扫描过程中针尖与样品表面之间的恒定距离. 该数值设定越大,恒定距离越小. 一般在 $0.25 \sim 1.0$ mA 范围. 太小了,距离远,不稳定;太大了,距离过近,容易撞针.

　　针尖偏压:是指加在针尖和样品之间、用于产生隧道电流的电压值. 这一数值越大,针尖和样品之间越容易产生隧道电流,恒电流模式中保持的恒定距离越小,恒高度扫描模式的隧道电流越大. 一般在 $0.05 \sim 0.25$ V 范围内设定. 此偏压与电流共同决定针尖与样品表面之间的距离.

　　扫描速度:可以控制探针扫描时的延迟时间,该值越小,扫描越快. 过快过慢都不好,需要根据图像质量反复设定.

　　扫描角度:是指描述探针移动的 X 方向相对于样品的偏转角度,改变此数值,可以实现探针相对于样品沿需要的任意方向扫描.

　　尺寸:用于设置探针扫描区域的大小,其最大值由量程决定. 尺寸越小,扫描精度越高. 可以先在几微米范围扫描,再从中选取满意的区域重新扫描,进行放大观察.

　　工作模式:决定扫描模式是恒电流模式还是恒高度模式. 恒电流模式比较安全,确认表面起伏不大后,如果需要再用恒高度模式观察.

　　斜面校正:决定探针扫描时软件是否进行倾斜校正. 沿着倾斜的样品表面扫描时,可以选用此功能.

　　往复扫描:决定是否进行来回往复扫描. 往复扫描是指第一行扫描由左向右,第二行扫描由右向左,如此交替扫描. 否则,每行都是由左向右扫描,每行扫描后,针尖要先复位到左边再继续向右扫描. 复位过程中针尖要缩回一定距离,以防撞针.

　　(2) 马达控制. 马达控制软件可以控制电动马达以微小的步长转动,使针尖缓慢靠近样品,直到进入隧道区,自动停止. 这个过程叫进针(也称为逼近),反之称为退针.

　　2) 离线数据分析

　　离线数据分析是指脱离扫描状态,对保存到计算机的图像进行各种数据分析与处理. 常用的图像分析与处理功能有平滑、滤波、傅里叶变换、图像反转、数据统计、三维生成等.

　　平滑:平滑的主要作用是使图像中的高低变化趋于平缓,消除个别数据点发生突变的噪声.

　　滤波:滤波的基本作用是进一步将数据中过高的削低、过低的添平. 由测量过程中针尖抖动或其他扰动给图像带来的很多毛刺,可以在很大程度上用滤波的方式予以消除.

　　傅里叶变换:快速傅里叶变换对于研究原子图像的周期性很有效,其原理是对数据按一定规则进行解谱.

　　图像反转:将图像进行黑白反转,会带来意想不到的视觉效果. 实际上,很多设备的软件还可以任意设定表示的颜色,甚至是多种颜色.

　　数据统计:用统计学的方式对图像数据进行统计分析. 比如粒径分布、平均高低差等.

　　三维生成:根据扫描所得的二维表面型貌图像,生成更直观的三维图像.

　　此外还有光照效果、单线信号分析、局部放大等一些功能,都是为了从数据中获得各种信息.

6. 测量用样品

　　STM 主要用来观察未知样品,进行科学研究. 但是通过对已知样品进行观察,可以断定针尖的制备质量,从而选择一个较好的针尖,再对未知样品进行观察,结果更可信. 下面介绍两个已知样品,并给出观察结果. 可以以此作为标准,对设备进行校对.

　　1) 光栅样品

　　光栅是用合适的模板制作的条状或者格状规则样品. 图 8.1.8 是金网格光栅的表面形貌图,图的面积是 $1\ \mu m \times 1\ \mu m$. 新鲜的光栅表面没有缺陷,如果在测量过程中发生了撞针现象,则容易造成光栅表面的物理损坏,或者损坏针尖. 这种情况下往往很难再得到清晰的扫描图像. 此时,除了重新处理针尖,还要适当改变一下样品放置的位置,选择没有损坏的区域进行扫描. 根据已知的栅格大小,可以验证设备标尺是否失真,以及针尖是否只有一个.

图 8.1.8　金光栅的 STM 图

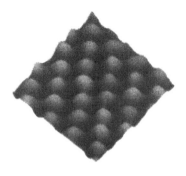

图 8.1.9　石墨的 STM 像

2）高序石墨样品

用扫描隧道显微镜扫描原子级图像时，通常用高序石墨作为标准样品．石墨中原子排列呈层状，每一层中的原子则呈蜂巢状周期排列．图 8.1.9 是其表面形貌图．石墨在空气中容易氧化，因此在观察前应先将表面一层揭去（通常用黏胶带纸粘去表面层），露出新鲜表面．因为此时要得到的是原子的排列图像，任何一点微小的外界扰动，都会造成严重的干扰．因此，观察必须在安静、平稳的环境中进行，对仪器抗震及抗噪声能力的要求也较高，需要耐心．

图 8.1.10 是一款本原 STM 设备实物图，采用悬吊方式进行减震．

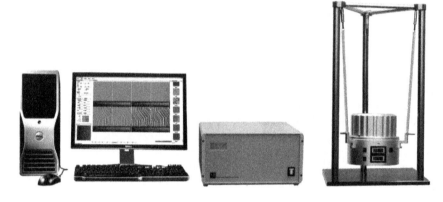

图 8.1.10　本原 STM 系统

【实验内容】

1. 准备样品

STM 只能观测导电性良好的样品，而且扫描时针尖要相对于样品表面移动．表面形貌复杂的样品，即使导电性很好，也不适合 STM 观察．STM 的扫描范围比较窄，因此每次在放置样品时，可以通过适当变动样品的位置选择合适的区域进行扫描，这样既可以保证得到一幅理想的图像，又可以发现并避开样品表面存在划痕、撞坑等复杂区域．

2. 装备针尖

剪一段约 3 cm 长的铂铱合金丝放在丙酮中洗净，再放入超声中清洗 5min，用经丙酮洗净的专用剪刀剪尖，剪尖时剪刀与铂铱合金丝呈 45° 角倾斜剪切，动作要果断．在此后的操作中，注意不要碰到针尖．将针尖后部弯曲，插入扫描隧道显微镜头部的金属管中固定（这样既能保证接触牢固，又能保证针尖与管壁充分接触，保持良好的导电性），针尖露出金属管约 5 mm．将样品放在样品座上，保证良好的电接触（必须时用导电胶粘牢样品的四个角，晾干后观察）．

3. 手动逼近

针尖探头部分由样品台周围的一个电动旋转支柱和两个手动旋转支柱支撑,调节针尖的升降也是靠调节这三根支柱来实现. 通常三个支柱的调节要结合起来进行,实验人员可以先旋转两个手动旋柄使针尖初步靠近样品到 0.5 mm 左右,再利用电脑软件视窗内的电动马达控制按钮来控制电动旋转支柱的上升,进行电动逼近(电动逼近在下面第 4 步进行,事先要打开设备和计算机电源,运行软件并设置参数). 将两个手动旋柄向上旋起,然后将头部轻轻放在支架上(要确保针尖和样品间有一定距离,不能发生碰撞),头部的两边用弹簧扣住. 再小心地旋转旋柄,使针尖逼近样品表面. 用放大镜观察,在约 0.5 mm 处停住. 要注意防止针尖碰到样品表面,同时也不宜离得太远,否则在做软件逼近时要等待很长时间,如果距离超过电动逼近的最长距离,进针就不能完成了.

4. 光栅样品图像扫描(也可以用自制的样品进行观察)

打开扫描隧道显微镜控制箱的电源,启动计算机,运行 STM 工作软件. 打开任意图像文件,调节机箱上的旋钮,将隧道电流设定在 $0.25 \sim 0.5$ nA 范围内,针尖偏压值设定在 250 mV 左右,扫描范围设点在 5 μm 左右,扫描速度设定在 1s · line^{-1} 左右.

然后单击"硬件控制",出现硬件控制工具栏,再单击"马达样品控制",单击"针尖自动趋进",当屏幕上的针尖趋进指示条趋进到绿色标示处时,说明针尖已经进入隧道区,步进电机会自动停止.

关闭"马达样品控制",单击"样品扫描",选择"恒流模式"扫描,并点击调色板"适应",使图像对比度适中. 等待扫描完成.

如果对得到的图像不满意或者还想在更小的区域进行扫描,则重新扫描样品,配合区域调整,直到获得需要的图像,最后将较理想的结果保存成文件.

实验结束后,一定要用"马达控制"的"连续退"操作将针尖退回,并将隧道电流和针尖偏压值设定旋钮回 0,然后再关闭实验系统电源.

5. 图像处理

对扫描所得到的原始图像数据进行各种处理,如平滑处理、斜面校正、中值滤波、傅里叶变换、边缘增强、图像反转、三维变换等,以便得到较为理想的图像,更加方便地研究被测样品的表面形貌. 具体操作方法参考用户手册.

6. 高序石墨(HOPG)样品图像扫描(选作)

可以进一步扫描石墨表面,观察碳原子. 首先对石墨样品进行表面剥离(用胶带纸粘掉表面层),去掉被氧化或被破坏的表面层,露出新鲜层.

操作步骤方法同第 4 步. 在扫描过程中逐步缩小扫描面积,相应加快扫描速度,并注意避开由于解离所带来的原子台阶. 室内人数要尽量少,并避免走动和说话. 这样扫描20 min以上,样品表面达到新的热平衡,有希望得到比较理想的石墨原子排列图像. 受设备条件、针尖质量和环境噪声影响,看到原子有一定的困难.

【思考题】

（1）扫描隧道显微镜的工作原理是什么？什么是量子隧道效应？

（2）扫描隧道显微镜主要常用的有哪几种扫描模式？各有什么特点？

（3）仪器中加在针尖与样品间的偏压起什么作用？针尖偏压的大小对实验结果有何影响？

（4）实验中隧道电流设定的大小意味着什么？

【附录】

怎样获得一幅好的 STM 图像

并非任何一个人都能立即掌握 STM. 使用同一台仪器，有些人可以获得很好的图像，有些人却不能. STM 是一种正在发展的新显微技术，许多原理性的东西还不太清楚，下面介绍一些经验，供参考.

1. 针尖和样品

（1）针尖是 STM 的关键部分，最好用化学腐蚀的针尖，当然，用剪切的方式制作针尖比较简便，也可以使用.

（2）电化学腐蚀的针尖有利于测量表面很粗糙的样品，而剪切的针尖由于针头部太粗，不利于这种测量. 测量原子级平整的表面，腐蚀针尖和剪切针尖没有大的差别.

（3）避免针尖污染. 在腐蚀或剪切过程中，针尖尖部很可能残留一些污物，这对原子成像是致命的. 一般来说，新做的针尖要在丙酮溶液中浸一下，轻轻摇动后再使用.

（4）有时候，在空气中样品与针尖之间吸附有水等有机物；在测量一段时间后，针尖也容易吸附上污物，从而无法得到好的图像，这时应当换一个针尖或将针尖再清洗一下.

（5）绝对要避免针尖撞上样品，即使轻微的撞击也不行. 快速扫描表面起伏大的样品时，很容易撞上样品，扫描速度要尽量慢.

（6）现在大部分实验人员都采用 Pt/Ir 的针尖，但仍有一部分人在用 W 针尖，因为 W 针尖很容易通过腐蚀得到. 在空气中，W 针尖易氧化，所以一般使用寿命为一天. Pt/Ir 针尖在丙酮清洗后可以一直用下去.

（7）在进行原子或分子测量时，有时针尖并非一个原子，因此会出现多针尖效应，这时，可以调节偏压值和电流值，让针尖得到修饰. 一般来说，经过长时间的扫描，单原子针尖还是比较容易得到的. 如果实在无法消除多针尖效应，就换一个针尖.

（8）对于要求高的测量者来说，比如希望做单原子分子搬运的实验者，一个尖端原子级尖锐且稳定的针尖是至关重要的. 这可以通过筛选得到，找一个喷溶的 Au 表面，然后用不同的针尖进行 100nm 范围的快速扫描，能容易得到稳定图像的针尖一般都比较好.

（9）样品必须有良好的导电性. 大气中样品表面往往会吸附一层污物，这会影响成像质量.

（10）样品表面不宜太粗糙.

（11）最好用新鲜的样品表面.

2. 电子学

尽量不要让发电机、变压器等大功率的电子仪器与 STM 很靠近.

反馈速度

(1) 一般来说,需要在积分常数调节中把反馈回路速度调节到适当位置,才能得到好的图像.

(2) 反馈速度快易引起震荡. 理想的成像条件是在不引起震荡的前提下,反馈速度尽量快. 就是说,在不引起震荡的前提下,积分尽量快(临界阻尼).

(3) 但实际情况并不简单,对于大起伏样品,扫描遇到起伏变化比较大时,往往易引起震荡. 所以,建议遇到大起伏样品,反馈速度慢一些,扫描速度也要尽量慢.

(4) 如果反馈速度太慢,在遇到大起伏时,反馈回路来不及反应. 这时不仅容易撞针,而且经常出现"拉线"现象,即在遇到一个凸起后,会出现一条直的线. 消除这种拉线,要尽量使反馈加快.

(5) 因此,反馈既不能太快,也不能太慢. 对于不同的样品表面,其积分常数可能都不同. 操作者要耐心反复地调节这两个参数,直到得到满意的图像为止.

(6) 要得到原子分子图像,一般要扫描速度快些,这样可以消除热漂移带来的干扰,有时也能有效地消除低频振动的干扰. 反馈速度可以慢一些,能使图像看起来光滑些.

针尖电压/隧道电流

(1) 针尖电压对不同的样品是不一样的. 通常对 HOPG(Highly Oriented Pyrolytic Graphite,高定向热解石墨)等导电性好的样品,可在 $10\sim100$ mV;对半导体,可达到几伏;对生物样品达-0.1V.

(2) 对 HOPG,隧道电流一般在 1 nA.

(3) 不同的样品,根据导电特性不同,其电压、电流值都不同. 建议要有耐心地调节电压/电流值,直至得到好图像.

3. 软件部分

STM 的软件中,能影响图像质量的关键因素是扫描速度和扫描方向. 对于原子级成像来说,由于扫描范围很小,扫描速度可以调节到最小. 对于大尺度扫描,必须放慢扫描速度. 放慢速度可以有效地避免拉线(系统反馈跟不上所致).

速度参考值

HOPG:0.054 $\sim$ 0.200;大尺度(光栅)样品:0.800 $\sim$ 1.500

扫描角度的选择

在原子级成像时,有时由于多针尖效应,原子在扫描方向上不易分开. 通过改变扫描方向,可以有效地获得高分辨率的原子图像.

4. 其他

(1) 有时,图像容易出现振动干扰,这可能是由于某部分部件松动造成的. 例如,针尖在针筒中固定得不够紧;样品在样品台上吸附得不紧;螺旋测微头松动;几个配合的部件之间松动等.

（2）引线容易引入振动干扰,应尽量使之松弛.

（3）有时易出现 50 Hz 电磁干扰,这很可能是接线部分接触不好引起的,如样品台与样品之间的电接触不好,或信号线与针尖的电接触不好等.

（4）一般来说,针尖进入隧道面时,开始漂移较大,但经过 20 min 左右,漂移将会很小.如果漂移一直很大,可能是环境温度变化太大,或是针尖固定不紧造成的.

参数选择的例子：

HOPG 原子图像：　针尖偏压＝220 mV,设定点 ＝ 1 nA,速度 ＝ 0.054 ～ 0.200

Au 表面：　　　　　针尖偏压＝50 mV, 设定点 ＝ 0.5 nA

生物样品：　　　　　针尖偏压＝100 mV,设定点 ＝ 0.5 nA

参 考 文 献

吉成元. 2004. 扫描隧道显微镜及其应用,物理教师,25(12):44-45

劳捷,张强,郑传明. 2004. 扫描隧道显微镜在实验教学中的应用. 实验技术与管理,21(2):17-35

马尚行,章海军,程舒雯. 2004. 扫描隧道显微镜系统的优化研究. 光学仪器,26(3):43-48

姚琲. 2009. 扫描隧道与扫描力显微镜分析原理. 天津:天津大学出版社

张善涛,洪毅,朱宏达等. 1999. 扫描隧道显微镜的原理和应用,自然杂志,(06):40-45

8.2　原子力显微镜

原子力显微镜(atomic force microscope,AFM)用一个一端固定而另一端带有针尖的弹性微悬臂来检测样品的表面形貌,由格尔德·宾尼(Gerd Binnig)、卡尔文·奎特(Calvin F. Quate)和克里斯托弗·格贝尔(Christopher Gerber)于 1986 年在斯坦福大学发明,仅比扫描隧道显微镜(scanning tunneling microscope,STM)的发明晚了 4 年,原理是根据针尖原子与样品表面原子之间作用力来判断针尖与样品表面之间的距离. AFM 与 STM 具有同等的分辨率,又能克服 STM 的缺点,对非导体也能够进行观察,所以普及速度反而大大超过 STM. 在 AFM 的针尖上再附加上一层磁性物质,就不但能够检测表面形貌,还能够识别磁性样品表面附近的漏磁场分布,成为磁力显微镜(magnetic force microscope,MFM),用于观察微粒子内部的磁畴结构,促进了纳米磁学的发展.

【实验目的】

（1）学习和了解原子力显微镜的工作原理和主要结构；

（2）掌握原子力显微镜的操作和调试过程；

（3）使用接触模式观察薄膜样品的表面形貌.

【实验原理】

原子与原子相互接近但还没有接触时,它们之间存在由极化或瞬时极化引起的微弱范德瓦耳斯引力作用；当原子与原子很接近时,彼此的电子云发生重叠(称为原子和原子发生了接触),根据泡利不相容原理,会引起强烈的斥力作用. 泡利斥力大于范德瓦耳斯引力,合力就表现为相互排斥的作用；反之,若两原子分开一定距离,急剧减小的斥力作用小于引力作用,合力就表现为相互吸引的作用(图 8.2.1). 原子之间的距离与其能量的关系比较好地服从勒纳德-琼斯(Lennard Jones)公式

$$U(r) = 4\varepsilon\left[\left(\frac{\sigma}{r}\right)^{12} - \left(\frac{\sigma}{r}\right)^{6}\right] \tag{8.2.1}$$

式中 ε 和 σ 是经验常数. 根据 U 值可以判断两原子相互接触还是没有接触,见图 8.2.2.

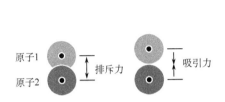

图 8.2.1　原子间作用力

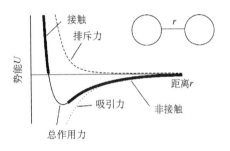

图 8.2.2　原子间作用能

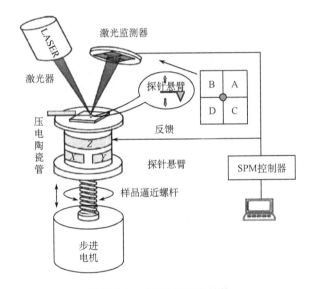

图 8.2.3　AFM 的基本结构

　　AFM 利用上述原子间作用力的关系获得样品的表面形貌. 当样品相对于针尖扫描时,同距离有关的针尖-样品间相互作用力(既可能是吸引的,也可能是排斥的),会引起微悬臂的形变. 微悬臂的这种形变可作为样品-针尖相互作用力的量度. 将一束激光照射到微悬臂的背面(被照射处镀有金或铝的镜面反射薄膜),将激光反射到由 4 个光电二极管组成的光电检测器上,4 个光电二极管构成 A、B、C、D 4 个象限(图 8.2.3). 不同象限接收激光强度的差值同微悬臂的形变量成一定比例. 反馈系统根据检测器电压的变化不断调整样品的 Z 方向高度(通过压电陶瓷管),使针尖-样品间的作用力保持恒定,记录样品在 Z 方向上的高度变化,就可以得到样品表面形貌的图像.

　　AFM 主要有三种扫描模式:接触模式、轻敲模式(非接触模式)和相移模式.

1. 接触模式

如图 8.2.4(a)所示,利用原子间的斥力作用变化来记录表面轮廓,斥力作用的大小根据探针微悬臂的形变量来确定,探针与样品表面间的距离为数埃程度. 扫描时,样品表面的起伏通过针尖带动微悬臂的弯曲程度发生变化,微悬臂的弯曲变化又引起激光入射角发生变化,使得反射到激光检测器上的激光光点发生移动(这就是光杠杆原理),检测器将光点位移信号转换成电信号并经过放大处理,得到表面起伏变化的信息. 微悬臂形变量的大小 λ 通过计算激光束在检测器四个象限中的强度差值$(I_A + I_B) - (I_C + I_D)$占总强度的百分数,再经过换算得到,即

$$\lambda \propto \frac{(I_A + I_B) - (I_C + I_D)}{I_A + I_B + I_C + I_D} \tag{8.2.2}$$

接触模式可以产生稳定的高分辨率图像,但是在成像过程中,针尖-表面间的黏附力有可能使样品也产生相当大的变形并损害针尖,造成图像中存在假象.

如果同时检测强度差值$(I_A + I_C) - (I_B + I_D)$占总强度的百分数,即

$$\lambda' \propto \frac{(I_A + I_C) - (I_B + I_D)}{I_A + I_B + I_C + I_D} \tag{8.2.3}$$

就得到横向力显微镜(Lateral Force Microscope,LFM)的信号,用来分析摩擦系数,可以检测表面不同部位的组成变化,识别聚合物、复合物及其他混合物,鉴别表面污染物,研究表面修饰层的覆盖程度等.

2. 轻敲模式

有些公司称之为动态力模式(dynamic force mode,DFM),如图 8.2.4(b)所示,利用原

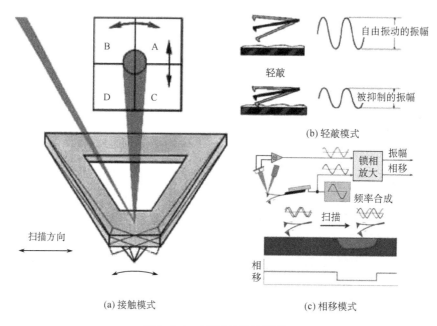

图 8.2.4　AFM 的工作模式

子间的吸引力变化来记录样品的表面轮廓. 针尖与样品的距离在数十到数百 Å 范围. 探针被簧片或簧丝压在一小块压电陶瓷片上,给压电陶瓷片施加交变电场,驱动探针的微悬臂在其固有频率附近做振动. 针尖不与样品表面接触时,微悬臂做高频的自由振荡;针尖接触样品表面时,由于微悬臂没有足够的空间做振荡,其振幅 A 将减小,为了保证其振幅恒定,也就是针尖与样品表面的作用力恒定,反馈电路将控制样品座下面的压电陶瓷发生收缩,让微悬臂有足够空间振荡. 这样,系统对振幅变化产生反应,可以得到样品表面起伏的变化. 采用轻敲模式,针尖只是瞬间的与样品表面接触,克服了接触模式中切向力对样品和针尖的损害,可以实现在不破坏表面的前提下对柔软、易脆和黏附性较强的样品成像.

3. 相移模式

设微悬臂的驱动角频率为 ω,驱动源的初位相为 0,在轻敲模式中,微悬臂的振动会因样品表面的影响而不与驱动源同相,产生相位差 φ,微悬臂的振动方程为

$$z = A\cos(\omega t + \varphi) \tag{8.2.4}$$

φ 与针尖受力的横向分量(即摩擦力)有关. 所以,可以通过微悬臂的相位变化来检测表面成分、黏附性、摩擦系数、黏弹性等性质的变化,识别样品表面污染物以及不同区域复合材料的成分、表面黏性或硬度等性质变化. 磁力显微镜的磁信号也多用相位移来表示.

图 8.2.5 是某种薄膜材料的高度像和位相像. 从高度像得知,此样品的表面起伏很小,颗粒的尺寸和分布都比较均匀;但位相像里不同区域的亮度差异明显,代表成分有突变,可知此样品至少由两种成分的物质组成.

图 8.2.5　同一区域位移像和相移相的差别例

【实验装置】

图 8.2.6 是本原 AFM 设备照片,整个系统由减震系统、头部系统、电气控制系统和计算机软件系统四部分构成.

1. 减震系统

减震系统为压缩空气悬浮减震平台,由压缩空气泵向平台充气将其浮起,并自动保持平台水平. 过压时自动放气,压力不足时压缩空气泵自动启动.

图 8.2.6　本原 AFM 系统

2. 头部系统

头部探测系统放在压缩空气悬浮减震平台上,主要包括扫描系统和驱进系统两部分.

1) 扫描系统

扫描系统包括扫描器和针尖插板.扫描器使用 4 象限压电陶瓷管,采用样品扫描方式(即针尖固定不动).针尖插板中内置前置放大器,通过引线将放大后的信号送至电气控制箱.该机型集 STM、接触模式 AFM、轻敲模式 AFM 功能于一体.针尖插板采用了智能针尖连接技术,工作模式之间进行转换,只需将安装有相应种类探针的针尖插板插入槽中,系统就自动识别当前针尖的种类,并将软件切换到相应的工作模式.

2) 驱进系统

驱进调节机构主要用于粗调和精调针尖和样品之间的距离.利用两个精密螺杆手动粗调,配合步进马达(可以手控也可计算机控制调节),先手动调节针尖和样品距离至一较小间距(毫米级),然后用计算机控制步进马达,与反馈电路配合,使间距从毫米级缓慢降至纳米级,进入扫描状态.退出时操作反之.

3. 电气控制系统

电气控制机箱是仪器的控制部分,主要实现形貌扫描的各种预设功能以及维持扫描状态的反馈控制,包括前置放大器(在头部针尖插板内)、头部电路接口(在头部支座内)、电气控制箱(包括前面板、后面板和线路控制)、马达驱动电路(在头部支座内,用于手动/自动控制马达的进退,使针尖脱离或趋近样品)和 AD/DA 多功能卡(在电气控制机箱内).

4. 计算机软件系统

MicroNano SPM 2.1 软件系统由文件系统、数据处理和分析系统、调色板、硬件控制系统、用户开发软件模板五部分组成.

5. 针尖

AFM 探针的悬臂主要有直板型和三角型两种,一般的实验室条件不能满足自己加工.直板型探针多用于轻敲模式,由悬臂的长度决定共振频率;三角型的探针多为用于接触模式,三角臂的长度决定了韧度.需要根据观察对象的特点,选用不同类型的探针.图 8.2.7

（a）示意了两种类型探针的形状及其保存和使用中的放置方式. 图 8.2.7(b)给出标准的三角型探针尺寸. 有些厂家的产品在探针母体的两端都加工了针尖,使用时位于插入探针插板一端的针尖就损坏了. 还有的产品在母体的一端并列做好 2~3 个悬臂长度不同的针尖,使用时要用镊子小心地将不用的针尖去掉. 合格针尖的最尖端直径应该不大于 10 nm. 图 8.2.8是针尖的实物照片.

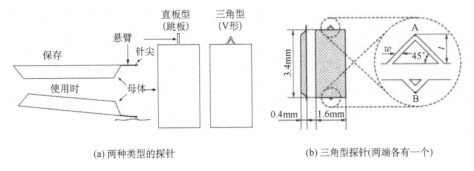

(a) 两种类型的探针　　　　　　　　(b) 三角型探针(两端各有一个)

图 8.2.7　探针的全身

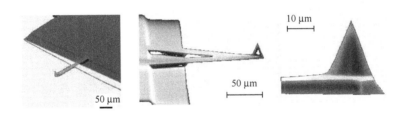

图 8.2.8　探针的针尖

【实验内容】

用接触模式观察未知样品的表面形貌. 非接触模式由学生自行决定是否选做.

1. 安装探针

推开 CCD 摄像头(CCD:电荷耦合元件),取下盖罩置于安全的地方. 将探针插板小心地拉出,上下面翻转,放到干净的平面上(可以放到展平的铝箔上),可以看到探针压片. 用一只手的拇指和食指捏住压片,轻轻抬起,使压片离开起振压电陶瓷 2~3 mm,另一只手用镊子小心地从探针保存盒里夹起一根探针,轻轻将探针母体插入压片与起振压电陶瓷之间的空隙,确认探针摆放的位置、插入深度和方向合适后松手使压片压紧探针. 注意,插入时探针母体的有针尖端要朝外,不能被触碰(三角悬臂的新探针一般两端各有两个悬臂长度不同的针尖,使用一次后插入端的针尖就被破坏. 如果想使用短悬臂探针,为了防止进针后长悬臂探针产生妨碍,用尖头小镊子将长悬臂探针去掉. 悬臂短,刚度系数大,探针"更硬"). 拿起探针插板,上下面翻转,使有探针面朝下,轻轻插入卡槽. 插入时要确认样品上表面(没有安放样品时看样品台)离开探针针尖足够远.

2. 安装样品

AFM 可以用来观察绝缘材料,克服了 STM 只能对导电样品进行观察的缺点. 样品也不要求与样品台有很好的欧姆接触,简单地将样品在样品台上摆放好就可以. 如果静电干扰严重,不能正常进针,可以用导电胶将样品固定(在样品的 4 个角上点胶,用量越少越好).

摘开两根头部固定弹簧,将包含探针、激光头、激光检测头的整体部分(头部)向远离操作者身体方向翻起,平放到减震平台上(操作时要注意不要让激光射到眼睛,一般要先确认激光器没有处于点亮状态). 然后在样品台上摆放样品,使想要观察的部位位于探针的正下方. 接下来再将头部翻回置于原位,使其底面的 3 个凹坑与下面 3 个支撑突起相吻合. 放下前注意探针不要和样品表面太接近. 最后挂好头部固定弹簧.

3. 开机

开机前先打开气泵,使平台悬浮起来以达到减震的效果. 气泵压力充足时会自动停止工作. 充气后要观察台面上的水平仪,如果平台不是水平的,要调整平台支撑螺丝. 开机时,先开 AFM 的电控箱开关(通电前先确认电控箱与计算机间用网线通过互联网插口连接),再开计算机. 然后开启软件,选定接触 AFM 模式. 夏季天气炎热需要开空调时,要事先打开空调半小时以后再操作设备.

4. 手动进针

调整光路前,要将探针-样品距离缩短到 2 mm 以内(但也不能太靠近. 一定要小心,否则可能损坏探针、破坏样品甚至损坏设备),这样调整光路时,才能根据激光斑点的位置容易地调整激光的照射部位,也方便将 CCD 摄像头聚焦到探针所在平面附近. AFM 头部探测系统外壳的前面有一个 UP/DOWN 弹性压抬开关;向上抬,样品台升起靠近探针;向下压,样品台下降远离探针;松手,样品台静止. 上抬此开关(不松手),观察样品台与探针之间的距离变化,到相距 2 mm 左右时松手. 将 CCD 摄像头拉回到探针的正上方.

5. 调整光路

(1)将 AFM 软件视窗最小化,开启 CCD 图像采集程序,出现摄像头窗口. 在铁架台上左右前后上下调整摄像头 CCD 的位置,聚焦看到清晰的探针三角悬臂. 要耐心反复调整,满意后最小化摄像头窗口.

(2)将 AFM 软件视窗最大化,在视窗里点一下"激光"按钮,激光器打开. 视窗下部有圆环的区域出现一个红色圆斑. 此圆斑出现,说明激光器已经打开. 光路没调好时红斑会偏离圆心甚至在圆圈外面,调好时红斑位于圆环中心. 准备调整光路前,先将 AFM 软件视窗最小化.

(3)最大化摄像头窗口,应该能看到有激光照射的红色反光点或者激光的杂散光. 边观察摄像头窗口边调整位于头部上面右前面和右侧面的两个激光发射头位置调整旋钮,使激光正好照射到三角探针悬臂的尖端正中央. 退出 CCD 图像采集程序.

(4)最大化 AFM 软件视窗. 将上下滚动条向下拉,看到有红色圆斑的圆环区域和 SUM、LEFT-RIGHT 和 UP-DOWN 的数值显示. 进一步小心地微调两个激光发射头位置调整旋钮,使 SUM 数值最大(此最大值表示 4 个光电二极管接受激光照射的强度总和($I_A + I_B + I_C + I_D$),一般应该大于 4 V,最大可以显示 10 V,越大表示探针悬臂的反射膜质量越好).

(5) SUM 数值调整到最大后,分别调整位于头部左前面和左侧面的两个激光检测头(内有 4 个激光接收器件,排列成"田"字形,各自将受光强度转变为电信号传给计算机)位置调整旋钮,使 AFM 软件视窗中的红色圆斑移动到圆环的中心,LEFT-RIGHT[即($I_A + I_C$)$-(I_B + I_D)$]和 UP-DOWN[即($I_A + I_B$)$-(I_C + I_D)$]的数值都变为零,表示从探针悬臂反射的激光正好照射到激光接收头的正中央,排列成"田"字形的 4 个激光接收器件接收到了相同强度的光. 确认 SUM 值仍然保持最大. 至此,光路调整完毕. 4 和 5 两步可以反复调整,直到状态最佳.

(6) 移开 CCD 摄像头,盖好盖罩,确认设备是否正常,准备观测.

原子力显微镜调光步骤非常重要,直接影响扫描图像的质量. 调整主要集中在多模式组合头部,如图 8.2.9 所示.

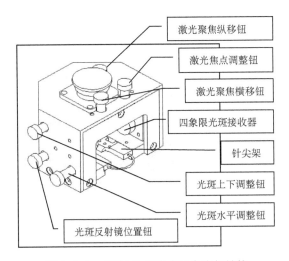

图 8.2.9　AFM 的多模式组合头部结构

6. 观测

(1) 设置参数:包括像素点数、长宽比例、扫描范围、中心偏移、旋转角度、扫描速度、积分增益、微分增益等. 扫描速度、积分增益、微分增益等几个参数要边观测表调整,直到看到清晰满意的图像. 一般扫描范围大时,扫描速度要放慢,以便探针有充足的时间逐点定位(实际上是样品在左右、前后、上下步进移动).

(2) 进针:点"进针"按钮,出现"进针"菜单. 点"进针"标签,选"自动进针",等待进针结束. 进针结束前 Z 轴压电陶瓷电压显示为 $+160$ V. 进针正常结束,Z 轴压电陶瓷电压显示应该在 ±50 V 以内范围. 压电陶瓷的伸缩量由 Z 轴电压决定,最大伸缩量对应电压为 ±160 V. 正常进针结束后,关闭进针窗口.

(3) 点"扫描"按钮,开始观测图像. 图像质量不好,可以改变扫描速度、积分增益、微分增益等几个参数,直到图像清晰. 调整满意后,停止扫描(点"停止扫描"按钮),再重新开始,静待整幅图像扫描完成. 完成的图像会自动保存为文件. 扫描过程中要注意观察示波器窗口和探针伸缩量指示条,如果表面破损或起伏严重,要停止扫描,改变中心点偏移量后,到邻近的区域重新扫描. 压电陶瓷的 Z 轴电压如果接近 -160 V,说明压电陶瓷已经接近收缩能力的极限,探针和样品表面有相碰的危险. 此时必须停止扫描,执行退针操作(见第 7 步)后重新进针. 如果表面起伏太大,可以更换 Z 轴伸缩量更大的扫描器(随机配有 5 种扫描器,以适应观察不同表面起伏程度样品的需要). 测量过程中,不得喧哗,不得重步走动,不得开关门窗,不得触碰悬浮平台,不得接打手机,不得让计算机同时运行其他程序.

7. 结束扫描

(1) 退针:点"进针"按钮,打开进针窗口. 点其中的"退针"菜单标签,选"自动退针",等待退针结束. Z 轴压电陶瓷电压显示应变为 $+160$ V,否则再执行一次"自动退针". 正常退针结束后,关闭进针窗口。

(2) 关闭激光器:点一次窗口中的"激光"按钮.

8. 图像处理和分析

在文件管理器窗口中双击要处理的文件,进入图像处理程序. 按需要进行图像处理,比如图像纠斜,去掉直流背景,分析粒度,分析表面起伏,测量粒径和高度,进行快速傅里叶变换、滤波、边缘锐化,产生三维图等.

9. 结束实验

(1) 退出软件,关闭计算机.

(2) 手动退针:推开 CCD 摄像头,取下盖罩置于安全的地方. 然后下压样品台升降开关,观察针尖与样品的距离,到合适的安全位置再松手.

(3) 关闭 AFM 电控箱电源.

(4) 取下探针:将探针插板小心地拉出,上下面翻转,放到干净的平面上(比如放到展平的铝箔上). 用一只手用镊子夹住探针,用另一只手的拇指和食指捏住压片并轻轻抬起,拉出探针. 没有损坏的探针要放回探针盒里,并在探针盒背面用油性记号笔在探针摆放位置做标记(比如第一次使用的时间),以示此探针已经使用过. 用过的探针和新探针要分区摆放,不可混淆. 拿起探针插板,上下面翻转使探针朝下,轻轻插回卡槽.

(5) 取下样品:摘开两根头部固定弹簧,将包含探针、激光头、激光接收头的头部向远离操作者身体方向翻起,平放到平台上. 然后用镊子取下样品台上摆放的样品(如果有胶,要用棉棒蘸丙酮将样品和样品台清理干净,必要时用超声波清洗),放入样品盒. 接下来再将头部翻回放回原位使其底面的 3 个凹坑与 3 个支撑突起吻合. 最后挂好固定弹簧.

(6) 部件复位:盖好盖罩,拉回 CCD 摄像头到设备正上方.

(7) 关闭气泵.

(8) 清理桌面,收纳探针盒和使用过的工具.

(9) 确认所有事项都整理完毕后,将防尘遮布覆于设备上,裹紧边缘不使尘埃进入.

(10) 清理室内卫生,关闭空调,拉闸断电,关灯退室.

【思考题】

(1) 原子力显微镜的工作原理是什么?

(2) 什么是激光杠杆?

（3）压电陶瓷怎样控制探针和样品的相对位置？

（4）激光检测头怎样判断探针悬臂形变的大小和方向？

（5）原子力显微镜主要有哪几种扫描模式？各自的工作原理是什么？

（6）探针的针尖到底位于探针的什么位置？

（7）探针悬臂上的光滑涂层是干什么用的？如何判断涂层质量的好坏？

（8）CCD 摄像头聚焦时如果能在两个不同的聚焦高度看到悬臂的像，是什么原因引起的？哪一个像才真正是对悬臂进行聚焦？

（9）如何知道图像中某一个粒子的尺寸和高度？

【附录】

可能出现的问题及分析解决建议

	问题与故障	可能的原因	建议解决办法（按顺序优先）
1	易发生共振	反馈过快；针尖状态不好（沾污，撞针等）	调节反馈慢；清洗或更换针尖
2	低频噪声过大（>50 mA）	热漂移；外界振动干扰；电干扰；松动（针尖、样品等）	等待仪器稳定；紧固各部件
3	漂移过大	针尖状态不好；样品倾斜；松动	处理针尖；重置样品；紧固部件
4	扫描时噪声过大	共振；反馈过快；扫描过快	调节反馈；放慢扫描速度
5	易撞针	针尖不够尖；样品表面起伏过大；反馈过快或过慢	处理针尖；反馈适中
6	50 Hz 电磁干扰过强	电源待稳定；接地不良；扫描速度过慢	消除连线问题；调节扫描速度快点
7	原子图像结构异常	多针尖效应	处理针尖
8	扫描时拉线严重	样品起伏过大；扫描过快；反馈过慢	调慢扫描速度；增加微步；重置样品
9	图像重复性差	针尖有沾污；表面被破坏；电气不稳定	处理针尖；等待
10	无图像信号	采集放大倍率不合适；A/D 平衡过偏	重置采集放大倍率；A/D 平衡
11	扫描出界	最大扫描范围时，X，Y 偏置部为零；扫描方向更换时，满量程扫描	改变中心；改变扫描方向
12	大范围扫描时，非线性效应过大	针尖不处在中心位置；扫描过快；反馈过慢	使针尖处在中心位置；调节扫描速度慢；反馈速度快一点
13	步进马达工作失常	连机插头松脱；马达退缩至极限；地线不良	消除断线；重置样品；检查地线
14	扫描图像两侧异常	针尖在边缘扫描时不稳定；扫描等待时间过短（两侧返回时压电管滞后）	调节扫描中心；加大速度级别时间
15	扫描图像一部分不正常	针尖有沾污；表面有沾污；扫描过快；表面倾斜过大	处理针尖；保持样品表面新鲜
16	图像倾斜严重	样品放置过倾斜；表面本身倾斜大	开斜面校正；重置样品
17	双针尖效应，多针尖效应	针尖有沾污或针尖剪切不好	清洗、更换针尖

参 考 文 献

白春礼. 2000. 扫描力显微术. 北京:科学出版社

彭昌盛,宋少先,谷庆宝. 2007. 扫描探针显微技术理论与应用. 北京:化学工业出版社

附表　物理学常数表

物理量	符号	数值	单位
真空光速	c	$2.997\,924\,58\times10^{8}$	$m \cdot s^{-1}$
真空电容率	$\varepsilon_0 = 1 \ / \ \mu_0 c^2$	$8.854\,187\,817\cdots\times10^{-12}$	$F \cdot m^{-1}$
真空磁导率	$\mu_0 = 4\pi\times10^{-7}$	$1.256\,637\,061\,4\cdots\times10^{-6}$	$H \cdot m^{-1}$
重力常数	G_N	$6.673\,(10)\times10^{-11}$	$m^3 \cdot kg^{-1} \cdot s^{-2}$
普朗克常量	h	$6.626\,068\,76\,(52)\times10^{-34}$	$J \cdot s$
	$\hbar = h \ / \ 2\pi$	$1.054\,571\,596\,(82)\times10^{-34}$	$J \cdot s$
基本电荷	e	$1.602\,176\,462\,(63)\times10^{-19}$	C
磁通量子	$\Phi_0 = h \ / \ 2e$	$2.067\,833\,636\,(81)\times10^{-15}$	Wb
电子质量	m_e	$9.109\,381\,88\,(72)\times10^{-31}$	kg
质子质量	m_p	$1.672\,621\,58\,(13)\times10^{-27}$	kg
中子质量	m_n	$1.674\,927\,16\,(13)\times10^{-27}$	kg
电子康普顿波长	$\lambda_C = h \ / \ m_e c$	$2.426\,310\,215\,(18)\times10^{-12}$	m
精细结构常数	$\alpha = \mu_0 c e^2 \ / \ 2h$	$7.297\,352\,533\,(27)\times10^{-3}$	
玻尔半径	$a_0 = 4\pi\varepsilon_0 \hbar^2 \ / \ m_e e^2$	$0.529\,177\,208\,3\,(19)\times10^{-10}$	m
玻尔磁子	$\mu_B = e\hbar \ / \ 2m_e$	$9.274\,009\,49\,(80)\times10^{-24}$	$J \cdot T^{-1}$
核磁子	$\mu_N = e\hbar / 2m_p$	$5.059\,8\,(24)\times10^{-27}$	$J \cdot T^{-1}$
里德伯常量	$R_\infty = m_e c \alpha^2 \ / \ 2h$	$1.097\,373\,156\,854\,9\,(83)\times10^{-7}$	m^{-1}
阿伏伽德罗常量	N_A	$6.022\,141\,99\,(47)\times10^{23}$	mol^{-1}
理想气体摩尔体积	V_{mol}	$0.022\,413\,65$	$m^3 \cdot mol^{-1}$
法拉第常量	$F = N_A e$	$96\,485.3415\,(39)$	$C \cdot mol^{-1}$
普适气体常量	R	$8.314\,472\,(15)$	$J \cdot mol^{-1} \cdot K^{-1}$
玻尔兹曼常量	$k_B = R \ / \ N_A$	$1.380\,650\,3\,(24)\times10^{-23}$	$J \cdot K^{-1}$
斯特藩-玻尔兹曼常量	$\sigma = (\pi^2 \ / \ 60)k^4 \ / \ \hbar^3 c^2$	$5.670\,400\,(40)\times10^{-8}$	$W \cdot m^{-2} \cdot K^{-4}$
电子伏特	eV	$1.602\,176\,462\,(63)\times10^{-19}$	J
原子质量单位	mu	$1.660\,538\,73\,(13)\times10^{-27}$	kg
电磁波波长	λ_0	$1.239\,852\,1\times10^{-6}$	m
电磁波波数	ν_0	$8.065\,479\times10^{-5}$	m^{-1}
电磁波频率	f	$2.417\,969\,6\times10^{14}$	s^{-1}